从遗产到生产：

传统村落旅游与空间再塑

—张　斌　著—

中国建筑工业出版社

图书在版编目（CIP）数据

从遗产到生产：传统村落旅游与空间再塑 / 张斌著
. —北京：中国建筑工业出版社，2023.12
ISBN 978-7-112-29232-5

Ⅰ.①从… Ⅱ.①张… Ⅲ.①乡村旅游—旅游业发展—研究—中国②乡村规划—研究—中国 Ⅳ.①F592.3 ②TU982.29

中国国家版本馆CIP数据核字（2023）第186318号

责任编辑：费海玲　张幼平
责任校对：王　烨

从遗产到生产：传统村落旅游与空间再塑
张　斌　著
*
中国建筑工业出版社出版、发行（北京海淀三里河路9号）
各地新华书店、建筑书店经销
北京点击世代文化传媒有限公司制版
北京中科印刷有限公司印刷
*
开本：787 毫米 ×1092 毫米　1/16　印张：20½　字数：413 千字
2024 年 5 月第一版　2024 年 5 月第一次印刷
定价：**68.00** 元
ISBN 978-7-112-29232-5
（41951）

目录

第1章
绪论

1.1 研究背景

1.1.1 乡村旅游的兴起

乡村旅游于19世纪起源于法国,之后意大利、英国、美国、澳大利亚、日本、新加坡、韩国等也相继积极推动，各国在建设过程中不断探索乡村旅游的概念内涵和发展方向。我国乡村旅游自20世纪50年代至今，已经历了萌芽起步期（20世纪50年代至1994年）、快速发展期（1995—2005年）、规范发展期（2006—2015年）和优化完善期（2016年至今）四个阶段。一般认为我国乡村旅游的研究起步于20世纪90年代。1995年卢云亭等的《观光农业》一书标志着我国乡村旅游研究的正式开始，该书首次对乡村旅游等概念进行了明确定义。随着乡村旅游发展目标和方向的不断拓展，出现了与之紧密关联的概念，如农业旅游、观光农业、休闲农业等。21世纪初我国学者何景明等将西方乡村旅游概念引入国内，提出:“乡村旅游是在乡村地区，以具有乡村性的自然和人文客体为旅游吸引物的旅游活动，此概念主要包含两个方面：一是发生在乡村地区，二是以乡村性作为旅游吸引物，二者缺一不可。”此概念明确了乡村旅游的基本定义和本质属性。

国内乡村旅游是长期以来伴随国民经济发展和国家政策引领而不断探索和实践的。国家旅游局从1992年开始，每年都会确立本年度旅游主题及宣传口号，1998年旅游主题为“中国华夏城乡游”，提出“吃农家饭、住农家院、做农家活、看农家景、享农家乐”的宣传口号,首次聚焦于乡村旅游并鼓励发展农家经济;2004年制定了《全国农业旅游发展指导规范》，2006年发起“首届中国乡村旅游节”，同年还发布了《关于促进农村旅游发展的指导意见》，在国家层面重视乡村旅游的规范化发展；2007年

国家旅游局和农业部两部门联合发布的《关于大力推进全国乡村旅游发展的通知》和2009年国家旅游局发布的《全国乡村旅游发展纲要（2009—2015年）》进一步促进乡村旅游的大力发展；2014年国家发展改革委联合旅游局发布《关于实施乡村旅游富民工程推进旅游扶贫工作的通知》和2017年农业部发布《关于推动落实休闲农业和乡村旅游发展政策的通知》高度评价了乡村旅游的价值与意义；2018年17个部门联合发布《关于促进乡村旅游可持续发展的指导意见》；2020年10月，党的十九届五中全会明确提出“推动文化和旅游融合发展，发展乡村旅游”；截至2022年，文化和旅游部先后遴选出了四批全国乡村旅游重点村1199个。2022年国务院印发《“十四五”推进农业农村现代化规划》，明确强调发展乡村休闲旅游业，要依托田园风光、绿水青山、村落建筑、乡土文化、民俗风情等资源优势，建设一批休闲农业重点县、休闲农业精品园区和乡村旅游重点村镇。至此，乡村旅游已成为重要的产业经济、社会活动和国家战略措施，逐渐从郊区休闲、农家乐、观光采摘、农事体验的粗放模式，走向如研学亲子、度假康养、乡居疗养等精细化、产业化的高质量融合。

目前，我国将全面进入大众旅游时代，人民群众的旅游消费需求正从低层次向高品质和多样化转变。全国乡村旅游热度逐年提高，据统计至2019年已达到30.9亿人次，约占国内旅游人次的一半；受疫情影响，2020年乡村旅游人数下降，2022年乡村旅游已恢复至2019年同期的92%，是复苏势头最为强劲的旅游品类之一[1]。事实证明，发展乡村旅游是乡村振兴战略的重要措施，是目前乡村经济发展的重要途径，也是乡村人居环境更新与品质提升的良好机遇[2]。国家大力发展休闲农业和乡村旅游，在《乡村振兴战略规划（2018—2022年）》中提出乡村旅游的具体发展模式主要有产业带动型、生态农业型、高效农业型、休闲农牧型、城郊游憩型和文旅资源型六大类，各地乡村借助发展旅游选择适应自身条件和市场环境的发展模式，以此重新调整与构建“农户—集体—资本—政府”组织互动生态关系，同时也能为“生产—生活—生态”的健康可持续发展提供优化和完善的机会（图1.1.1）。

近年来，在政策引导下，各地大力推进发展乡村旅游，一大批旅游乡村进入大众视野，如新疆阿勒泰地区白哈巴村、黑龙江漠河北极村凭借民族特色文化和自然景观资源形成强劲的旅游发展竞争力，同时也形成了一些典型发展模式，如陕西袁家村以集体经济发展模式借助地方小吃和传统民居资源。但在乡村旅游的快速发展中，在利益的盲目驱动下，也出现了景观资源的过度开发、文化资源的虚假包装、发展模式的一味模仿等现象，乡村风貌及旅游项目的同质化、套路化较为显著，乡村失去了乡土、乡情、乡音的本真和质朴。旅游介入对乡村主体、产业结构、空间格局、生计模式等

[1] 王金伟，吴志才．中国乡村旅游发展报告（2022）．北京：社会科学文献出版社，2022.

[2] 携程．2022年清明小长假出游洞察．www. traveldaily. Cn.

多方面提出巨大挑战，一些乡村在发展旅游后，其“社会—空间”系统失去平衡，没有形成“以村为本、以民为本”的健康可持续发展驱动机制（图 1.1.2）。

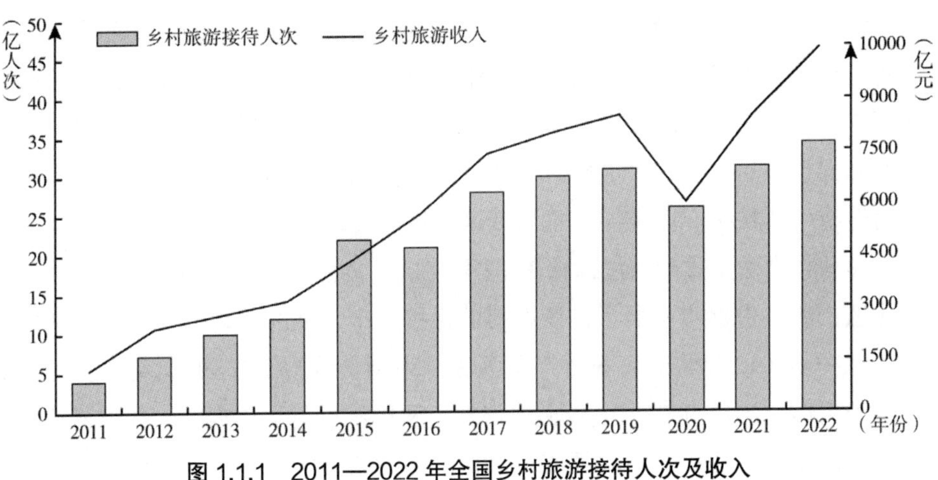

图 1.1.1　2011—2022 年全国乡村旅游接待人次及收入

图 1.1.2　乡村旅游相关研究分类

因此，在我国乡村振兴和乡村旅游发展的白热化阶段，理性认识乡村景观资源、乡村旅游发展、乡村人居环境之间的作用关系，准确把握乡村旅游的影响因素与关联机制，成为当前要务。

1.1.2 传统村落保护发展的瓶颈

传统村落是农耕文明的珍贵遗产，拥有丰富的文化和自然资源，具有重要的历史、文化、艺术、经济和社会价值，是弘扬中华优秀传统文化精神、建设美丽中国和美丽乡村的重要内容。20 世纪 80 年代以来，随着中国城市化进程的加速，许多传统的乡村文化逐渐被冷落和遗忘，大量乡村古建筑、传统民居和文化遗产遭受破坏和损毁。为了挖掘和保护乡村文化遗产，阮仪三等学者开始对传统村落进行深入调研和价值评估，提出传统村落保护。国家层面也高度重视传统村落的保护工作，1982 年传统村落作为不可移动文物被正式纳入法律保护范围，之后《文物保护法》《城乡规划法》和《非物质文化遗产法》也逐步拓展了传统村落的保护范围，从注重村落实体保护转向兼具文化传承保护。2012 年将“古村落”更名为“中国传统村落”，并启动了全国性的传统村落调查工作。2013 年中央一号文件首次出现传统村落保护内容，标志着传统村落保护得到高度重视。随后，相关部门也出台了更为明确的保护工作指导意见、保护条例及规范编制要求等。

2006 年，学者冯骥才总结传统村落保护发展模式有民居博物馆式、分区式、生态式和景点式等；常青院士认为目前我国乡土遗产保护与活化模式大致有三种，即国家层面如国企、央企所主导的模式，社会企业主导的模式，村民自主模式[1]。在 2019 年中国建筑学会年会上，常青院士还提出要把传统聚落分为标本利用和活化再生两大类，并指出乡村风土建成遗产的保护有三层含义，即保护遗产本体、活化场所风习、再现传统意象。

“不可能把所有乡村聚落都固化下来保护，其中大部分还是要在演进中更新，但更新不是全部推倒重来，更不是把乡村景观都变成城镇景观。”目前我国传统村落的保护与发展存在多方面矛盾，首先是历史空间与现代需求之间的矛盾[2]。乡村聚落空间格局与传统民居建筑是遗产保护的重要内容，在现代生活方式和产业发展需求条件下表现出多方面的不适应性，如居住条件改善所需的空间拓展涉及与原有空间格局与空间尺度的冲突；建筑结构加固、基础设施改造、环境设施完善等居住生活条件更新需求与历史空间条件、传统建筑风貌等存在不匹配和不适应的现象；对于传统村落遗产保护及价值重现，大部分村民需要有长期的认知和接受过程，同时还需要建立适宜的动力机制及示范引导措施。其次，随着中国城镇化的快速推进，大量乡村劳动力涌入城市发展，促使乡村聚落成为季候性居住空间，造成平日与节假日的空间活力与景象形成鲜明反差。例如国庆节、春节等长假期间，进城务工者回乡探亲，导致村庄空间的人

[1] 冯骥才 . 文化遗产日的意义 [N]. 光明日报，2006-06-15（006）.
[2] 常青 . 乡村传统聚落须加快抢救性研究 [N]. 中国科学报，2021-6-1.

流量急剧增加，同时也带来了停车、餐饮等新的需求。在传统村落保护的基础上，增强空间承载力、空间弹性和空间生态是具有挑战性的。

乡村旅游作为介入性产业是传统村落的试金石，一方面乡村旅游能够促进乡土遗产资源的进一步挖掘和有效保护，另一方面乡村旅游也对传统村落提出新的发展要求。目前传统村落的更新发展受旅游产业影响所产生的矛盾较为明显，根据传统村落资源类型和条件以及旅游介入程度，所表现出的矛盾有以下几方面：一是旅游发展强度低或旅游发展与生产生活没有发生直接关联的村庄，普遍呈现出以老年人常住为主、空心化、空间活力逐渐衰退的现象。二是传统村落旅游资源条件较好或保护力度较大的村庄，一般为静态发展即博物馆式发展，这类村庄矛盾性体现在强大的IP形象能吸引较多的游客，但受制于保护要求，发展空间和自由度较小。三是一些旅游发展强度较大或资本投入力度较大的村庄，过度商业化可能导致乡村主体失去自主性、乡村风貌失去本真，以及旅游停滞后空间系统崩溃等，原本具有乡土特色的村庄可能会被商业化和现代化改变而失去独特魅力和文化价值。四是一些依托传统农业和手工业发展观光旅游的村庄通常受到较小的旅游发展影响，但其所面临的矛盾主要是如何在保持传统产业类型、规模和生产目的的前提下推动村庄的经济转型和升级。为解决传统村落在保护与发展中面临的复杂问题，许多乡村脱离原有村庄在附近建设新村，以满足现代化生产生活空间和人居环境高质量发展需求。然而，这种方式并没有解决老村作为传统村落本身所表现出的主要矛盾，反而推动了其静态化发展或逐渐衰败的趋势。

因此，我们需要积极探索传统村落保护与发展的本质问题和规律，在保护传统村落乡土遗产的基础上，积极探索协调发展的方式。总之，传统村落的保护与发展需要各方面的共同努力和智慧付出，以实现传统文化的传承和创新发展。

1.1.3 和美乡村建设的诉求

1. 国家层面乡村振兴相关政策回顾

（1）新农村建设

2005年10月8日，党的十六届五中全会提出要按照“生产发展、生活富裕、乡风文明、村容整洁、管理民主”的要求，扎实推进社会主义新农村建设。这五项要求高度概括了建设社会主义新农村的基本内容和特征[1]。“新农村建设”自20世纪50年代起就已被多次提及。“新农村”本身有两层含义：一是新中国成立以后的农村区别于过去的农村；二是建设新的理想农村。然而，在新的历史背景下，党的十六届五中全

[1] 王碧峰.我国新农村建设问题讨论综述[J].经济理论与经济管理，2006（9）：75-79.

会对“建设社会主义新农村”提出了更深远、更全面的要求。2005 年 12 月 31 日，中共中央、国务院印发了《关于推进社会主义新农村建设的若干意见》[1]，强调“加强村庄规划和人居环境治理”，重点解决日常生活基础设施的问题，旨在通过优化农业产业结构、完善基础设施、推进农村社会事业和文化建设等，实现乡村现代化和城乡一体化。

基于新农村建设基本内涵与内容，可以看出该阶段“乡村振兴”的重点是加强农村基础设施建设和改善农村生产生活条件，其环境目标是为农业和农村经济的可持续发展提供良好的环境条件，并建设环境友好型社会主义新农村，具体目标包括美化环境、整洁村容、改善人居、促进文明卫生等方面。

（2）美丽乡村

2008 年，浙江省安吉县首次在新农村建设中提出了“美丽乡村”一词，同时出台了《建设“中国美丽乡村”行动纲要》，安吉县的“美丽乡村”建设理念与实践为中国新农村建设探索了一条创新的发展道路。2012 年，党的十八大报告中首次提出了“美丽中国”的新概念，强调把生态文明建设放在突出地位，融入经济建设、政治建设、文化建设、社会建设各方面和全过程。2012 年 12 月 31 日，中共中央、国务院印发了《关于加快发展现代农业进一步增强农村发展活力的若干意见》[2]，第一次提出了要建设“美丽乡村”的奋斗目标，重点加强农村生态建设、环境保护和综合整治，努力建设美丽乡村。

“美丽乡村”是指规划科学、生产发展、生活宽裕、乡风文明、村容整洁、管理民主、宜居、宜业的可持续发展乡村[3]。向富华通过内容分析法将“美丽乡村”归纳为：生态环境和人居环境优美、经济繁荣且具有可持续性、社会和谐文明的乡村。“美丽乡村”的中心思想突出四个“美”，即科学规划布局美、村容整洁环境美、创业增收生活美和乡风文明身心美[4]。2015 年中央一号文件也提出“中国要美，农村必须美”，要繁荣农村，必须坚持不懈推进社会主义新农村建设，让农村成为农民安居乐业的美丽家园[5]。在风景园林学科视角下，陈青红认为“美丽乡村”的建设包含外在与内在属性两个层面，外在属性反映的是人类活动对乡村自然景观产生的影响，包括山体、水系、地形、农田、建筑、设施小品等多种实体景观；内在属性作为乡村精神文化的载体，反映了人类的价值取向和内在需求，如传统技艺、风土人情、服饰、宗教信仰、生活

[1] 关于推进社会主义新农村建设的若干意见 [EB]. http：//www.gov.cn/gongbao/content/2006/content_254151.htm.
[2] 中共中央　国务院关于加快发展现代农业进一步增强农村发展活力的若干意见 [EB]．2013.
[3] 辜康夫 . 尖扎县高原美丽乡村建设后评价研究 [D]. 西安建筑科技大学，2022.DOI：10.27393/d.cnki.gxazu.2022.000504.
[4] 朱莹，王伟光，陈斯斯，张依姗 . 浙江衢州市衢江区“美丽乡村”总体规划编制方法探讨 [J]. 规划师，2013，29（8）：113-117.
[5] 向富华 . 基于内容分析法的美丽乡村概念研究 [J]. 中国农业资源与区划，2017，38（10）：25-30.

方式等非物质的精神文化[1]。

（3）和美乡村

党的二十大报告中提出“全面推进乡村振兴”并强调“建设宜居宜业和美乡村”[2]。2023年2月13日，中共中央、国务院发布《关于做好2023年全面推进乡村振兴重点工作的意见》，强调要“扎实推进宜居宜业和美乡村建设”，其中第二十四条指出要加强村庄规划建设，积极盘活存量集体建设用地，优先保障农民居住、乡村基础设施、公共服务空间和产业用地需求，立足乡土特征、地域特点和民族特色提升村庄风貌，防止大拆大建、盲目建牌楼亭廊“堆盆景”。

由以上内容可以发现，我国“乡村振兴”相关政策的历史演变分为三个阶段：第一阶段：新农村建设阶段（2003—2012年），强调基础设施建设和产业发展，提升农民生产和生活水平。第二阶段：美丽乡村建设阶段（2013—2017年），强调美化环境、保护文化遗产、开发乡村旅游等，提升农村品质和吸引力。第三阶段：和美乡村建设阶段（2018年至今），注重实现乡村振兴，强调生态建设、特色产业、社会和谐等方面的综合发展，打造形态优美、生态宜人、社会和谐的和美乡村。

2.“和美乡村”的概念与内涵

宜居宜业和美乡村，是具有良好人居环境，能满足农民物质消费需求和精神生活追求，产业、人才、文化、生态、组织全面协调发展的农村，是美丽宜居乡村的“升华版”。其中“和”更突出地体现在提升乡村文化内核及精神风貌上，体现和谐共生、和而不同、和睦相处；“美”更侧重于建设看得见、摸得着，基本功能完备又保留乡味、乡韵的现代化乡村[3]。

和美乡村“和”的层面可归纳为关系和睦、主体联合、空间契合、要素融合、系统和谐，“美”的方面可概括为外在美（空间视觉美）、内在美（文化内涵浓）、感知美（社会活力足）[4]；基于“三生”理论和费孝通先生提出的“差序格局”可构建“人—地”关系和美乡村的结构模型。张永江等人指出和美乡村建设的五个关键领域：强化基础条件建设、公共服务便民、人居环境改善、乡风文明建设、乡村有效治理，其中“乡风文明建设”强调要充分尊重当地人民的习俗和文化传统，加强对农耕文化、传统村落的保护、利用和传承，推动乡村文化礼堂、文化广场、乡村戏台、非物质文化遗产传习场所等公共文化设施的发展，让人民的精神文化生活得到进一步的充实。

[1] 陈青红 . 浙江省“美丽乡村”景观规划设计初探 [D]. 浙江农林大学，2013.

[2] 高举中国特色社会主义伟大旗帜为全面建设社会主义现代化国家而团结奋斗：在中国共产党第二十次全国代表大会上的报告 [EB/OL]. [2022-12-05]. https：// finance.sina.com.cn/wm/2022-10-25/ doc-imqqsmrp3759875.shtml.

[3] 张永江，周鸿，刘韵秋，张爱民，郭云 . 宜居宜业和美乡村的科学内涵与建设策略 [J]. 环境保护，2022，50（24）：32-36.DOI：10.14026/j.cnki.0253-9705.2022.24.009.

[4] 杜洁 . 和美乡村社会评价与空间建构研究 [D]. 浙江师范大学，2022.DOI：10.27464/d.cnki.gzsfu.2022.000637.

从风景园林学科视角来看，“和美乡村”本质上包含人与人、人与自然生命、人与自然环境、人与乡村环境等多个层面的关系，这里的“和”是生产关系的和谐、社会关系的和睦、生态环境的调和；这里的“美”强调乡村环境不仅是满足物质与视觉层面的“好看”，而是更深层次的村民幸福之美、特色产业之美、乡土文化之美；乡村环境先有“和”才有“美”。彭超等人[1]认为，“和美乡村”的“和”是内在属性，对应乡村的精神文明，“美”是外在表象，对应物质文明，“和”与“美”之间存在相互促进、相辅相成的客观规律。

3.“和美乡村”建设的诉求

“和美乡村”强调“宜居”和“宜业”两方面的内容，宜居乡村，概略地讲就是适合村民日常生活的乡村。朱启臻[2]提出宜居乡村应住房舒适、整洁卫生、生活便利、办事快捷和方便交往。“宜居”的目标是提升农村基础设施和公共服务，满足村民衣、食、住、行、购物、交往、娱乐等诸多方面的需求，使村民充满归属感和幸福感。在这一目标下，乡村人居环境建设应该紧密结合村民的日常生活需要，通过对传统民居的现代改造，创造有利于村民交往和交流的空间环境。

自古以来，在人们对幸福生活的向往中“安居”和“乐业”都是同时存在且密不可分的。从某种程度上来说，乡村产业的兴盛决定了乡村振兴的成败。彭超等人认为“宜居”要求更大程度地调动村民的自发性，促使村民自觉地参与乡村人居环境的建设；而“宜业”则需要相关产业与经济的支持，充分发挥市场的主导作用与政府的功能，“宜业”的目标是通过振兴产业带动农民就地就近就业或者推动农民创业。朱启臻、彭超和张夏力等多数学者均认同“宜业”应处在“宜居”之前，因为只有产业兴盛创造了更多的就业机会，才能从根源上改善或解决村民“宜居”的问题。在“宜业”这一目标下，各地区的农村应该在其产业特点和文化优势的基础上，通过与“旧产业”相结合的“新模式”来实现对农村特色产业的改造，从而提升农村产业的竞争能力。乡村应该把自然的农田景观、丰富的农副产品和独有的乡土文化作为核心竞争力，通过准确洞察市场变化，充分利用农村各种产业的特色资源，开发多功能产业，抓住产业发展的突破口，创新联合农民实现共同发展。

[1] 彭超，温啸宇 . 扎实推进宜居宜业和美乡村建设 [J]. 中国发展观察，2022（12）：32-38.
[2] 朱启臻 . 如何建设宜居宜业和美乡村 [J]. 农村工作通讯，2022（24）：35-36.

1.2 基本概念

1.2.1 传统村落

1. 基本定义

“传统”在词典里的释义是指祖祖辈辈传承下来的风俗、道德、思想、作风、艺术、制度等具有一定特征的社会因素，这些因素会潜移默化并持续性影响和制约人们的各类活动，是一种历史发展过程中继承性的体现。在有阶级的社会里，传统既有阶级性又有民族性。“村落”意为村民聚集居住之地。“传统村落”是一个专有名词，专门用来形容形成时间较早，具有较为丰富的自然历史文化特色资源，具有一定历史、文化、科学、艺术、经济和社会价值并应予以保护的村落。传统村落是中国农耕文明所遗留下来的最宝贵的文化遗产，其中蕴含了大量的历史信息与人文景观。2018 年《乡村振兴战略规划》将传统村落定义为“特色保护类村庄”（图 1.2.1）。

图 1.2.1 传统村落——陕西党家村

2. 传统村落的界定

（1）传统村落与聚落、村落、古村落和历史文化名村

传统村落往往和聚落、村落、古村落、历史文化名村等词紧密关联 [1]。在地理学上，

[1] 曾灿，刘沛林，李伯华 . 传统村落人居环境转型的系统特征、研究趋势与框架 [J]. 地理科学进展，2022，41（10）：1926-1939.

聚落指人类聚集在一起居住生活和生产劳作的地方，分为城市聚落和乡村聚落。村落是乡村聚落的一种形式，是人类赖以生存的固定区域，是从事农耕生产的空间单元。古村落是指历史遗留下来的村庄聚落，它拥有独特的民俗风貌，完整的空间结构，丰富的传统建筑遗迹，深厚的历史文化内涵，还拥有传统的生活方式。1998 年，刘沛林呼吁将古村落中风格古朴、建筑独特、文化气息浓厚、具有典型性和代表性的以命名"历史文化名村"的形式加以重点保护。传统村落是冯骥才先生呼吁自然资源部、文化和旅游部、国家文物局、财政部四部门联合发布并提出的概念。与以建筑遗产为主要评价标准的历史文化名村不同，传统村落注重村落非物质文化遗产部分；与古村落相比，传统村落的概念更注重村落的传统、民族、文化内涵的典型性、代表性和整体传承性特征（图 1.2.2）。

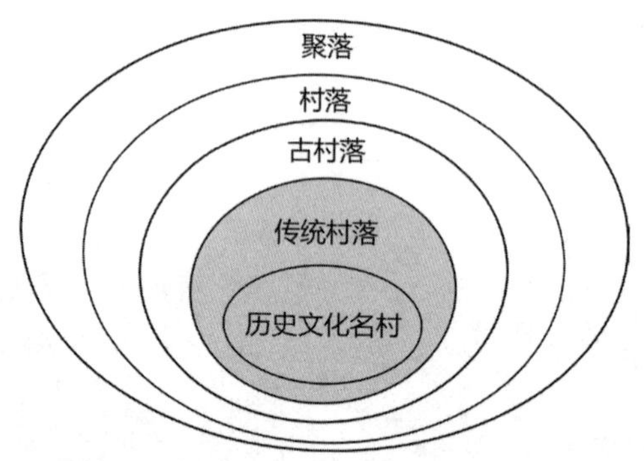

图 1.2.2　传统村落与聚落、村落、古村落及历史文化名村的关系

（2）传统村落评价认定指标

为更好地保护我国的文化遗产，贯彻党和政府的方针政策，住房和城乡建设部、文化部、财政部等三部门于 2012 年 4 月联合发起了"中国传统村落"（以下简称传统村落）调查和评选工作，组织建筑学、民俗学、艺术学、美学、经济学等领域的专家，依据《传统村落评价认定指标体系（试行）》，以定性和定量相结合的方式对村落传统建筑、村落选址和格局、村落承载的非物质文化遗产三方面展开中国传统村落的遴选与调查：

第一，村落传统建筑评价指标体系，满分 100 分。定量评估方面，从传统村落现存最早建筑修建年代和传统建筑群集中修建年代的久远度、文物保护单位等级的稀缺度、传统建筑占地面积的规模、传统建筑用地面积占全村建设用地面积比例、建筑功能种类的丰富度五个方面展开评定，共计 65 分；定性评估方面，从现存传统建筑（群）及其建筑细部乃至周边环境保存情况的完整性，现存传统建筑（群）所具有的建筑造型、结构、材料或装饰等工艺美学价值，至今仍大量应用传统技艺营造日常生活建筑的传统营造工艺传承三个方面评定，共计 35 分（表 1.2.1）。

村落传统建筑评价指标体系

表 1.2.1

指标体系	评价类型	评价指标	评价赋分
村落传统建筑评价指标体系	定量评估	久远度	10
		稀缺度	10
		规模	20
		比例	15
		丰富度	10
	定性评估	完整性	15
		工艺美学价值	12
		传统营造工艺传承	8

第二，村落选址和格局评价指标体系，满分 100 分。定量评估方面，从村落现有选址形成年代的久远度和现存历史环境要素种类丰富度两方面展开评估，共计 20 分；定性评估方面，从村落传统格局保存完整程度、科学文化价值、村落与周边环境的协调性三方面展开评估，共计 80 分（表 1.2.2）。

村落选址和格局评价指标体系

表 1.2.2

指标体系	评价类型	评价指标	评价赋分
村落选址和格局评价指标体系	定量评估	久远度	5
		丰富度	15
	定性评估	格局完整性	30
		科学文化价值	35
		协调性	15
	合计		100

第三，村落承载的非物质文化遗产评价指标体系，满分 100 分。定量评估方面，从非物质文化遗产级别的稀缺度、非物质文化遗产种类的丰富度、至今连续传承时间的连续性、传承活动规模、是否有代表性传承人这五个方面展开评估，共计 45 分；定性评估方面，从传承情况的活态性和非物质文化遗产相关的仪式、传承人、材料、工艺以及其他实践活动等与村落及其周边环境的依存程度两方面展开评估，共计 55 分（表 1.2.3）。

村落承载的非物质文化遗产评价指标体系

表 1.2.3

指标体系	评价类型	评价指标	评价赋分
村落承载的非物质文化遗产评价指标体系	定量评估	稀缺度	15
		丰富度	5

续表

<table>
<tr><th>指标体系</th><th>评价类型</th><th>评价指标</th><th>评价赋分</th></tr>
<tr><td rowspan="6">村落承载的非物质文化遗产评价指标体系</td><td rowspan="3">定量评估</td><td>连续性</td><td>15</td></tr>
<tr><td>规模</td><td>5</td></tr>
<tr><td>传承人</td><td>5</td></tr>
<tr><td rowspan="2">定性评估</td><td>活态性</td><td>25</td></tr>
<tr><td>依存性</td><td>30</td></tr>
<tr><td colspan="2">合计</td><td>100</td></tr>
</table>

第四，从整体的评价体系来看，通过这 20 个评价指标的分析，基本可以反映传统村落的价值特色，可以较为全面地了解传统村落的历史特征和现状特征、局部特征和整体特征、物质要素特征和非物质要素特征等。

（3）传统村落的调查内容界定

随着传统村落的保护与发展，住房和城乡建设部办公厅等从 2012 年开展第一批传统村落到 2023 年的第六批传统村落调查过程中，传统村落的界定内容有所变化，其调查内容从主要对物质文化的关注，逐步拓展为对精神文化传承的重视，从调查传统村落的外在因素到深入研究内因，范围更加广泛且整体。

相比前五批，第六批传统村落的评审标准更加注重村落历史文化积淀，且历史文化价值方面的评定内容更宽泛；在村落格局肌理上，部分传统村落因无法满足村民现代生活需求而需要扩展范围，现有老村需保持富有传统意境的乡村景观格局，新建部分延续传统肌理与风貌特色；传统建筑的数量占比从原来需超过村庄建筑总量的 1/3 到有一定数量即可，新建建筑和既有建筑改造应与传统建筑风貌协调，充分体现地域、民族和文化特色；非物质文化遗产传承方面从要求省级以上代表项目到县级以上，除民俗、传统技艺非遗外，还新增提到传统农业物种资源、农耕生产技艺、传统农业知识体系、农业生态景观等农业文化遗产，这说明村落格局的扩张和新建建筑压缩了农田占地面积，农业相关的非物质文化遗产得到了国家的重视；村落活态传承、物产丰富度连续性以及围绕村落历史文化所衍生出的非物质人文故事、重要事件、传统文化、村规民约、村志族谱纳入了评分项，第五批需要有大量的村民居住，而第六批调整为原则上常住村民不低于户籍村民的 30%。这些变化也说明，传统村落的保护范围与建设发展在与时俱进，相较于之前的调查内容而言，其调查范围扩大且更清晰明了。在全国范围内，不同地域中的传统村落主要是由自然生态环境、村落格局风貌、传统建筑等物质空间彰显独特性，同时其独属的村落历史、名人故事、重要历史事件、非物质文化遗产、村志族谱等非物质形态要素也是必不可少的深层次内涵。

3. 中国传统村落现有基本情况

前期调查和申报的传统村落涉及全国 31 个省、自治区和直辖市（不含香港、澳门特别行政区和台湾省），住房和城乡建设部等公布了 6 批《中国传统村落名录》，评选出第一批 646 个、第二批 915 个、第三批 994 个、第四批 1598 个、第五批 2666 个、第六批 1336 个传统村落，截至 2023 年，累计 8155 个传统村落（图 1.2.3）。

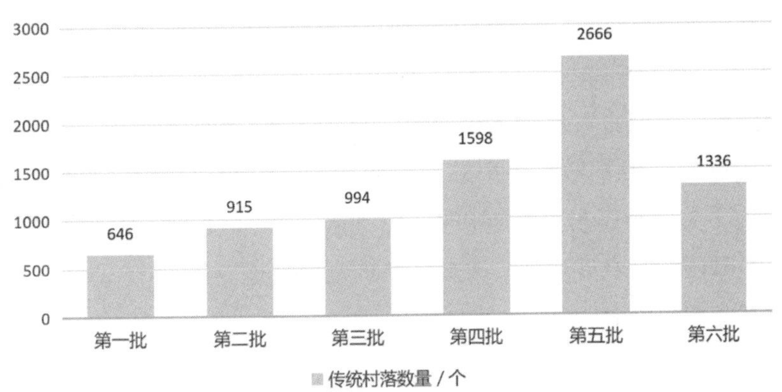

图 1.2.3　第一批至第六批传统村落的数量

1.2.2　关中地区

1. 历史学中的关中

（1）发展历程

“关中”一词最早出现于战国末期或秦代，指的是秦国最重要的关塞函谷关，六国曾由此攻击秦国，而秦国则主要通过函谷关防御来自东方的进攻。在秦统一六国后，“关中”仍以函谷关为界来区分统一后的地界。秦始皇曾在各地建造行宫，以函谷关为界将其划分为“关中”和“关外”（图 1.2.4）。

图 1.2.4　函谷关

《史记·高祖本纪》在描述沛公为了防范项羽进攻而派兵守护函谷关时频繁提到“关中”和“函谷关”，说明在楚汉争霸之际，“关中”指的是函谷关以西地区。汉武帝迁移函谷关，将豫西弘农地区也划进“关中”的范围，且一直延续到唐代的关内道。北宋统一后在全国范围内重新划分政区，弘农地区才彻底脱陕归豫。后随着潼关代之兴起，函谷关逐渐衰落，而“关中”这一地名的所指也随着秦豫两大政区辖境的重新分割，改由潼关以西地区代替。

（2）普遍认知

《陕西军事历史地理概述》一书认为，关中指的是位于中国陕西秦岭以北、子午岭、黄龙山以南、陇山以东、潼关以西的区域，这里不包括函谷关、萧关和武关。在此范围内，关中或关中平原指中国陕西秦岭北麓渭河冲积平原，平均海拔约 500m，也称关中盆地。关中地区号称八百里秦川，北部为陕北黄土高原，南部为陕南山地、秦巴山脉，是陕西的工农业发达、人口密集的富庶之地。

2. 地理意义上的关中

（1）空间分布

关中所指地名，指“四关”之内，即东潼关、西散关（大震关）、南武关（蓝关）和北萧关。现在的关中地区为陕西的中心地带，由西安市、宝鸡市、咸阳市、渭南市、铜川市和杨凌农业高新技术产业示范区五市一区组成，总面积约 5.7 万 km^2，占陕西省总面积的 28%，常住人口接近 3000 万。以西安为中心的关中地区具有深厚的文化底蕴，也是一个相对发达的区域。

（2）地形地貌

关中地区属于温带大陆性季风气候，总体地形中部平、四面陡，地势由河床向南北两侧逐渐隆起，呈西高东低趋势，是一个平原、黄土台塬、黄土丘陵沟壑、山地相连且相对封闭的地貌单元。其中除宝鸡的凤县、太白两县和西安的周至县南麓基本属长江流域外，关中的大部分地区均属黄河流域，海拔约 323 ~ 800m。

1.2.3 景观空间秩序

目前学界对“景观空间秩序”一词没有作出具体定义与阐释。空间秩序是在多个学科领域中频繁使用的一个范式概念，其概念界定与内容解读在不同领域差异明显。这里通过梳理不同学科视角的空间秩序研究，基于景观设计学科领域不同学者对景观空间的认知与表述，界定景观空间的研究范畴，明确景观空间秩序的内涵，进一步剖明旅游干预下传统村落景观空间秩序的研究逻辑与思路。

1. 秩序的基本概念

秩，本义为官员的俸禄，后多指有条理，不混乱的；序，为次序，排次序。《辞海》

对秩序的解释："秩，常也；秩序，常度也。"指人或事物所在的位置，含有整齐守规则之意。"秩序"在现代汉语中的释义为："事物之间条理清晰，层次分明，相互协调不干扰，各部分要素均正常稳定运转或处在其最佳的位置上。""秩序"指人或事物所在的位置，含有整齐守规则之意；另一理解为秩侧重于有条理、不混乱，序侧重于有先后、不颠倒，总体来讲，秩序就是指的一种有条理不混乱的情况，既包含有空间的内涵，又涉及时间的演进。

2. 不同学科和学者对"空间秩序"概念的理解

（1）人居环境学

在城市与建筑空间设计视角下，弗朗西斯·D. K. 钦、简·雅各布斯和彼得·查恩等学者持相同的观点，认为空间秩序是指事物或系统要素之间的相互联系，以及这些联系在时间、空间中的表现。强调将空间秩序视作由具有组织性、规律性的各个要素组成的空间布局或安排，而对于空间秩序的研究最终指向通过规划设计方法创造一个相对稳定、和谐的空间环境。

在人居环境科学研究领域，早期学者多趋向将秩序看作一个整体及其具有逻辑的组成要素。随着人居环境学科研究体系的完善、研究尺度与范围的扩充，空间秩序的内涵进一步得到扩展，靳利飞等人[1]指出空间秩序是空间形态在特定时段呈现的状态，因此可以对空间秩序进行分割、归类和表达；强调通过识别空间秩序形态的异质性和复杂性特征，以应对不同需求下的国土空间治理。

（2）地理学

在地理学研究领域，英国人文地理学家罗恩·约翰斯顿（Ron Johnston）在评价地理学研究从区域地理学向实证地理学的重大转向时，明确提出了"空间秩序"，他认为实证地理学更为聚焦空间中的秩序。除了发现空间分布和作用的法则和模式，地理学家的研究应该从对空间的"水平秩序"转向"垂直的（土地与社会之间）内部关系"[2]。

我国至今还没有学者对地理空间秩序进行明确定义，也没有具体方法论层面的研究，不过已经做了许多关于基础理论与内涵的诠释。在我国第一部区域地理学理论著作《区域地理理论与方法》（1993）中[3]，韩渊丰提出组成事物的因素、成分是按照一定的方式、原则，有秩序地组合起来的，应当将认识区域地理要素组合的秩

[1] 靳利飞，刘天科，刘芮琳. 空间秩序的尺度选择：基于国家级国土空间规划视角的剖析 [J]. 城市发展研究，2022，29（7）：30-37.

[2] 张福彦. 空间秩序思想及其之于地理教学的策略研究 [D]. 东北师范大学，2020.DOI：10.27011/d.cnki.gdbsu.2020.001678.

[3] 韩渊丰，张治勋，赵汝植等. 区域地理理论与方法 [M]. 西安：陕西师范大学出版社，1993：180.

序作为重要研究目的。潘玉君在《地理学基础》（2012）[1] 一书中基于地表空间系统、地理学研究核心和人地关系地域系统三方面研究对象，提出地理学问题的三个研究维度：空间秩序、时间序列和动因机制。其中空间秩序是指某一地域内地理现象或地理事物的空间分布模式和空间分布规律。而空间秩序并不是一成不变的，时间序列的研究是要揭示空间秩序的变化发展，空间秩序和时间序列共同构成的动力学机制则是动因机制。

（3）社会学

目前在社会学领域中还没有对"空间秩序"作具体的定义，但社会学家从空间与社会系统相互关系的角度研究空间，空间秩序成为社会关系的表现形式之一[2]。

在以乡村空间为研究对象的视角下，徐晖认为空间秩序是空间与社会的对应关系，它的形成更多的是源于（村落）社会的自主力量，例如信仰、道德、文化和规约等。他在对昆明桦村空间秩序与空间生产的研究中，认为空间秩序是指桦村村民的日常生活状态和社会形态。黄晓星[3] 则认为空间秩序是（村落）秩序的一部分，本质是一种社区道德秩序，是资本、信仰和（村落）空间交融互动的结果。邓运员[4] 将空间秩序理解为（村落）空间内部各类要素的有序分布，既反映了（村落）空间的肌理特征，更是（村落）空间内部社会秩序的具体表现。在城中村改造视角下，周晨虹[5] 认为空间是社会秩序的媒介，随着城市的发展，各类空间中均存在社会失序的问题，而基层政府的空间治理能力决定了多维度社区空间秩序的建构。

尽管不同学者对于空间秩序在整个社会系统中的位置与内涵的认识存在差异，但总体上是基于列斐伏尔的空间生产理论，空间化涉及人类社会关系的重组与建构，空间秩序即社会关系及其生产秩序，该领域中也有学者直接将空间秩序定义为社会秩序，即由社会规则所构建和维系，是指人们在长期社会交往过程中形成的相对稳定的关系模式、结构和状态[6]。

另外，在其他学科领域，有少数学者也涉及了空间秩序的研究内容，例如心理学家从空间知觉的角度理解空间，认为空间秩序是一种心理现象。教育学领域，张福彦认为："空间秩序是客观世界的空间有序性在人头脑中的反映，是认知领域的秩序，以人的心理特征与活动习惯为基础"。

[1] 潘玉君．地理学基础 [M]. 昆明：云南大学出版社，2012.

[2] 何兴华．空间秩序中的利益格局和权力结构 [J]. 城市规划，2003（10）：6-12.

[3] 黄晓星，郑姝莉．作为道德秩序的空间秩序：资本、信仰与村治交融的村落规划故事 [J]. 社会学研究，2015，30（1）：190-214，246.DOI：10.19934/j.cnki.shxyj.2015.01.009.

[4] 邓运员，付翔翔，郑文武，张海波．湘南地区传统村落空间秩序的表征、测度与归因 [J]. 地理研究，2021，40（10）：2722-2742.

[5] 周晨虹．社区空间秩序重建：基层政府的空间治理路径——基于 J 市 D 街的实地调研 [J]. 求实，2019（4）：54-64，110-111.

[6] 百度百科"秩序"的详细解释．https：//baike.baidu.com/item/%E7%A7%A9%E5%BA%8F/136764?fr=aladdin

3. 景观与建筑领域中关于“空间秩序”的重要研究问题

在景观与建筑学科领域，学者基于对空间秩序的建构与分析从不同视角展开，对空间秩序的认知与理解也各有侧重。可以看出聚焦的研究问题不仅包含一般意义上空间秩序的形态构成，同时延伸到更深层次的社会、文化秩序的探讨，研究路径多将物质空间与文化空间划分为两个层次的问题分别进行探讨，而缺乏一种联动性研究路径和框架搭建，到目前为止还没有针对旅游干预后空间秩序变化的相关研究（表 1.2.4）。

景观与建筑领域关于“空间秩序”的研究问题梳理 **表 1.2.4**

篇名	作者	时间	研究问题
传统村落公共空间秩序研究——以陕西省合阳县灵泉村为例	梁林	2007	传统村落形态构成研究，主要包括村落空间的整体布局、内部结构组织形态以及建筑群体组合关系。村落的空间秩序是研究村落空间的形态结构因社会群体、家族组织、土地所有权等乡村经济的变化而产生的变迁[1]
基于“文化生长”理念的古镇空间秩序传承研究——以陕西省为例	魏峰群、李军社、席岳婷	2016	寻求更为合理的古镇空间扩展模式，提出古镇规划需要尊重自然秩序、功能秩序和文化秩序，重构具有地脉文化内涵的城镇空间秩序
古城旅游社区主客活动秩序研究——以潮州古城为例	廖梓维	2017	明晰古城主客活动秩序的过程机制和根本原因，阐述“活动秩序”是人与空间或行为与空间的关系是一个互助的、有序的、不断循环的过程，整个人的行为过程就是遵循一个序列程序，并且人类活动的秩序性会在层层嵌套的“地方秩序”下与时空资源的配置呈现对应关系，从而形成“（活动的）地方秩序嵌套”[2~4]
回澜：一种结合特殊水脉的空间秩序构建模式	朱玲、王树声、徐玉倩	2017	“回澜”（河流水势的一种特殊形态）与城市空间秩序的关联
秩序、利润与日常生活——公共空间生产及其困境	杨宇振	2018	为更好地认识公共空间的多义性，提出秩序是空间的边界与空间之间的等级关系。改变空间的边界即是改变秩序的一种方式。改变秩序的要素只有两种，第一即目的，第二是手段[5]
空间秩序与城中村治理的实践逻辑	刘刚、李建华	2018	为实现城中村文化空间秩序的意义建构，最大程度地保障城中村空间秩序建构过程中的公平正义
“火房”与“堂屋”：花瑶空间秩序认知、建构与转化	谢菲	2018	为窥探南岭民族走廊汉瑶杂居区的民族关系，聚焦汉族与瑶族信仰空间秩序的区分与转化[6]

[1] 梁林 . 传统村落公共空间秩序研究 [D]. 西安建筑科技大学，2007.
[2] 廖梓维 . 古城旅游社区主客活动秩序研究 [D]. 华南理工大学，2017.
[3] 赵娟 . 浅析人的行为与空间秩序的关系 [J]. 山西建筑，2007，33（22）：31-32.
[4] Kajsa Ellegård，张雪，张艳，等 . 基于地方秩序嵌套的人类活动研究 [J]. 人文地理，2016（5）：25-31.
[5] 杨宇振 . 秩序、利润与日常生活：公共空间生产及其困境 [J]. 新建筑，2018（1）：4-9.
[6] 谢菲 . “火房”与“堂屋”：花瑶空间秩序认知、建构与转化——基于湖南隆回县虎形山瑶族自治乡崇木凼村的考察 [J]. 原生态民族文化学刊，2018，10（3）：151-156.

续表

篇名	作者	时间	研究问题
岷州卫防御聚落空间秩序研究	张刚、杨林平	2019	岷州城的空间秩序与空间特征，在这里空间秩序主要是指对岷州城建筑“院落式”空间布局的分析[1]
路易斯·康的空间秩序语言	韩升升、王罗	2020	路易斯·康作品中的空间秩序设计语言，在这里空间秩序被理解为在空间模式与构成之间存在的一种规律与特征[2]
中国古代“城-山”风景的文化意象、空间秩序与景致营建研究	毛华松、汤思琦、傅俊杰	2021	研究中国古代城市基于城内外山系的择址和塑形过程中，文化意象作用下所形成的“城-山”空间秩序
流动性平衡：“村改居”社区的空间生成与秩序实现	魏程琳、寇怀云	2022	明晰转型期乡村社会空间秩序重构的机制，提出以“村改居”为代表的农民现代化生活空间重构和秩序实现，有赖于政府与农民的互动性共识

4. 景观空间的概念与界定范围

在《何谓景观——景观本质探源》一书中，莫森·莫斯塔法维提出：“景观本质上是处于多种关联事物之间。”[3] 该书的作者邀请不同学者对“何谓景观？”的问题展开了多学科视角的探索，景观是建筑、文学、绘画、摄影、造园、生态、规划、都市主义等。对于景观是什么，无论在西方还是中国一直难以清晰描述。俞孔坚从四个方面概括景观的内涵：景观作为视觉审美的对象、生活其中的栖息地、系统和符号。

约翰·西蒙兹《景观设计学》（1960）指出：“景观空间是由底面、顶面和垂直面的空间分割面所组成，能带给人情感变化的空间。”R. 福尔曼的《景观生态学》指出：斑块-廊道-基质是构成景观空间格局的基本模式[4]。诺曼·K. 布思在《风景园林设计要素》[5]（1989）一书中认为，景观空间由各种自然设计要素共同组成，是为创造和安排室外空间以满足人们的需要和享受而形成的，设计要素包括：地形、植物要素、建筑物、铺装、园林构筑物和水。俞孔坚在《理想景观探源》（1998）一书中描述：“理想风水景观中包含着景观空间结构的基本特征：围护与屏蔽、界缘与依靠、隔离与胎息、豁口与走廊、小品与符号。”凯瑟琳·蒂在《景观建筑的形式与肌理图示导论》（2001）一书中，提出景观空间可以定义为：人类为了达到自己的各种目的，利用地面、“墙面”和“天空”平面封闭、界定使用的一个三维区域，它为人类提供了户外活动的场所[6]。《图式语言》中阐述道：“景观空间承载着场地人文生态系统认识环境、利用

[1] 张刚，杨林平．岷州卫防御聚落空间秩序研究 [J]. 城市建筑，2019，16（36）：95-98. DOI：10.19892/j.cnki.csjz.2019.36.032.

[2] 韩升升，王罗．路易斯·康的空间秩序语言 [J]. 潍坊学院学报，2020，20（6）：72-73.

[3] ［爱尔兰］加雷斯·多尔蒂，［美］查尔斯·瓦尔德海姆．何谓景观？——景观本质探源 [M]. 北京：中国建筑工业出版社，2019.

[4] R. 福尔曼，M. 戈德罗恩．景观生态学 [M]. 肖笃宁，张启德，赵羿，等译．北京：科学出版社，1990.

[5] ［美］诺曼·K. 布思．风景园林设计要素 [M]. 曹礼昆，曹德鲲，译．北京：中国林业出版社，1989.

[6] ［英］凯瑟琳·蒂．景观建筑的形式与肌理：图示导论 [M]. 大连：大连理工大学出版社，2011.

环境、塑造环境的全过程的和谐统一与健康的人地关系。具体表现为景观空间的系统性与结构性……分异性与拼接性……复合性与嵌套性……解构性与重组性……尺度性与尺度转换……空间感知与表意性。”[1]

综合以上不同学者对景观和景观空间的认知与表述，本书中景观空间的研究范畴主要包含以下几点：①由设计要素限定而成的具有底面、顶面和垂直面的三维立体空间。②为人类提供感知和体验且具备满足人类生理与心理需求的户外场所。③具有空间结构特征的多尺度嵌套的生态复合空间。④具有一定的社会交往及其生产关系的空间系统。⑤存在多维度、多尺度的具有规律性的空间嵌套特征。⑥追求相对稳定、平衡、健康、可持续的空间结构状态。

1.2.4 旅游干预

旅游业的发展为乡村经济提供了新的发展契机，同时也给城市居民提供了一种近距离接触自然、感受田园生活的新型休闲方式，在此过程中，旅游作为一种明确的外力或手段，介入乡村社会、经济和空间系统，产生复杂关联及因果关系。因此，将旅游看作传统村落发展过程中的一个因变量来分析其介入方式与效果是研究乡村旅游的重要视角及途径。

在《现代汉语词典》中，“干预”指动用外力或手段，对某种事物进行有意识的介入、调整或改变，以达到特定目的或产生特定效果，通常涉及对某种现象或局面的改变或调整，可以是积极的、消极的、直接的或间接的行动。在不同领域，干预的方式和方法各不相同，例如医学、心理学、社会政策等。旅游干预主要是指通过旅游策划、旅游活动、旅游项目和旅游产品等进行实地干预，影响当地居民、旅游从业者、各类组织、各级政府和旅游发展。

旅游干预是一个概括性的复杂概念，具有抽象或具象的因子属性类别，具有直接的或间接的不同作用力形式，具有积极的或消极的作用结果。如分析旅游干预中的游客干预，既要分析游客作为物理人对景区承载量的影响，也要分析游客在空间中的环境行为。游客作为干预因子的直接影响主要是其在旅游活动中与当地社区、文化和自然环境互动所带来的影响，如游客对当地文化的理解和尊重程度、游客对景区环境的破坏程度等。间接影响则涉及游客对旅游产业和旅游政策的影响，如游客对旅游产品和服务的喜好和需求，以及游客对旅游政策和规划的反馈和建议等。因此，旅游干预是涉及经济学、社会学、地理学、环境学以及城乡规划等多学科交叉的研究领域。

针对旅游乡村中的旅游干预需要从以下三方面进行内涵阐释：一是强调旅游作为

[1] 王云才. 图式语言 [M]. 北京：中国建筑工业出版社，2018.

整体性驱动因子，侧重说明旅游的外来介入性特征，突出以旅游为手段对乡村的作用力，还可以进一步分析旅游是乡村产业转型、乡村人居提升、社会经济发展的重要驱动力量。二是强调旅游介入前后的动作及过程，突出旅游从介入到影响的动态性特征，侧重“干预”的动作，重点关注旅游干预模式、干预路径、干预程度等。三是强调理论构建意义，侧重说明旅游干预在理论研究及应用方面的可操作性，突出旅游干预作为科学问题分析的概念性。以此角度可促进乡村旅游的客观评价、动态评估以及“干预 - 反应”模型的构建。

总之，对于“旅游干预”这个概念，可以从多个方面进行阐述，以更全面地认知旅游和乡村相辅相成、互为依托的关系。

第2章 关中地区传统村落及乡村旅游概述

2.1 关中地区传统村落

2.1.1 传统村落分布及基本类型

关中地区传统村落数量相对较多，在国家先后六批公布的《中国传统村落名录》中占68个，主要集中于渭南市和咸阳市，占陕西省传统村落总数量的37.99%，广泛分布于黄土台塬地貌及平原地貌交界处，其余区域少量的传统村落呈零散分布状态。

很多学者对传统村落类型划分已有很多研究，如根据发展状况划分为原生滞缓型、初变发展型、转型重构型、消解收缩型4类（于荟等，2021）[1]，根据地形特征分为滨海渔村类、盆地块状类、平原傍水类、丘陵不规则类、山谷带状类、山坳阶梯类、山坡阶梯类（林莉，2015）[2]，根据功能特征分为农耕型、工贸型、行政型、军事型、交通型、宗教型、纪念型诸类（郭亚茹，2016）[3]，根据平面空间形态分为"团状集中型""带状密集型""有辐射倾向的密集型"和"辐射分散型"4种空间类型（叶茂盛、李早，2018）[4]（表2.1.1）。

[1] 于荟，张沛，李稷，等."五态"融合理念下的村落分类与发展策略研究：以陕南传统村落为例[J].南方建筑，2021（4）：105-111.

[2] 林莉.浙江传统村落空间分布及类型特征分析[D].浙江大学，2015.

[3] 郭亚茹.河南省传统村落类型研究[J].合作经济与科技，2016（13）.

[4] 叶茂盛，李早.基于聚类分析的传统村落空间平面形态类型研究[J].工业建筑，2018，48（11）：50-55，80. DOI：10.13204/j.gyjz201811011.

传统村落分类方法相关研究 **表 2.1.1**

年份	学者	分类方式
2022	李琪、王伟、徐小东等[1]	采用多准则决策法进一步筛选出与保护优先型、发展优先型及传承优先型（综合型）传统村落相匹配的监测指标，实现监测体系的分级与分类
2021	于荟、张沛、李稷等[2]	根据发展状况划分出原生滞缓型、初变发展型、转型重构型、消解收缩型 4 类传统村落
2020	邹君、刘媛、刘沛林[3]	从村落产业和居民收入方面将其划分成旅游型、工贸型和务工型 3 种类型
2015	林莉[4]	根据地形特征分为滨海渔村类、盆地块状类、平原傍水类、丘陵不规则类、山谷带状类、山坳阶梯类、山坡阶梯类
2016	郭亚茹[5]	根据功能特征分为农耕型、工贸型、行政型、军事型、交通型、宗教型、纪念型诸类
2011	周乾松[6]	根据属性特征分为历史街区型、建筑遗产型、民族村落型、商贸交通型、传统文化型、革命历史型、环境景观型
2013	方磊、王文明[7]	依据地域功能差异分为交通枢纽型、军事要塞型、政治中心型、商贸集市型、府第名望型、民族村寨型
2023	康晨晨、黄晓燕、夏伊凡[8]	根据传统村落文化遗产价值分类，分为古色类（物质文化遗产：村落选址与格局、传统建筑、历史环境要素）、绿色类（非物质文化遗产）、红色类（红色文化遗产）
2019	陶慧、麻国庆、冉非小等[9]	基于 H-I-S 三要素不同状态的组合，划分出空心村、内卷型、融合型、外延型与绅士化 5 种村落类型
2018	叶茂盛、李早[10]	研究通过村落的比例系数、边界系数、饱和系数、建筑密度、离散系数 5 项，总结出团状集中型、带状密集型、有辐射倾向的密集型和辐射分散型 4 种空间类型
2022	李琪、王伟、徐小东[11]	构建基于“三生”融合度的传统村落分类模型，根据分类模型将环太湖流域传统村落划分为成熟改善型、拮抗调整型及失衡重构型三类
2019	刘馨秋、王思明[12]	结合中国传统村落的特征和认定标准，将传统村落划分为 5 个类别：传统建筑型、农业景观型、农业特产型、工商贸易型、民俗文化型
2022	潘颖、邹君、刘雅倩等[13]	根据发展路径的差异划分传统村落类型，对分属旅游发展型、传统技艺型、综合开发型和生活服务型的湖南省永州市 4 个传统村落进行活态性测度
2022	冯艳、李菁雯、胡晓淼等[14]	以河南信阳地区传统村落为研究对象，通过核密度、高程等分析，依山水关系划分为山谷盆地型、丘陵盆地型和丘陵平原型三类
2021	许建和、柳肃、毛洲等[15]	从全国、省市层面结合村落风貌、民族、历史遗存、村落职能等，将中国传统村落分为传统风貌型、民族特色型、名胜史迹型、特殊职能型四类

---

[1] 李琪，王伟，徐小东，等．“三生”视角下传统村落分级分类监测体系的构建 [J]. 南方建筑，2022（5）：45-53.
[2] 于荟，张沛，李稷，张中华．“五态”融合理念下的村落分类与发展策略研究：以陕南传统村落为例 [J]. 南方建筑，2021(4):105-111.
[3] 邹君，刘媛，刘沛林．不同类型传统村落脆弱性比较研究 [J]. 人文地理，2020，35(4):56-63，120.DOI:10.13959/j.issn.1003-2398.2020.04.008.
[4] 林莉．浙江传统村落空间分布及类型特征分析 [D]. 浙江大学，2015.
[5] 郭亚茹．河南省传统村落类型研究 [J]. 合作经济与科技，2016(13).
[6] 周乾松．历史村镇文化遗产保护利用研究 [J]. 理论探索，2011(4):86-90.
[7] 方磊，王文明．大湘西古村落分类与分区研究 [J]. 怀化学院学报，2013，32(1):1-4.DOI:10.16074/j.cnki.cn43-1394/z.2013.01.012.
[8] 康晨晨，黄晓燕，夏伊凡．传统村落文化遗产价值分级分类评价体系构建及实证：以陕西省国家级传统村落为例 [J]. 陕西师范大学学报（自然科学版），2023，51(2):84-96.DOI:10.15983/j.cnki.jsnu.2023121.
[9] 陶慧，麻国庆，冉非小等．基于 H-I-S 视角下传统村落分类与发展模式研究：以邯郸市为例 [J]. 旅游学刊，2019，34(11):82-95.DOI:10.19765/j.cnki.1002-5006.2019.00.004.
[10] 叶茂盛，李早．基于聚类分析的传统村落空间平面形态类型研究 [J]. 工业建筑 ,2018,48(11):50-55，80.DOI:10.13204/j.gyjz201811011.
[11] 李琪，王伟，徐小东，徐宁．“三生”视角下传统村落分级分类监测体系的构建 [J]. 南方建筑，2022(5):45-53.
[12] 刘馨秋，王思明．农业遗产视角下传统村落的类型划分及发展思路探索：基于江苏 28 个传统村落的调查 [J]. 中国农业大学学报（社会科学版），2019，36(2):129-136.DOI:10.13240/j.cnki.caujsse.2019.02.026.
[13] 潘颖，邹君，刘雅倩，黄翅勤，刘沛林．乡村振兴视角下传统村落活态性特征及作用机制研究 [J]. 人文地理，2022，37(2):132-140，192.DOI:10.13959/j.issn.1003-2398.2022.02.016.
[14] 冯艳，李菁雯，胡晓淼，张寒雪，孔德政．信阳地区传统村落山水空间格局特征研究 [J/OL]. 工业建筑 :1-9[2023-04-15]. http://kns.cnki.net/kcms/detail/11.2068.TU.20220927.1829.003.html.
[15] 许建和，柳肃，毛洲，侯倩倩．中国传统村落的空间分布特征与保护系统方案 [J]. 湖南大学学报（社会科学版），2021，35(2):152-160.DOI:10.16339/j.cnki.hdxbskb.2021.02.020.

结合关中地区地域特色与地方村落普遍特征，从所处地形地貌、聚落空间发展程度、聚落平面形态、三生融合度四种不同视角对关中地区传统村落进行分类分析。

根据地形地貌特点，将关中地区分为平原区、黄土台塬区、黄土丘陵沟壑区、山地区四种地形区，在此基础上将传统村落分为平原型、黄土台塬型、丘陵沟壑型、山地型四种类型。平原型传统村落代表有南社村、司家村等，其所处区位地形平坦、交通便捷，与外部联系紧密，建筑及基础设施环境普遍现代化程度更高，以上因素作用下村内老、中、青年龄结构也相对均衡。黄土台塬型传统村落代表有灵泉村、清水村等，其所处区域虽有高差，但建筑集中的居住区多为平坦的台塬，聚落呈聚集分布，这是关中地区具有特色的一种景观风貌。黄土丘陵沟壑地形包括黄土塬、黄土梁峁地形，黄土丘陵沟壑型传统村落的代表有立地坡村、等驾坡村等。关中地区山地型传统村落主要分布在秦岭北部，代表村庄有石船沟村、老县城村等，其多在山间谷地中呈带状分布，周边生态环境好，村落自然化程度高，人与自然和谐共生。

根据聚落空间发展程度，将关中地区传统村落分为空间维持型、空间扩散型、空间分离型、空间衰退型四种类型（图 2.1.1）。

空间维持型传统村落是指持续沿用传统的村落空间结构，基本保留了原有空间的基本形态和功能，或在原有空间结构的基础上根据村民生产生活所需进行更新。代表性村庄为南社村，其村庄内的街巷格局、居住单元结构等依然保持传统村落原有空间结构，村内发展旅游时将旅游活动场地和项目主要规划设置在村庄西侧的横沟中，保障村民主要生活区尽量少受到旅游发展的干扰。

空间扩散型传统村落是指村落中新建房屋自发地围绕老村不断向外扩展，形成更大规模的村庄，原有传统村落区域被新村包围，因此在地理空间上依然是村庄中心区域。典型代表为清水村，新村围绕老村不断向外扩展，老村作为中国传统村落保护对象保留了历史空间格局和形态，传统建筑也成为村庄空间底色与村民的精神寄托。

空间分离型传统村落的特征表现为新村和老村在空间上有明显的边界分离，这类村庄多为在保存老村固有空间的同时在周边重新开辟场地建设新村，新村和老村的姓氏传承、街巷构造等在一定程度上存在继承关系。这类村庄的新村多为改革开放后 20 世纪 80 年代前后开始兴建，代表村庄有灵泉村、党家村、柏社村。

空间衰退型传统村落是指村民搬迁至新村或村内人口大量迁出后长期缺乏管理和维护，从而导致房屋坍塌、杂草丛生等。关中地区此类村庄如南长益村，村民多数居住于紧邻的新村，老村仅有老人十余口，此类村庄虽然聚落空间结构和历史建筑依然能呈现出传统村落的风貌与特征，但建筑、街巷等空间要素的快速破败必将导致历史空间模糊甚至消失。

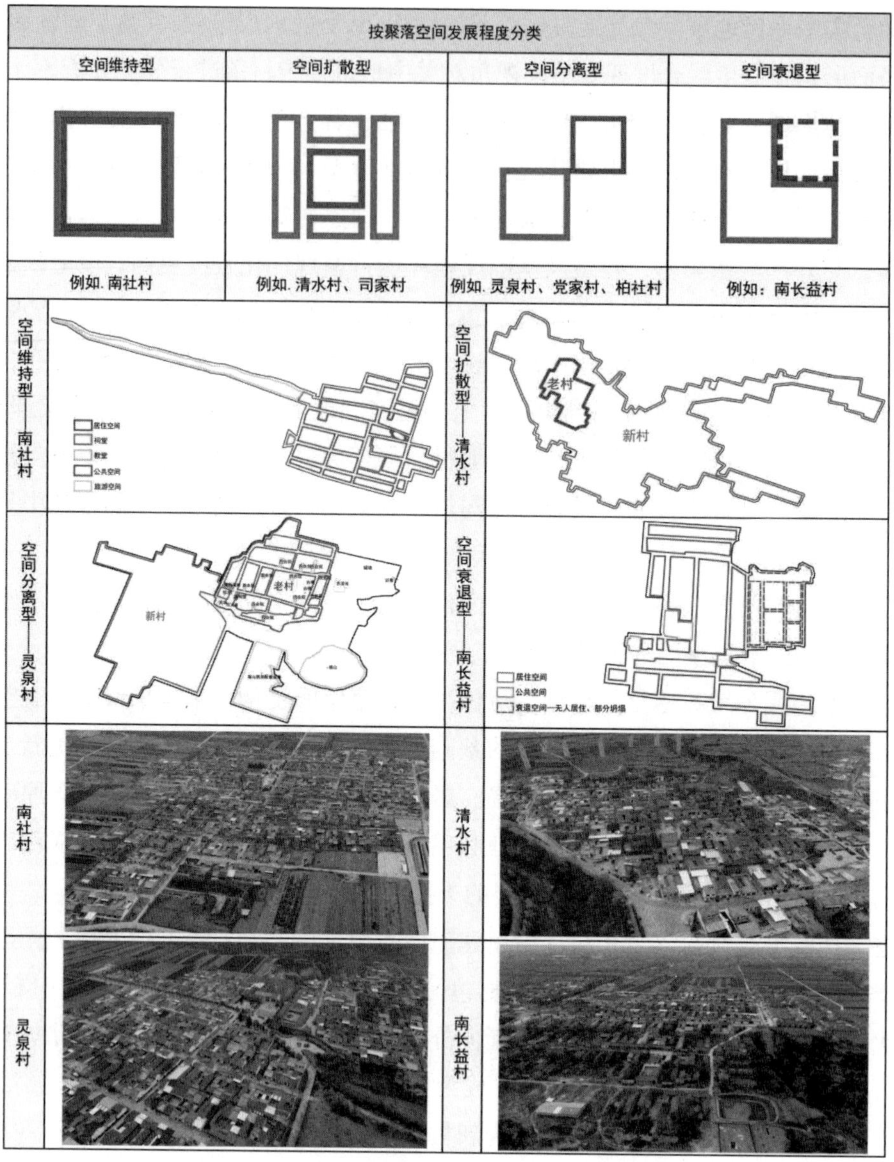

按聚落空间发展程度分类			
空间维持型	空间扩散型	空间分离型	空间衰退型
例如. 南社村	例如. 清水村、司家村	例如. 灵泉村、党家村、柏社村	例如：南长益村
空间维持型——南社村		空间扩散型——清水村	老村 新村
空间分离型——灵泉村	老村 新村	空间衰退型——南长益村	居住空间 公共空间 衰退空间—无人居住、部分坍塌
南社村		清水村	
灵泉村		南长益村	

图 2.1.1 关中地区传统村落按聚落空间发展程度分类

根据聚落平面形态，将关中地区传统村落划分为聚集型、分散型两种类型（图 2.1.2）。聚集型传统村落可细分为自由边界型、地形限定型、堡寨型三种具体形式。聚集型传统村落的代表村庄有党家村、灵泉村、司家村。党家村为自由边界型聚集，村庄边界没有强烈的空间限制，但在发展中逐步呈现出了聚集状态。灵泉村为地形限定型聚集，其村庄北、东、南三侧皆有断崖环绕，仅西侧与台塬相连，作为村庄的出入口。司家村为堡寨型聚集，村庄外有寨墙限制，仅东西侧有城门可进入，村落在寨墙之内聚集。分散型传统村落中的居住区多分片分布，空间布局受地形影响较大，代表性村庄为尧

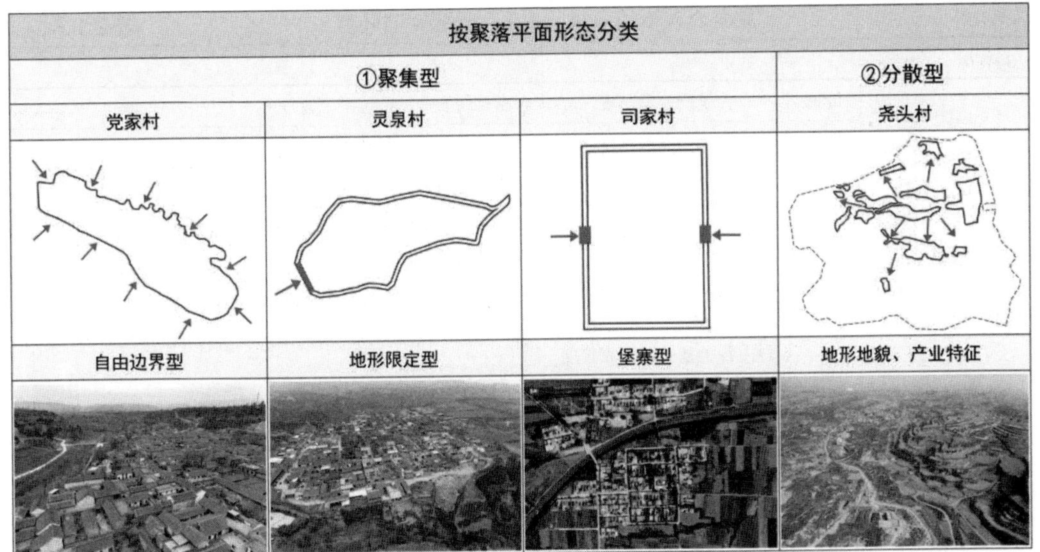

图 2.1.2　关中地区传统村落按聚落平面形态分类

头村，其在地形与产业特征（烧制陶瓷）的共同作用下形成了依山就势分散分布的村落平面形态特征。

根据“三生”融合度进行划分时，“三生”是指村庄的“生产”“生活”“生态”三要素，“三生”融合度旨在探究旅游要素介入后村庄“三生”关系发生的转变，即旅游干预下乡村“三生”要素动态转型分析（表 2.1.2），据此将关中地区传统村落划分为动态重塑型、静态分离型、稳定发展型三种。

动态重塑型的代表为袁家村，旅游介入后袁家村“三生”空间结构发生了明显的转变，村庄“三生”空间不断重塑。生产层面传统产业参与度逐步弱化衰退，快速转变为新兴产业的高度参与；生活层面传统模式的保留从村民生计需求演化为旅游特色体验，村民生活方式及生计模式不断向现代化转变；生态层面稳定的传统社会生态关系被打破，旅游经济发展和空间社会关系形成的新生态模式日益凸显，旅游发展积极向好后，驻外人员大量回流。

静态分离型的代表有党家村、南长益村。这类村庄“三生”空间中传统与现代割裂较为严重，老村空间与村民日常生活区（新村）分离，转为静态；传统农业生产模式得以保留，但整体活力较低；“生态”层面稳定的传统社会关系被打破，新村的自然、文化与空间关系连接较弱，村内人口外流严重，常住人口多为老年人及留守儿童。

稳定发展型的代表有南社村、灵泉村。这类村庄在保持传统“三生”空间的基础上，接受并局部参与旅游发展，没有彻底改变原有“三生”关系。此类村庄原有生活和生产空间维持历史传统并在现代生活空间需求上有序发展，也呈现出较好的活力。

旅游介入下的乡村“三生”要素动态转型　　表 2.1.2

目标层	准则层	指标层		阐述
村落动态转型	生产	传统	传统产业参与度	包括传统农业、传统手工业等
		现代	新兴产业参与度	包括现代工业、服务业等
	生活	传统	历史空间使用度	包括传统建筑、涝池、古井等空间的现存使用度
			特色文化节日及活动	包括村庄特色传统活动及节日，如秋千节、花馍节、庙会、晒秋等活动
			传统生活方式的延续	包括传统的耕种节气、餐食周期、特色传统饮食等
		现代	村内各类基础设施完善度	新建广场、休闲设施、活动中心、街巷开阔度等村内现代化基础设施完善度
			民居建筑现代化程度	民居的新式和西化程度以及对原有传统建筑印记的保留程度
	生态	传统	自然—空间	指原始自然环境质量在空间中的状态，空间与自然的关系
			社会—空间	指代传统社会中完善的社会关系、姓氏代际传承等与空间的关系留存度
			文化—空间	指代空间中的建筑文化等传统文化印记
		现代	当地人—外来人	即村庄内城市外来人（包括游客与长期定居者）与当地村民的人口比例
			生计模式—空间行为	村庄中的行为模式多为当地人的生计模式，还是外来人（游客等）的游玩参与行为
			常住人群—驻外人群	村庄中的留守人群与外出人群的比例

2.1.2　传统村落保护与发展特征

关中地区位于陕西省中部，是华夏文明的重要发源地之一，地理上包括西安、咸阳、渭南、宝鸡等城市。这一地区拥有丰富的历史文化遗产和众多传统村落，如秦始皇陵、兵马俑、大雁塔等世界著名旅游景点，以及党家村、立地坡村、灵泉村等具有特色的传统村落。关中平原特有的地域条件、历史文化以及民间艺术等给本地区传统村落赋予了独特的文化底蕴和魅力。在传统村落的保护与发展研究中，应将突出的传统历史文化价值和鲜明的传统民居特色作为重要历史资源和财富，在满足时代发展的人居环境建设中渗入生态环境保护理念，增强社区居民参与意识，推进旅游产业逐步发展（图 2.1.3）。

1. 突出传统历史文化价值

关中地区的传统村落具有悠久的历史和丰富的文化。很多村落可以追溯到周、秦、汉等朝代，反映了古代农耕文明的独特风貌。这些村落中有大量的古建筑、历史遗迹和民间艺术，具有很高的历史文化价值。扎根传统文化保护与传承的学者们，不仅研究了关中地区传统村落的历史文化底蕴，还深入探讨了传统村落的非物质文化遗产、地方民俗、传统工艺等多方面的文化特征，致力于挖掘关中地区传统村落的文化内涵，并持续关注如何在现代化进程中保护和传承这些宝贵的文化资源，推动文化遗产的价值再生（表 2.1.3）。

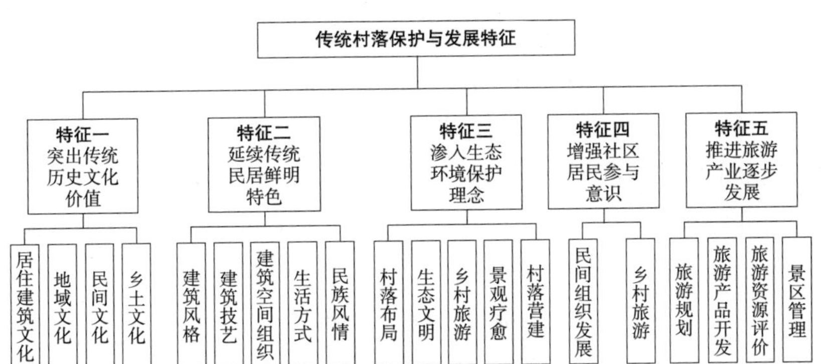

图 2.1.3　关中地区传统村落保护与发展特征

特征一：突出传统历史文化价值　　表 2.1.3

研究类别	研究侧重点	典型示例		
		时间	学者	研究方式
历史文化与居住建筑文化	主要研究领域为关中地区历史文化与居住建筑文化，关注关中地区传统村落的历史文化价值，提出了关中地区农村传统居住建筑的研究框架	2007	贾玲利[1]	通过对陕西关中地区具有代表性的 3 个村庄的实地调研，分析了关中地区农村居住建筑在村落居住、合院文化、细部装饰等方面的特点及影响因素。提出在农村经济不断发展的同时，保留农村传统居住建筑文化的重要性
历史文化与地域文化	主要研究领域为关中地区历史文化与地域文化，关注关中地区传统村落的地域文化特征，提出了关中地区地域文化研究的理论体系	2019	梁园芳等[2]	以韩城市清水村为例，论述了清水村传统村落在地域文化影响下形成的空间特色，并归纳出分层与分类分级相结合的保护方法，在宏观和微观层面提出相应的保护整治措施，实现村落历史和文化的有效传承
历史文化与民间文化	主要研究领域为关中地区历史文化与民间文化，关注关中地区传统村落的民间文化传承，提出了关中地区民间文化保护与传承的策略	2021	黄于瑶[3]	通过实地调查法、案例分析法、比较分析法，综合性地分析西府花馍、凤翔马勺脸谱、关中剪纸等。并从陕西关中地区民间民俗艺术产业化发展的现实意义出发，分析其目前的发展现状，制定适宜的实施策略
历史文化与乡土文化	主要研究领域为关中地区历史文化与乡土文化，关注关中地区传统村落的乡土文化研究，提出了关中地区乡土文化保护与传承的方法	2020	段泽鑫[4]	通过对关中三村进行深入调研后发现，现代化的冲击一定程度上促使村庄植根于自身的历史文化传统中寻找维系村庄秩序的核心变量，并以此构建民众的价值认同与生产生活秩序，形成在尊重村庄的内生基础之上的乡土文化保护发展合理路径

[1]　贾玲利 . 陕西关中地区农村居住建筑文化探讨 [J]. 四川建筑科学研究，2007（1）：160-163.
[2]　梁园芳，吴欢，马文琼 . 地域文化背景下的关中渭北台塬传统村落的空间特色及保护方法探析：以韩城清水村为例 [J]. 城市发展研究，2019，26（S1）：116-124.
[3]　黄于瑶 . 陕西关中地区民间民俗艺术产业化发展研究 [J]. 包装工程，2021，42（20）：402-407.
[4]　段泽鑫，袁君刚 . 乡土文化重建的现实基础与实践原则：基于对关中三村的实地考察 [J]. 农村经济与科技，2020，31（19）：258-260.

2. 延续传统民居鲜明特色

关中地区的传统民居以土木结构为主，具有典型的关中建筑风格。常见的建筑形式有四合院、地坑式民居、窄院、窑洞等。这些民居在保护物质遗产的同时，也展示了关中地区的地域特色和民俗风情。研究关中地区传统民居与空间布局保护的学者们，系统分析了传统村落的建筑风格、构造特点、空间组织等方面的特征，针对关中地区的地域特点，提出了保护与更新传统民居的方法和措施，同时强调保持村落空间布局的和谐与统一。研究成果为传统村落保护与发展提供了实践案例和理论支持（表 2.1.4）。

特征二：延续传统民居鲜明特色 表 2.1.4

研究类别	研究侧重点	典型示例		
		时间	学者	研究方式
传统民居与建筑风格	主要研究领域为关中地区传统民居与建筑风格，关注关中地区传统民居的建筑特色，提出了关中地区民居建筑唐家大院景观和建筑风格特点	2020	王艺翔[1]	就关中地区旬邑县唐家大院建筑风格特色进行简要分析，凝练关中民居整体建筑特色，并指出唐家大院的建设风格融合了关中民居建筑的特点，在风格上采用了北方的四合院建设风格，景观建筑采用了极具皇家特色的苏式园林景观建设风格
传统民居与建筑技艺	主要研究领域为关中地区传统民居与建筑技艺，关注关中地区传统民居的建造工艺，提出了关中地区民居建筑技艺在现代建筑中的应用	2017	祁嘉华[2]	整体论述北方合院式民居建筑的传统布局，并阐明根据当地气候、地理条件因地制宜加以改进的建筑技艺方法，使整体传统民居建造风格极具关中地域文化特色又不失实用性
传统民居与建筑空间组织	主要研究领域为关中地区传统民居与建筑空间组织，关注关中地区传统民居的空间布局，提出了关中地区民居空间组织生命活力延续的重要途径	2010	虞志淳等[3]	以陕西关中地区农村住宅为研究对象，以农村经济社会转型、生活方式发生深刻变化为出发点，本着城乡统筹、生态、节地的原则，从用地、空间与功能等方面寻求户型设计及庭院组合的途径，并对地域文化与场所营造的多样化、人性化的规划设计方法进行探讨
传统民居与生活方式	主要研究领域为关中地区传统民居与生活方式，关注关中地区传统民居的生活方式研究，提出了关中地区民居生活方式与建筑关系的探讨	2020	雷振东等[4]	研究面向八百里秦川的关中地区，基于该地区乡村既有民居建筑有量缺质的普遍现象，耦合90%宅院老人居住于门房的习惯特征，借力农村风貌整治、政府资助机遇，着力老人生活空间这一更新需求重点，针对门房居室热舒适性能差、门房外观地域特色缺失等关键问题，研发地方适宜性技术体系，开展营建示范并形成推广效应

[1] 王艺翔 . 唐家大院的建筑风格的特色 [J]. 中外企业家，2020（10）：236.
[2] 祁嘉华 . 关中传统民居营造技艺研究 [M]. 西安：三秦出版社，2017.
[3] 虞志淳，刘加平，雷振林 . 从户型到宅院组合：陕西关中地区农村住宅研究 [J]. 建筑学报，2010（8）：10-13.
[4] 雷振东，杨洋，田虎 . 关中地区既有民居建筑老人生活空间性能提升适宜技术研究 [J]. 世界建筑，2020（11）：98-103，130.

续表

研究类别	研究侧重点	典型示例		
		时间	学者	研究方式
传统民居与民族风情	主要研究领域为关中地区传统民居与民族风情，提出了关中地区民居民族风情和地域性建筑特色以及独特的居住文化生态环境	2019	吴昊等[1]	比较研究陆海丝路沿线传统民居民族本源现状，遴选关中地坑窑洞民居与海南黎族传统民居，着力阐述其生态与民族人文之成因

3. 渗入生态环境保护理念

关中地区的传统村落注重生态环境保护，充分利用当地的自然资源，形成了悠久的生态文明传统。村落布局合理，与周边山水环境融合，充分体现了人与自然和谐共生的理念。关注生态环境保护的学者们，深入研究了关中地区传统村落的生态环境特征和生态保护需求，从生态布局、水资源保护、土地利用等多方面提出了具有针对性的生态保护策略和措施，以期在村落发展的过程中实现人与自然的和谐共生。这些研究有助于推动关中地区传统村落实现可持续发展（表 2.1.5）。

特征三：渗入生态环境保护理念 **表 2.1.5**

研究类别	研究侧重点	典型示例		
		时间	学者	研究方式
生态环境与村落布局	主要研究领域为关中地区生态环境与村落布局，关注关中地区传统村落的生态环境保护，为关中地区村落村镇住区的绿色、舒适、宜居提供理论参考	2018	白骅等[2]	以西安、渭南、铜川、咸阳、宝鸡五市和杨凌区的典型传统村镇住区进行实地调研，分析村镇住区不符合生物气候条件的规划设计问题。从村镇规模选址、规划布局、住宅选型、环境景观、基础设施规划五个方面，对关中地区村镇住区进行模式化研究
生态保护与生态文明	主要研究领域为关中地区生态保护与生态文明，关注关中地区传统村落的生态文明建设，提出传统村落的分类分级分区保护	2022	张睿婕等[3]	基于传统村落景观生态整体性保护与发展理念，采集图形数据、图像数据、实体属性数据、统计数据等多源数据，建构生态敏感度评价指标体系和模型
生态环境与乡村旅游	主要研究领域为关中地区生态环境与乡村旅游，关注关中地区传统村落的生态旅游发展，指明地域空间差异	2014	暴向平等[4]	基于旅游生态位理论，以关中地区为研究尺度，选取 2007—2011 年数据构建关中地区旅游城市旅游生态位测评指标体系，运用 SPSS19.0 软件和 ArcG IS9.3 进行空间格局分析，形成“中心辐射、以点带面、面状发展”的区域旅游发展空间格局

[1] 吴昊，张引．陆海丝路沿线传统民居文化本源现状的比较研究：关中地坑窑洞民居与海南黎族传统民居的本源探究 [J]. 西北美术，2019（3）：121-124.

[2] 白骅，刘启波，王家琪．生物气候条件下关中地区村镇住区规划模式研究 [J]. 西安建筑科技大学学报（自然科学版），2018，50（6）：863-871.

[3] 张睿婕，高元．多源数据融合下的关中传统村落景观生态敏感度评价 [J]. 现代城市研究，2022（12）：9-17.

[4] 暴向平，薛东前．基于旅游生态位测评的关中地区旅游城市空间格局研究 [J]. 干旱区资源与环境，2014，28（6）：189-194.

续表

研究类别	研究侧重点	典型示例		
		时间	学者	研究方式
生态环境与景观疗愈性	主要研究领域为关中地区生态环境与景观疗愈性，提出了关中地区传统村落生态景观疗愈性设计元素	2022	赵彧翰等[1]	基于传统村落是人类文化最重要的显性载体特征，针对陕西关中地区村落生态景观条件与疗愈需求、设计方法进行论述，以提出传统村落发展新方向
生态环境与村落营建	主要研究领域为关中地区生态环境与村落营建，提出了关中地区与自然相适应的村落选址、融入减灾理念的生产生活空间布局、自然资源要素的合理和可持续利用等策略与措施	2022	毛锴桥等[2]	以三原县柏社村古村落为例，通过实地调研法和文献分析法，分别从宏观层面的村落选址布局、中观层面的村落空间布局、微观层面的地坑院空间塑造，对柏社村各种制约因素进行分析，挖掘地坑院村落营建中的生态智慧

4. 增强社区居民参与意识

在关中地区传统村落的保护与发展过程中，越来越多的村民意识到了传统村落的价值，积极参与保护和发展的实践。通过培训、合作等方式，村民们在传统文化保护、旅游发展等方面发挥着重要作用。研究社区参与的学者们，关注关中地区传统村落居民的参与程度与参与方式。他们强调居民在村落保护与发展中的主体地位，探讨如何通过社区参与、民间组织发展等途径提高居民的参与度，增强参与效果。这些研究有助于实现关中地区传统村落的民主治理和发展成果共享（表 2.1.6）。

特征四：增强社区居民参与意识 **表 2.1.6**

研究类别	研究侧重点	典型示例		
		时间	学者	研究方式
社区参与与民间组织发展	主要研究领域为关中地区社区参与与民间组织发展。关注关中地区传统村落的民间组织与社区参与，提出了关中地区民间组织发展与社区参与的策略与实践	2019	任梅[3]	采用实证研究方法，以转型期关中地区润村文化小队社会空间的变化为对象，运用参与观察与深度访谈等方式讨论这种变化对公共产品供给的影响，进而分析发现这种变化在一定程度上弥补了村级自治组织公共产品的供给不足，优化了村庄社会秩序，有利于乡村治理多元化发展，与基层治理形成良好的互动

[1] 赵彧翰，包敏，王燕，等. 陕西关中地区传统村落生态景观疗愈性设计分析 [J]. 现代园艺，2022，45（12）：90-91，94.
[2] 毛锴桥，赵宏宇. 关中地区地坑院村落营建中的生态智慧挖掘：以三原县柏社村为例 [J]. 智能建筑与智慧城市，2022（3）：32-34.
[3] 任梅. 社会空间变化对乡村治理的影响：以关中地区润村文化小队为例 [J]. 乡村科技，2019（22）：34-36.

续表

研究类别	研究侧重点	典型示例		
		时间	学者	研究方式
社区参与与乡村旅游	主要研究领域为关中地区社区参与与乡村旅游。关注关中地区传统村落的社区参与旅游发展，提出了关中地区社区参与乡村旅游的策略与规划	2018	杜忠潮等[1]	基于前人研究和实地问卷调查的资料，论证了社区参与乡村旅游的意义和模式，以及乡村旅游发展中妇女的作用及其影响。并以关中地区若干乡村旅游点为例，对社区居民参与乡村旅游发展的实践作实证分析，进一步探索和揭示了关中地区乡村旅游发展中社区居民参与的模式和妇女的作用，并对社区居民参与乡村旅游发展提出对策性建议

5. 推进旅游产业逐步发展

关中地区的传统村落在历史文化资源保护的基础上，逐步发展旅游产业，充分挖掘文化、生态、民俗等旅游资源。通过整合资源，推出具有地域特色的旅游产品，吸引大量游客，促进地区经济发展。关注旅游发展的学者们，从文化旅游、生态旅游、乡村旅游等多个角度，深入研究关中地区传统村落的旅游资源潜力与开发策略。他们关注如何在保护传统文化、生态环境的基础上，充分挖掘关中地区传统村落的旅游价值，设计独具特色的旅游产品和线路。此外，学者们还探讨了旅游产业发展对关中地区传统村落的经济带动作用，以及旅游产业对村落社会、文化和环境的影响。这些研究为关中地区传统村落旅游发展提供了理论指导和实践案例（表 2.1.7）。

特征五推进旅游产业逐步发展 **表 2.1.7**

研究类别	研究侧重点	典型示例		
		时间	学者	研究方式
乡村旅游与旅游规划	主要研究领域为关中地区乡村旅游与旅游规划。关注关中地区传统村落的旅游发展，提出了关中地区乡村旅游发展的策略与规划	2019	马杰等[2]	对关中地区乡村旅游资源优势进行了充分调研，对关中村落旅游空间发展的几种趋势进行了探讨，最后从优化空间布局、关中乡村景观与乡村旅游规划协调等几方面提出了关中乡村旅游空间组织规划的模式
文化旅游与旅游产品开发	主要研究领域为关中地区文化旅游与旅游产品开发。关注关中地区传统村落的文化旅游发展，提出了关中地区文化旅游产品开发的策略与实践	2018	陈哲[3]	总结国内外乡村旅游产品的研究和实践进展，分析国内外乡村旅游产品的主要发展模式，总结现今乡村旅游产品发展的主导方向与趋势，后以袁家村为研究对象，运用层次分析法，提出袁家村乡村旅游产品转型升级策略

[1] 杜忠潮，高霞，金萍 . 关中地区乡村旅游的社区参与与妇女作用 [J]. 安徽农业科学，2008（28）：12413-12416，12419.
[2] 马杰，肖莉 . 陕西关中地区乡村旅游组织规划浅析 [J]. 山西建筑，2009，35（21）：28-29.
[3] 陈哲 . 袁家村旅游产品开发现状评估及转型优化策略研究 [D]. 西安建筑科技大学，2018.

续表

研究类别	研究侧重点	典型示例		
		时间	学者	研究方式
生态旅游与旅游资源评价	主要研究领域为关中地区生态旅游与旅游资源评价。关注关中地区传统村落的生态旅游发展，提出了关中地区生态旅游资源评价与开发的方法	2022	崔杰[1]	从关中城市群的区域地理位置、旅游资源类别等方面进行全方位分析，建立关中城市群旅游资源体系评价模型，利用层次分析法对关中城市旅游资源进行综合评价
乡村旅游规划与景区管理	主要研究领域为关中地区乡村旅游规划与景区管理。关注关中地区传统村落的乡村旅游规划，提出了关中地区景区管理与旅游规划的实践与策略	2014	高林安[2]	采用文献收集与多途径数据采集相结合、定量分析与定性分析相结合、理论与实践相结合的研究方法，以陕西省各市、区及不同人文自然条件区域为空间分布单元，架构了各市及不同人文自然条件区域的政府管理、自身管理、产品供给与需求管理、空间布局规划管理等适应性管理框架，推动陕西省乡村旅游全面、健康、持续发展

2.2　关中地区乡村旅游

2.2.1　乡村旅游重点村分布

为更好地鼓励与支持乡村旅游发展，发挥示范村的模范带头作用，国家文化和旅游部、国家发展改革委自 2019 年起联合开展了全国乡村旅游重点村镇遴选推荐工作，截至目前已公布四批全国乡村旅游重点村，涵盖了目前各类乡村旅游发展较好的村庄，本书对全国乡村旅游重点村名单中涉及的关中地区村落进行整理，分析关中地区乡村旅游发展特点。

关中地区乡村旅游重点村在关中五地市皆有分布，在地形上台塬、丘陵、山地地形分布较多，平原地形区分布较少。包含党家村、袁家村、南社村（南社社区）、司家村四个传统村落。

2.2.2　乡村旅游类型及特征

随着社会经济发展和城乡一体化进程的不断加快，乡村旅游越来越受到人们的青睐。乡村旅游是以村落自然、人文、各类民俗景观资源、农业生产活动等为资源基础，以城市居民为主要服务目标，以村落特色文化和田园生活为主要内容，以满足城市居民回归自然、休闲娱乐、度假养生等外出需求为目的的一种旅游形态。在乡村旅游中，游客可以游览观光当地历史和文化遗产，享受农村生活体验和参与各种户外活动，与

[1]　崔杰 . 基于层次分析法的关中城市群旅游资源评价研究 [J]. 西安石油大学学报（社会科学版），2022，31（3）: 7-13.
[2]　高林安 . 基于旅游地生命周期理论的陕西省乡村旅游适应性管理研究 [D]. 东北师范大学，2014.

当地居民交流了解当地文化传统，并享受到农村地区的美食和特色活动等。此外，乡村旅游还可以为当地带来经济和社会发展的机会，促进乡村建设的可持续发展。

1. 乡村旅游类型

我国的乡村旅游从20世纪80年代中后期开始逐渐发展，相关研究从21世纪初才开始增多，从现有成果看，目前乡村旅游类型的划分未形成统一标准，国内学者对乡村旅游的分类主要从旅游资源属性、功能分类标准、地理位置、旅游资源市场依赖程度、旅游产业项目等角度划分。结合学者们以往的研究成果，本书将针对关中地区的乡村旅游特点，从乡村地理区位、旅游资源和旅游活动三方面划分村落旅游类型。

（1）按乡村地理区位分类

从城市整体空间结构中的地理位置布局和环境容纳量出发，城镇化建设发展和土地资源的开发利用呈现由中心圆点向外围扩展的趋势，同时乡村旅游地存在于不同城市空间结构属性中（图2.2.1）。

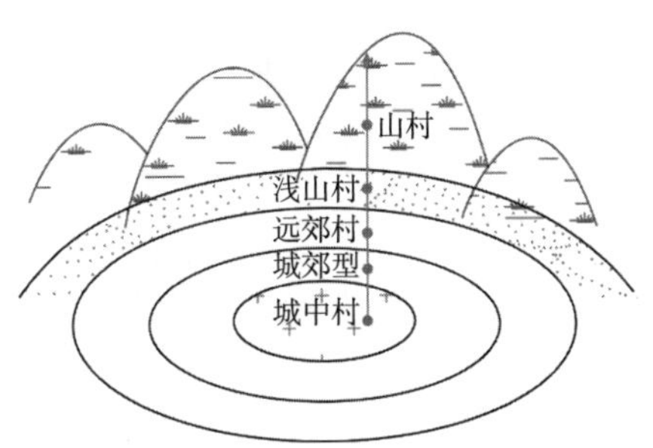

图2.2.1　乡村旅游的地理区位分类示意图

以关中地区为例，城镇建设过程中的城市空间结构整体呈现“城市中心区—郊区—山区”布局。结合城市发展的建成环境属性，乡村旅游地的分布可按照从城市中心到城市边界的地理区位类型，分为城中村、城郊村、远郊村、浅山村和山村五大类（表2.2.1）。

按乡村地理区位分类　　　　**表2.2.1**

类型	特点	代表村落
城中村	城中村是指在城镇化过程中未被拆迁的村落，已经没有农业用地，空间呈现老旧化、地方化空间特征。在城市中散点分布，游客可以游览参观村落的特色文化遗产、艺术品、历史建筑等	周家庄村
		湍泥河村
城郊村	上接城镇，下起自然，受到城市发展的外溢，具有较好的基础设施和公共服务，交通相对便利，整体风貌为城乡接合部特质，依托本土生活方式，较好地保留了乡村环境	南堡寨村
		南社村
远郊村	距城镇建成区较远，处于城镇基础设施服务半径以外，距离城市交通时间较长，工业化水平相对较低，村落布局零散，以农业生产为主、占地面积较大。从发展趋势上看，远郊村更接近传统意义的农村	袁家村
		党家村
		灵泉村

续表

类型	特点	代表村落
浅山村	地处浅山区的乡村，处于山地与平原过渡的山前地带，包括低山、丘陵、台地等多种类型，交通相对不便，生态资源丰富，保留了大面积山、水、林、田、湖等生产和生态景观，呈现“半自然—自然”景观形态	上王村
		蔡家坡村
山村	保留原生模式，公共服务提供较少，交通不便，发展滞后，多依托自然生态发展旅游，具有很高的原生态文明价值，但范围小、规模小，基本村落布局形态长期不变	老县城村
		石船沟村

（2）按乡村旅游资源分类

乡村旅游资源是指在村落发展旅游业的过程中通过挖掘开发，在性质、形态、规模、文化等方面具有一定价值的旅游资源，旅游资源的不同类型和特点决定了乡村旅游项目开发的类型和特点，旅游资源丰富多样是乡村旅游开发的基础。根据对关中地区乡村类型的调查走访，本书将乡村旅游资源划分为自然景观资源、民居建筑遗产、风土民俗资源、传统产业资源四类（表 2.2.2）。

按旅游资源分类 **表 2.2.2**

类型	特点	关中代表村落	村落现状
自然景观资源	自然景观资源是乡村旅游资源的主体，是构成乡村旅游产品的基础要素，是吸引旅游者到乡村旅游的核心点，也是设计乡村旅游景区的重要元素，主要包括优美的田园风光、自然景色、典型的地质和地貌景观、生物景观和动植物等	老县城村	省级文物保护区，位于秦岭腹地，四面环山，省级自然保护区，有多种珍稀动植物，森林覆盖率达 98% 以上
		石船沟村	始建于元代以前，依山傍水，属秦岭山系造山运动过程中形成的一条自然沟，清代“安徽客民”后裔组成的传统村落，有古老的红豆杉、溪流峡谷美景等
居民建筑遗产	在历史上或近代以来，有特殊的地理、人文或社会经济背景，能够反映某一地域社会文化及时代特征，具有历史、艺术、科学价值，建筑风格、功能分区、空间布局等代表了各历史时期的民居建筑特点和文化内涵	党家村	陕西省保存最完整、最大的古村落，村中有 123 座四合院和 11 座祠堂、25 个哨楼，还有庙宇、戏台、文星阁、看家楼、泌阳堡、节孝碑等古建筑，被国内外专家誉为“东方人类古代传统文明居住村寨的活化石”“世界民居之瑰宝”。党家村古建筑群作为山陕古民居的典型杰出代表，于 2008 年被国家文物局列入中国世界文化遗产预备名单
		灵泉村	紧邻福山、寿山、禄山，村落原始格局和主要建筑保存较好，村落分为城内城外两部分，城内三面环山，东西南面各修有城墙，城内建筑多为清末建筑风格

续表

类型	特点	关中代表村落	村落现状
居民建筑遗产		柏社村	因历史上广植柏树得名，始建于晋代，是国家下沉式地坑窑集中保护区，有“中国生土建筑博物馆”之美誉。保留了较为完整的窑洞、民居住宅。主要景点有关中民居、下沉式地坑窑、清代潘同氏烈女碑
		南堡寨村	长安唐村，AAA级景区，村落整体呈五角形形态，始建于唐代，有历史悠久的古代军事要塞，城墙设有2座城门和24座瞭望台，城内有官署、庙宇、兵营、民居等建筑，最为著名的是唐朝的云门塔和明代的太和殿，明清时期多次修缮和加固，现仍保有古村落原有肌理和建筑风貌
风土民俗资源	指乡村社会生活中所产生的具有独特性和普遍意义的共性文化形态资源。由于地域不同，乡村社会生活形成的风土民俗具有显著的地域性和地方文化性，是乡村旅游与城市旅游差异性的重要因素，也是乡村旅游可持续发展的重要因素	南社村	南社秋千谷是我国目前最大的秋千体验景区，AAA级景区，已设立50多种秋千品种，被列入陕西省非物质文化遗产名录
		袁家村	AAAA景点，现有康庄老街、回民街、祠堂街、小吃街、酒吧街、书院街、艺术长廊等多条具有鲜明特色的不同功能属性的街区。有弦板腔皮影戏、剪纸、木版年画、土织布、泥塑艺术等非物质遗产文化。传统手工作坊鳞次栉比，有油坊德瑞恒、醪糟坊稻香村、豆腐坊卢氏豆腐、醋坊五味斋、布坊永泰和药坊同顺堂等
		上王村	传统的农业村庄，以农家乐为主要旅游业态，集特色餐饮、农事体验、休闲娱乐、养生度假等本土化、特色化的多功能旅游活动为一体的旅游目的地
		六营村	又名“泥塑村”，村内有独特的泥塑文化和传统工艺传习所，牡丹种植基地，其代表性民俗艺术有泥塑、社火、马勺脸谱、剪纸、浮雕、皮影、草编、木版画、刺绣等，获“民俗村”称号
		阿寿村	拥有“五古建”（古庙宇、古民居、古城堡、古驿道、古遗址）和“六非遗”（阿寿面花、花苫鼓、二月二药王庙会、民间刺绣、跑骡车、元宵节送灯等非遗文化），“中国民间艺术之乡”，“民间艺术——面花之乡”，1990年3月被中央电视台录入《中国一绝》
传统产业资源	传统产业资源是指在一定的历史社会历史条件下形成，具有鲜明地域特色的产业，包括农业、林业、畜牧业、手工业等，具有悠久的历史文化底蕴，是乡村旅游开发的重要资源	立地坡村	名胜古迹颇多，古代有烧制陶瓷的历史，明清时期手工造瓷业兴盛，现有特色砖窑民居，陶业发达，且有完好的元代建筑东圣阁，矿产资源丰富
		尧头村	制瓷历史悠久，煤炭资源丰富，陶瓷艺术产业发达，当地民间工艺美术中的砂器、刺绣、面花、剪纸以及木刻等非物质文化遗产丰富，民间乡俗活动中的扶老杆、鼓乐、花灯等同样多姿多彩
		蔡家坡村	将关中乡村传统生活方式与现代艺术相融相生，开展“关中忙罢艺术节”，放置特色艺术装置，展示丰富的墙体彩绘，拥有村史馆、美术馆和公共剧场，可观看话剧、音乐会、戏曲、民俗文化等艺术表演，各项艺术乡建活动贯穿全年，入选2023年全国“村晚”示范展示点

（3）按乡村旅游活动分类

在中国农村改革发展历程中，乡村旅游在满足人们日益增长的精神需求方面发挥了重要作用。乡村旅游活动受乡村发展及周边环境的影响，以乡村的田园风光、民俗风情、农业生产和农村生活体验等为主要内容，吸引游客前来观光、休闲、体验和度假等。关中地区的旅游活动独具风格和特色，本书根据乡村旅游活动类型的发展历程、乡村旅游的发展特色将乡村旅游资源划分为休闲观光型、参与体验型和特色餐饮型三类（表 2.2.3）。

按乡村旅游活动分类 表 2.2.3

类型	特点	关中代表村落	村落活动内容
休闲观光型	主要以农村和农业为载体，依托田园风光、自然资源、人文资源等，融合乡村生产、生活、生态与休闲观光功能。多以游客的视觉和听觉感知为主，现代休闲观光旅游主要向特色化、休闲化、田园化方向发展	南堡寨村	长安唐村，AAA 级景区，设有古寨区、文创区、艺术区、梅园二十四节气园等区域；以民居建筑遗产、露营、耍社火、农家乐习俗观光游览为主
		党家村	AAAA 级旅游景区，游览传统民居建筑和特色街巷等
		灵泉村	紧邻福山、寿山、禄山，游览自然风光，上山祈福；参观游览四合院
参与体验型	注重满足游客的个性化需求，游客通常主动或被动参与各类旅游活动，强调加深游客对当地文化、风俗、生活方式的了解，注重体验。与休闲观光型旅游相比，更加注重游客的互动和参与型的动态行为，突出触觉感知，融合视听嗅味触五感的丰富体验	南社村	参与体验“秋千田园”文创基地和秋千安装过程；游览村史馆、雷公祠、AAA 级档案馆、思源池、阳虎碑、连心公园等文化景点；节假日期间可欣赏当地国粹线戏、小场曲、花杆秧歌、民俗风情等节目表演
		立地坡村	陕西省级历史文化名村；体验感受村内农耕文化、传统文化、陶瓷文化和农耕文化、古镇炉火主题文化
		尧头村	我国北方地区重要的民窑生产地之一，游客可体验窑神庙文化；参观崖式窑洞建筑、四合院建筑、窑炉建筑等；参与陶瓷文化开发的相关旅游活动
		阿寿村	体验独具特色的面花、花苫鼓及药王庙会关中非遗文化，文化体验、研学交流、旅游观光、文化休闲等
		六营村	泥塑业的重要生产区，村内设有泥塑民俗手工艺合作社，可参观学习工艺流程，体验制作和购买消费工艺品
特色餐饮型	以出售地方特色饮食为主要旅游活动内容，着重味觉和嗅觉体验，通常将文化体验和互动融入旅游活动中，如地方传统文化展示、手工制作、乡村生活体验等，让游客在品尝特色美食的同时，更加深入地了解当地的文化和生活方式	袁家村	关中民俗村，小吃街是最受游客欢迎的街巷之一，品尝袁家村酸奶、手工烙面、厚德麻花、粉汤羊血等关中小吃；感受童济功茶坊和童济功茯砖茶手筑体验馆
		上王村	体验农家乐、特色餐饮

2. 乡村旅游特征

结合关中地区乡村旅游发展类型，本书从乡村建设发展的方向、属性、变化和乡村旅游的时节、体验、规模方面分析乡村旅游特点。

（1）自发性。作为一种广受青睐的业态，乡村旅游受到了广大游客和经营者的青睐，经营者身份主要有两种：一是当地原住村民自主建设发展村落，二是外来人员介入干预发展。二者均呈现自发性特征，即政府不需要过多自上而下具体干预或介入，以经营主体自由、自发、自然而然地用原生性经验组织乡村发展建设，以乡村本身为主体，旅游为载体，在一定区域内根据乡村的自然、社会和经济条件形成旅游活动。关中地区在发展乡村旅游初期，往往没有明确的目标和方向，也没有固定的经营管理模式。经营者以平民、大众、本土的身份自组织参与乡村旅游建设发展，使得乡村旅游的具体特征也呈现原生性的平民化、大众化，各类乡村旅游项目得到了较好的发展。

（2）多元性。关中地区乡村旅游资源类型多样，在开发建设时，乡村旅游的空间功能转型与重构问题备受关注，在高密度的“游 - 居”交互作用与多元主体参与下，村落的空间结构与空间功能呈现出明显的动态变化。许多学者关注乡村旅游空间的演变和发展，研究村落用地类型、空间格局、村落资源、空间功能的变化及特征等。乡村空间由单一生活功能向生产、生态功能复合空间转变。而后为发展旅游业，村落的人员构成从仅有村民到经营者和旅游者介入，乡村建设和村落空间从满足村民生活需求向满足经营者的基本需求和游客行为需求的功能方向转变。总体从村落规划发展导向、空间建成属性和人员构成三方面来看，乡村旅游建设呈多元化趋势发展。

（3）时节性。乡村旅游目的地的区位、气候、生态环境等自然资源和节假日、传统习俗、特色活动等社会因素，决定了乡村旅游的时节性特征显著。通常情况下，乡村旅游受气候影响，季节性变化明显，但关中地区乡村旅游的客流量季节性特征不明显，节假日游客量较多，周末比工作日客流量多。部分乡村在特殊节庆日或特色活动时会吸引游客去往旅游地，呈现周期性客流量聚集现象，例如，在关中地区麦子成熟的 5—6 月，蔡家坡已组织开展七届“关中忙罢艺术节”，深受村民和游客的喜爱（图 2.2.2）。从乡村旅游单日客流量调查来看，午时的客流量是一天当中最多的。

（4）地域性。乡村旅游的地域性是指乡村发展建设过程中，旅游产品、旅游活动受当地自然环境、经济社会和文化背景的影响，结合乡村本土、村落自身环境、多元文化等因素形成的具有地方特色的乡村旅游产品属性。乡村旅游与其他类型旅游在消费主体、消费内容和消费动机等方面存在明显差异，这在一定程度上决定了其独特性。例如，南社村已经举办了八届中国南社秋千节（图 2.2.3），秋千文化在当地具有非常

广泛的群众基础和深厚的历史文化底蕴，吸引了大量游客。

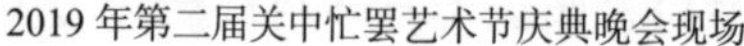

2019 年第二届关中忙罢艺术节庆典晚会现场

游人在蔡家坡村收割后的麦地上跳舞

图 2.2.2　蔡家村“关中忙罢艺术节”

图 2.2.3　南社村活动

综上所述，关中地区乡村旅游以其独特的区位优势、良好的生态环境和丰富的历史文化资源，近年来发展势头良好，已经成为当地农村经济发展的重要力量。在总结关中地区乡村旅游模式和类型的基础上，结合关中地区乡村旅游特点，将其特征总结为自发性、多元性、时节性、地域性四类（表 2.2.4）。

关中地区乡村旅游特征总结　　表 2.2.4

乡村旅游特征	具体特点
自发性	①平民化 ②大众化
多元性	①乡村建设与景区融合的多元化发展特征 ②村落居住与旅游活动的空间复合性特征 ③原有村民与外来游客的行为联动性特征
时节性	①节假日高峰 ②特殊节庆日高峰 ③午高峰
地域性	①乡土化 ②地方化 ③人文化

2.2.3 传统村落旅游发展模式

乡村旅游是当前我国乡村经济发展、人居环境更新的重要途径，各地乡村在旅游发展方向定位及建设实施中根据其自然资源、地理区位、民俗风情、历史文化等特点，开展并塑造差异化旅游产品和形象，如田园综合体模式、农业观光园模式、共享农庄模式、乡村旅游创客基地模式、度假村模式、主题特色民宿模式等。传统村落作为当地民俗文化、建筑艺术和聚落特征的集合体，既是乡村旅游发展的重要资源，也是旅游发展模式的决定性因素。

关中地区旅游业发展具有良好的基础条件，区位优势和资源类型奠定了其具备巨大的发展潜力，部分乡村旅游发展在陕西省乃至全国都已形成品牌形象，成为明星典范，如“袁家村模式”。关中地区传统村落在旅游发展中呈现的整体特征是以聚落空间、民居建筑为基础，发挥空间载体和观赏对象的主体作用，以民俗展演和地方小吃为媒介，激发旅游活动的参与互动和持续性，受聚落空间完整性、民居建筑艺术性、旅游介入方式及发展程度等影响，呈现出不同的旅游发展模式。当前关中地区传统村落旅游发展模式主要有文旅资源综合型、民居建筑博物型、产业特色引导型和民俗文化带动型四大类（表 2.2.5）。

旅游活动介入乡村是过程性的，旅游发展也是具有生命力的，因此乡村旅游的发展模式也不是一成不变的。讨论关中地区传统村落的发展模式也是建立在“当前”这个时间性节点的基础上所进行的识别、判断和归纳。对于传统村落而言，旅游发展模式并不能决定乡村经济和社会的持续发展，它仅仅是现阶段乡村旅游发展之时，清晰地认知和把握村落本身与时代发展所处阶段，以及乡村经济和空间发展的关联性、灵活性和可能性，以便于管理者在不同发展状态和时期，作出更加科学合理的应对，确定更为科学合理的发展策略，如“存活期”“盘活期”“营活期”。

传统村落旅游发展模式 表 2.2.5

发展模式类型	基本特征	典型村落
文旅资源综合型	随着乡村旅游的逐步发展，不断开发增设乡村旅游项目和功能，以聚落历史空间和民居建筑为基础，在地方小吃、民俗演艺、民宿体验等基本项目的基础上拓展迎合旅游市场的功能空间，如音乐街区、温泉酒店、滑雪场等。所有旅游项目呈综合性发展态势	袁家村
民居建筑博物型	旅游活动以古聚落、古建筑参观为主，其他配套服务及设施因条件约束基本没有开设，产业经济基本不受旅游发展影响，发展模式稳定且呈静态发展趋势	党家村、柏社村、灵泉村、清水村
产业特色引导型	借助传统手工业产业特色形成旅游吸引力和发展基础，围绕历史场景、产品、工艺等进行展示，形成旅游互动发生媒介，突出的旅游资源和特色，同时也呈现出主导性发展态势	立地坡村、尧头村
民俗文化带动型	村落基础物质空间形态和生活空间系统基本不受旅游活动影响，以非物质文化遗产为旅游发展基点，也体现了旅游发展资源的薄弱和发展可能性的限制，呈点式发展态势	南社村、司家村

2.2.4 关中地区乡村旅游发展的矛盾现象

因距离西安市较近的地理区位优势，关中地区乡村旅游发展历史早、速度快，随着近年国家乡村振兴战略的深入推进和实施以及对乡村旅游的鼓励与支持，关中地区出现了多样的旅游发展模式和旅游产品。伴随着乡村旅游发展的热潮和经济利益的驱使，关中地区乡村在社会、文化、产业、环境等方面已表现出明显的矛盾现象。

关中地区乡村旅游发展模式和旅游产品同质化、单一化现象严重，主要都是依托民居建筑特色和地方小吃进行旅游开发建设，因此产生了千村一面的现象，导致游客无法体验到村与村的区别，进而无法使其产生“依恋”“重返”和记忆点。根本原因为脱离性开发和低层次开发。脱离型开发主要指将乡村仅作为载体或容器而进行的旅游服务功能、设施的增设，没有贴近村民的生活空间系统和经济生产逻辑，导致景观风貌失真，在竞争中容易受现象化的事物影响，如不贴合乡村环境的游乐设施、网红旅游娱乐项目的植入等。低层次开发主要指没有充分发挥自身价值，无法充分融合旅游产业。关中地区乡村聚落、民居建筑、农业类型等资源丰富且特色明显，然而在乡村旅游发展中仅将其作为抽象对象，如三原县地坑院和党家村四合院有巨大的形式差异，但在旅游发展中都将其作为“建筑博物”进行呈现，以供游客游览观赏。

从宏观层面来说，关中地区乡村旅游目前没有形成可持续发展的产业支撑体系，无法立足自身生产 - 生活 - 生态体系理性看待旅游产业的介入与融合，部分村落过分依赖乡村旅游带来的收益，从而面临诸多不确定性甚至风险。其次，关中地区旅游村落的空间基本呈点状分布，不利于旅游点链群构建和实施。另外，乡村旅游与其他旅游资源结合不充分，缺乏乡村旅游系统性规划和精细化布局。

第3章 关中地区传统村落景观固有性特征

3.1 聚落空间与风貌

3.1.1 聚落山水环境格局

关中是我国重要的自然与文化地理单元，它以山河为界，沃野千里、塬隰密布，渭河“叶脉状”水系贯联全域，秦岭与北山风景名胜意象突出，山水形势独具一格。因而区域内聚落选址必然映射山水、彰显人文传统智慧。

通过走访关中地区传统村落，查阅当地村史村志、古籍碑刻、图绘杂谈等文献资料，结合当地“乡贤长者”的村史口述，融合地域山水人文环境的总体视野，总结关中地区传统村落聚落山水环境格局类型，可知聚落营造普遍重视位置、形态、格局等与自然要素的关联，如以周边可见可感的山、水、塬和隰等自然要素为边界，并以居民的感知及行为尺度为标准，即居民“身之所处”“行之可达”“目之所览”。

1. 关中地区传统村落的山水环境格局基本类型

根据普遍特征，关中地区传统村落山水环境格局可分为背山环水、沿边傍沟、堑土为城、依山就势、凭原而聚五种类型（表3.1.1）。

聚落山水环境格局分类　　表3.1.1

类型	代表村庄
背山环水型	韩城市党家村、清水村，咸阳市袁家村
沿边傍沟型	合阳县灵泉村、南长益村，耀州区孙塬村、永寿县等驾坡村
堑土为城型	富平县莲湖村

续表

类型	代表村庄
依山就势型	周至县老县城村、蓝田县石船沟村、澄城县尧头村、印台区立地坡村
凭原而聚型	华阴市司家村、三原县柏社村

（1）背山环水型

背山环水型村庄的山水空间关系为聚落所处区位背靠大山，河流环绕，其河流呈“玉带水”之势（堪舆中称为“前有照，后有靠”），在村庄选址中注重利用山水空间关系。代表村庄有党家村、袁家村、清水村。

（2）沿边傍沟型

沿边傍沟型是指村庄利用关中特色地貌“塬”的崖边沟壑形成“天险”,作为边界，构成天然的防御体系，可在战乱时形成易守难攻之势。代表村庄有灵泉村、南长益村、孙塬村、等驾坡村。

（3）堑土为城型

堑城是建在四壁如刀劈般高台上的城池，建造时人为在自然地形上刀削斧劈，夯土筑城。堑城是一种古老的城市聚落筑造方式，古籍上记载这是以台为城，削壁为墙，以险代防，全国现存仅有新疆交河故城、陕西富平老县城（莲湖村）两处。

（4）依山就势型

依山就势型村庄坐落于山谷之中，沿山间谷地走向顺势分布，其山水环境格局与自然高度相融，建筑、人文与自然和谐统一。代表村庄有老县城村、石船沟村、尧头村、立地坡村。

（5）凭原而聚型

凭原而聚型村落的典型代表有司家村、柏社村，这类村庄多位于关中平原区，村庄周围土地平坦肥沃，便于耕种，在农业生产中占据有利条件。但也因过于平坦，村庄天然防御性差。通常这类村庄会建设村庄防御系统，如司家村的寨墙、柏社村的地坑院。

2. 典型聚落山水环境格局解析

关中地区素来受儒学耕读文化影响，传统村落选址非常重视人文风水条件，聚落周围常有山水，山主文运，水为财富，亦可作景观水系，营造出一种人与自然和谐相处的佳境。因此，在山水文化、耕读文化和地形地貌的影响下，关中地区传统村落大多结合台塬地貌，或依托当地自然地理环境，因山就势发展，选址多背山面水、负阴抱阳（图 3.1.1 ~ 图 3.1.3）。

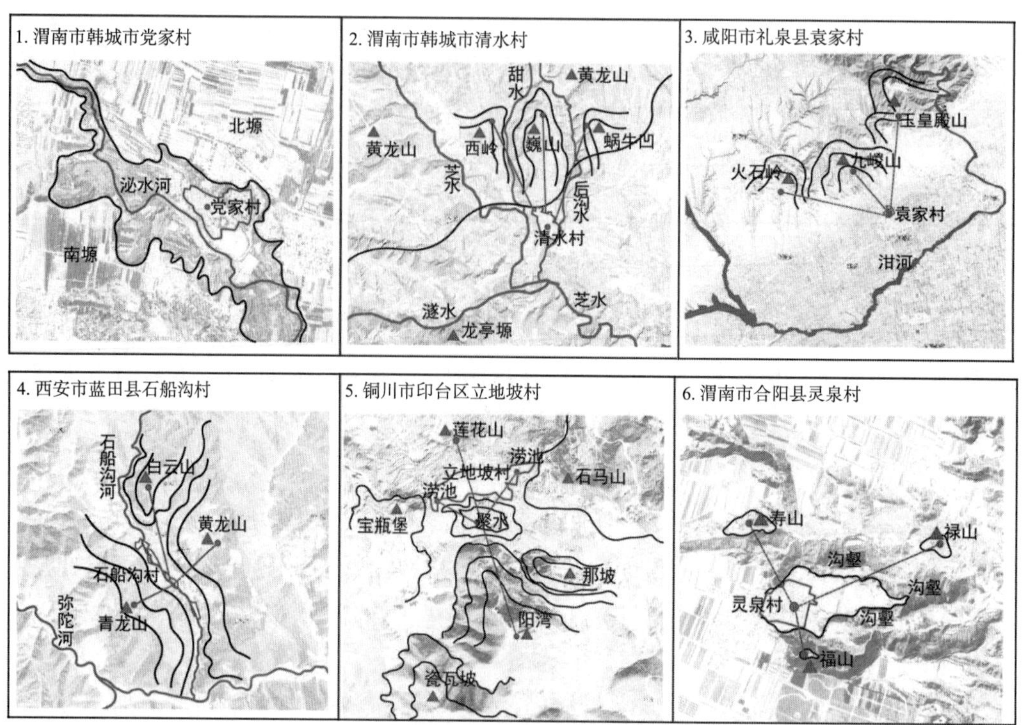

图 3.1.1　关中地区典型传统村落山水环境格局分析

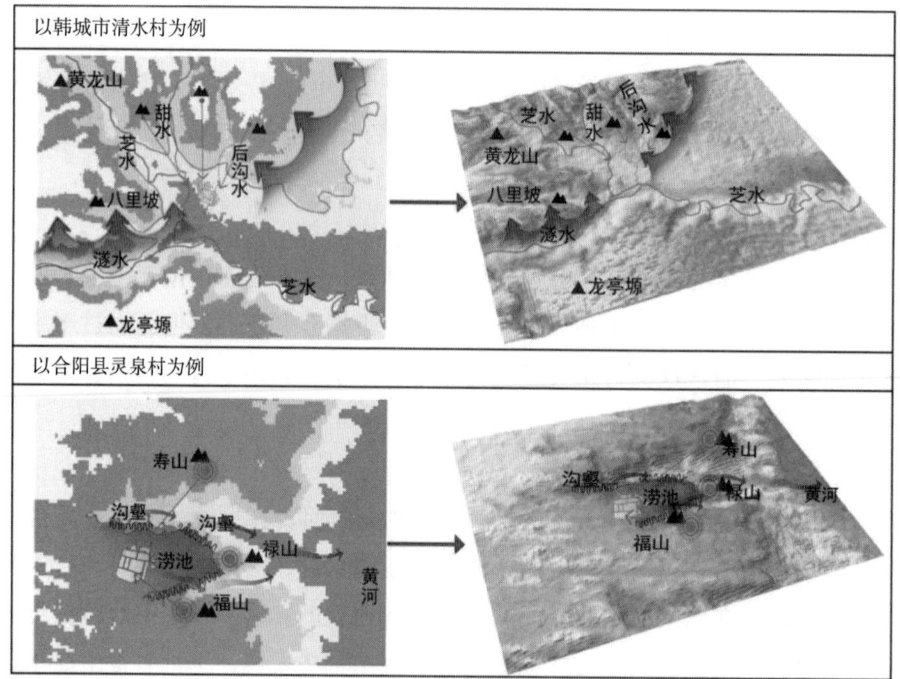

图 3.1.2　清水村、灵泉村山水环境格局分析

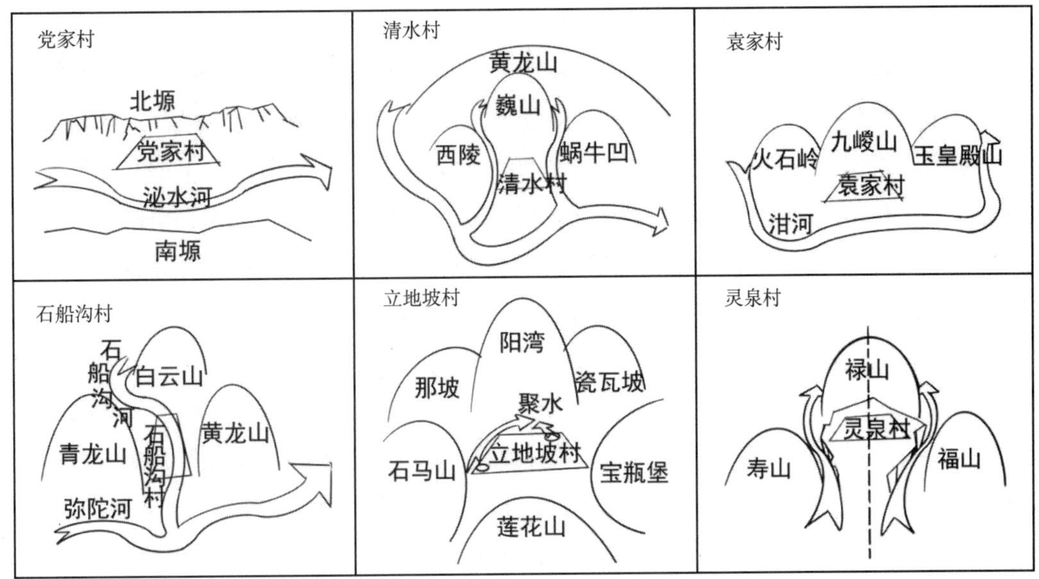

图 3.1.3　关中地区典型传统村落山水文化意象分析

（1）党家村为“背山环水”型山水环境格局。村庄位于沁水河北岸的河谷地带，处于台塬沟谷之中，村庄南北侧均为台塬，村庄沟谷南侧有泌水河穿过，选址具有“负阴抱阳”的特征。村落边界与北塬及泌水河走势一致，顺应地形，充分体现了我国传统营建中“天人合一”的理念。北塬冬季能抵挡东北向寒风，同时南侧泌水河中河谷清风可吹入村庄内部，整体格局“藏风聚气”。总体聚落依塬傍水，村庄向阳、避风、防尘，地势北高南低利排水，充分体现了传统营建智慧。

（2）清水村为“背山环水”型山水环境格局。村庄位于山地、平原的交界地带，北依黄龙山，南临芝水河，依山面水，呈负阴抱阳之势。清水村西北侧有黄龙山，北侧从西至东有西岭、巍山、蜗牛凹（三者均为黄龙山的支脉），南侧有龙亭塬，以山塬为屏障，藏风聚气。东西南三面有后沟水、甜水河、芝水河及澽水，村民又引西沟清泉水入村，使其沿村东西向主巷道（中巷）流经村落，与自然水系共同构成一个完整的水系网络，形成“三塬环抱，四水绕村”格局。

（3）袁家村为“背山环水”型山水环境格局。其地处秦岭北麓，地势西北高，东南低，北面九嵕山、火石岭、玉皇殿山重叠高耸，作为堪舆中的“阳”；南面的泔河自西向东流淌而过，呈玉带水状绕村，同时沿河土地肥沃，有利于生产生活，是古人栖居的绝佳场所，作为堪舆中的“阴”。袁家村选址和布局以村落基址为中心，“负阴抱阳、背山面水”，体现出袁家村山原环抱、碧水中流的超然山水格局。

（4）石船沟村为“依山就势”型山水环境格局。其聚落呈现“三山夹一河，一河一带村，村落分组团，街巷田园景，民居顺沟延”的带状空间形态。村庄沿山谷河

流顺势分布，追求人与自然整体的和谐；村庄选址遵循“天人合一”思想，依据自然地形和环境特征，与山水巧妙结合，大山为靠，依水源而居。当地为西北 - 东南风向，山的分布可有效避免冷风直入村中，同时南侧山谷谷口又可带来河谷风，整体讲究藏风、聚气、得水。村落选址临近水源中上游，此处水源水量较小，水质较好，保障了用水安全。村落两侧夹山，建筑多处于山势较缓一侧的山体之下，有效地避免了高山落石的危险。另外，“水源之上，缓坡之下”的村落选址形成了村落自然化的排水方式，雨水和生活废水经植物净化后可快速排入河流。

（5）立地坡村为“依山就势”型山水环境格局。其地属丘陵沟壑区，境内山丘起伏落差较大，地形以山地为主，峪谷相间，台塬广布，梁峁交错。受制于起伏的山势与狭仄的用地条件，因应“天人合一”的传统思想，立地坡村顺应沟壑纵横的地理结构进行布局，表现出对山体地势的依附性与适应性。其南部自西向东分布有瓷瓦坡、阳湾、那坡三座山坡；东部、西部与北部分别分布了石马山、宝瓶堡、莲花山三座土石山。立地坡村选址于北高南低的半山腰缓冲之地，东、西、北三面山体环列互峙，形成负阴抱阳、藏风纳气之势；南部村庄与山坡之间形成了一片森林洼地，可吸纳村庄排水，调蓄雨洪，为聚水之地。总体来说，立地坡村的选址十分接近中国古代人居聚落理想的风水格局。此外，村内丰富的地下水源、南侧森林中丰富的柴木资源、村落周围山体中丰富的陶土资源促进了当地陶瓷产业的发展，村庄选址的实用性与山水文化意向俱佳（图 3.1.4）。

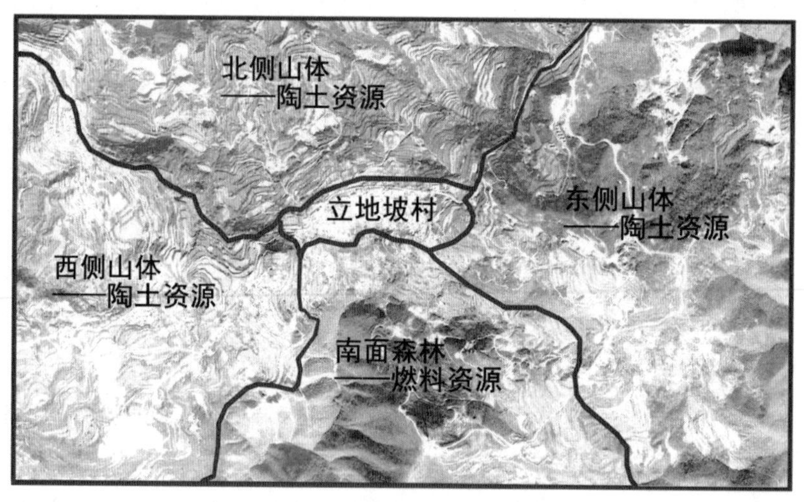

图 3.1.4　立地坡村周边产业资源环境

（6）灵泉村为“沿边傍沟”型山水环境格局。村庄位于合阳东部黄土台塬区的边缘，东临黄河。整个地块东、南、北三面环沟，坡面急陡，仅西面与平坦的黄土台塬

相接，为进入村子的唯一通道，形成天然的防御屏障。村庄生态环境与山水格局遵循“天人合一”的指导思想，受山体沟壑和渭北台塬地势影响，形成独特的“三山一水”格局。“三山”指村庄台塬沟壑外南、东、北三侧分别有福山、禄山、寿山三座山峰，“一水”为东侧不远处的黄河。村庄排水充分利用地利，经由村中大涝池排入沟谷，环绕三山流入黄河，颇有“一池三山”“世外桃源”之蕴，村庄选址兼具实用性与人文性。

3.1.2 聚落空间形态特征

关中地区传统村落的聚落空间形态各异，根据表现形式与影响因素的共通性，可总结为棋盘式、街巷式、线轴式、自由式四种聚落空间形式。

棋盘式聚落空间格局的特点是街巷纵横交错，平直如棋盘状（图 3.1.5）。街与巷垂直整齐分布，房屋建筑紧密沿街整齐排列，此类聚落空间多位于平原之上，空间较为平坦，代表性村庄有南长益村、南社村、灵泉村等。此类聚落空间形态下的村庄住居更为密集，村内沟通便捷，邻里连接紧密，交往活动更为频繁。如灵泉村街巷布局形态规整、变化有序，与院落整齐排列，浑然一体。村中街巷多呈“井”字形分布，建筑在棋盘式街巷的组织下构架了村庄整齐有序的结构骨架。

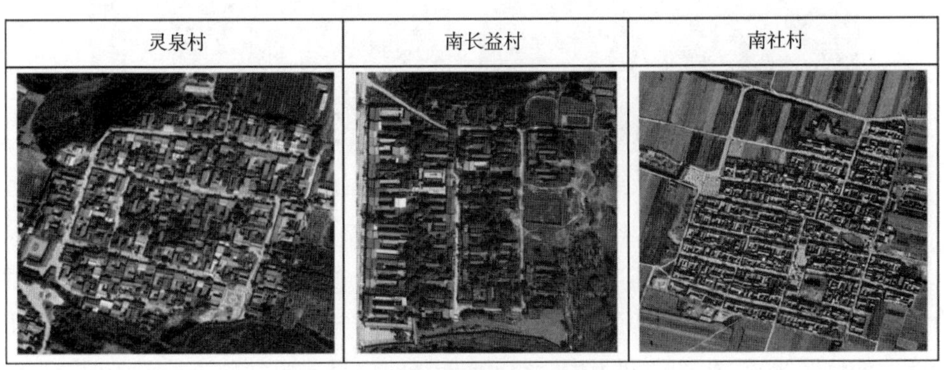

图 3.1.5 棋盘式聚落空间格局

街巷式聚落空间格局的村庄由街巷分割连接村内空间，街巷多以地形地貌为依托分布，或曲或折，也可平直交错，街巷作为村庄的骨架分划空间（图 3.1.6）。代表村庄有清水村、党家村、莲湖村、袁家村等。例如袁家村街道的走向以其地形地貌为依托，村内建筑沿街巷布局，公共活动空间穿插在或曲或折的街巷中自然生成。这种依地形分划街巷，依街巷形成空间的传统现今仍在袁家村沿用，其近年来新建区域也延续了此一街道先行的建设思路。

图 3.1.6　街巷式聚落空间格局

线轴式聚落空间格局的村庄由一条道路主导空间的走向，建筑在道路两旁沿线布置，村庄格局呈线轴状分布（图 3.1.7）。其生成受地形影响较大，代表村庄有老县城村、石船沟村等。老县城村和石船沟村均分布在山间谷地之中，受地形影响，仅在谷底有一条主要道路，建筑紧贴道路分布于两侧，村庄整体形态与道路形态高度一致。

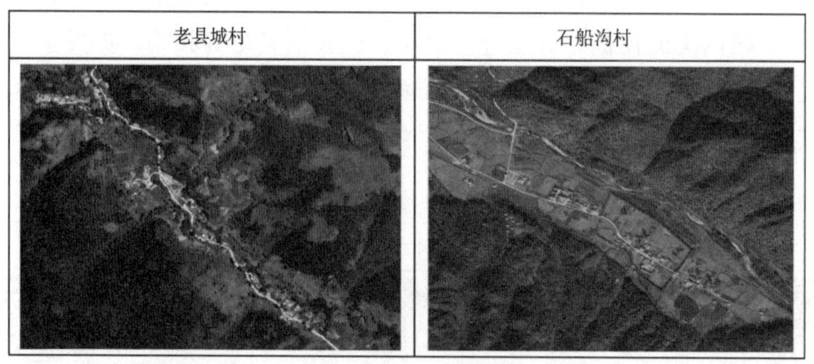

图 3.1.7　线轴式聚落空间格局

自由式聚落空间布局灵活，村内民居分布分散，自然化程度高，民居选址常受地形特征和产业特征的影响，如尧头村和立地坡村。两村均坐落在丘陵地带，因其传统陶瓷产业的烧窑需求，生产空间与生活空间交错分散，呈自由状分布（图 3.1.8）。此外，柏社村在其独具特色的地坑院居住传统影响下也呈现出自由式聚落空间形态，村内地坑院布局独立且分散，地面上院落与院落之间的道路连接似曲折叶脉状，通达便捷性较低，地面下院落入口独立分布，部分院落间因主人私交关系而存在地下通道连接的情况，但总体院与院之间的连接性弱。

关中地区传统村落景观资源的固有性特征在空间形态上的体现，除了上述提到的聚落空间结构形态，还包含其内部留存的历史要素在村庄中的空间分布形式。通过对关中地区传统村落的走访调研可知，其历史要素在空间中的分布形式有“点式”“面式”“体式”三种，分别对应指代历史要素在村庄中呈现出点状穿插分布、连片集中分布、空间融入式分布三种方式，三种不同模式的历史景观资源分布形式对传统村落的旅游介入方式产生了较为深远的影响。

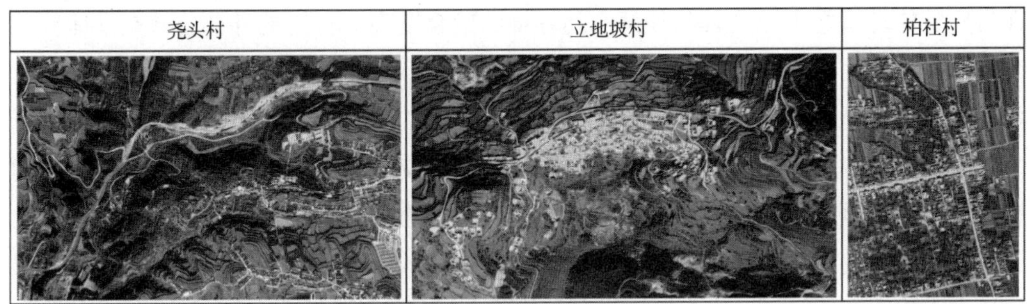

图 3.1.8 自由式聚落空间格局

点式历史景观资源分布形式下的传统村落，其历史景观资源常为点状穿插在村庄现代化的生活空间与建筑形制中，与周围环境融合性较低，其村民生活受传统历史景观的影响也较小，代表村庄为灵泉村（图 3.1.9）、莲湖村。灵泉村村内传统四合院建筑呈点状散落分布在整齐排列的现代民居中，莲湖村的历史景观资源也为点状散布在村内。这类村庄发展乡村旅游时通常可绘制旅游地图，定制旅游线路串联历史景观资源节点。

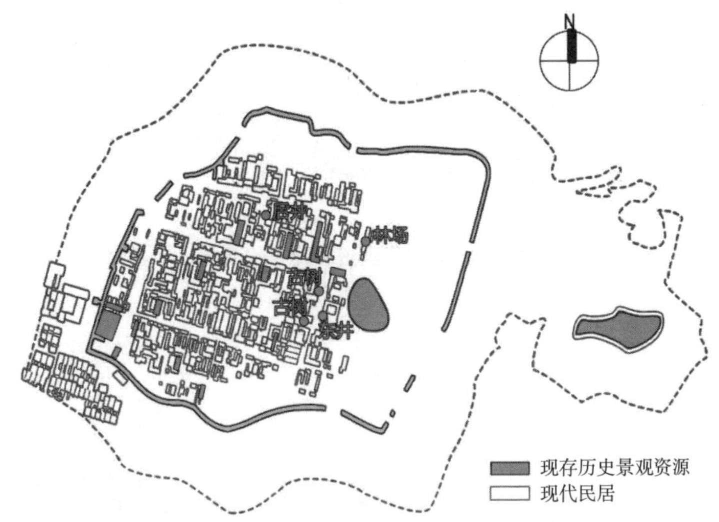

图 3.1.9 “点式”历史景观资源分布代表村——灵泉村

面式历史景观资源分布形式下的传统村落，其村内历史景观资源常呈密集连片状集中分布，这类村庄的历史留存度高，景观固有性特征强，村民生活方式的历史印记仍在，空间历史体验感与丰富度完整。代表村庄为柏社村（图 3.1.10）、党家村。柏社

村为连片地坑院密集分布，党家村为连片明清民居古建密集分布，乡村旅游发展基础好。

体式历史景观资源分布形式下的传统村落具有更大尺度的空间体验感。村庄受产业、地形等的影响，一般面积较大，民居建筑布局分散，历史景观资源大范围地融合在村庄整体环境之中，尤其与外部空间环境的融合度高，村庄的外部公共空间体验感往往很好。代表村庄为立地坡村、尧头村（图 3.1.11）。两村庄受陶瓷产业及地形影响，村庄面积大，民居分布分散，外部空间面积大而丰富，历史景观资源为“体式”分布。

关中地区传统村落的聚落空间形态和历史文化资源的分布形式是其独具特色的固有性特征的体现，在乡村旅游发展中，应尊重和保护这些传统村落的历史文化遗产，运用可持续性发展的旅游开发策略，针对不同村庄的自身固有特性进行旅游规划，保护历史文化遗产的同时，注重维护村民与聚落空间的关联方式，维护村庄的原生性。

图 3.1.10 “面式”历史景观资源分布代表村——柏社村

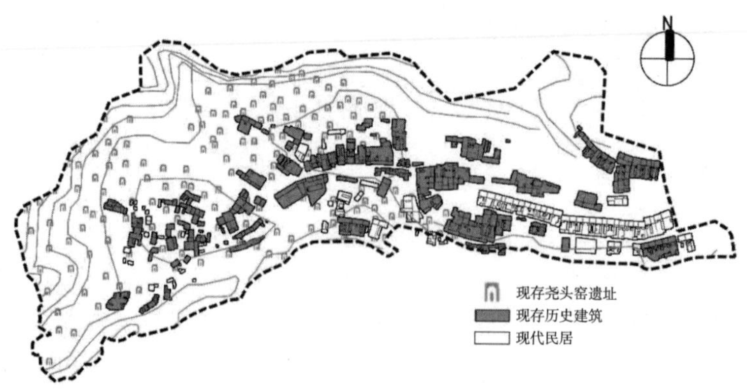

图 3.1.11 “体式”历史景观资源分布代表村——尧头村

3.1.3　关中聚落风貌环境要素（表 3.1.2）

关中聚落风貌环境要素　　表 3.1.2

要素类型	特征	形式类型	图示	影响度
地形地貌	村庄所处地形地貌深刻影响着村庄内部空间格局与自身文化特性，往往持续深远地影响村庄人文与自然的相处模式	平原	 南社村	●●●●●
		黄土台塬	 灵泉村	
		黄土丘陵沟壑	 尧头村	
		山地	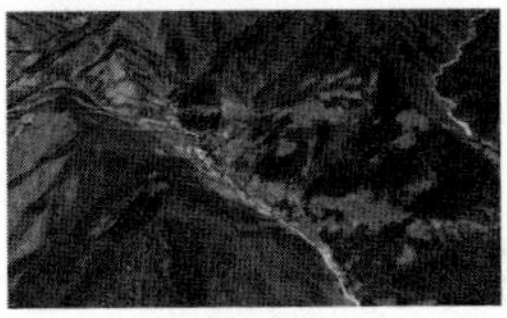 石船沟村	
水系	古人常逐水而居，便于生产耕作、人畜饮水等，因此大多数传统村落附近都常有水系存在。与此同时，在古代堪舆中水是重要的选址判断要素，例如其中提到村庄选址位于河流的弧内与弧外有“玉带水”与“反弓水”之说。总的来说，水系的区位常影响村庄的定位与选址，同时影响着田亩的耕种与灌溉形式	外部环绕型	 火石岭 九嵕山 玉皇殿山 袁家村 泔河 袁家村	●●●
		内部穿流型	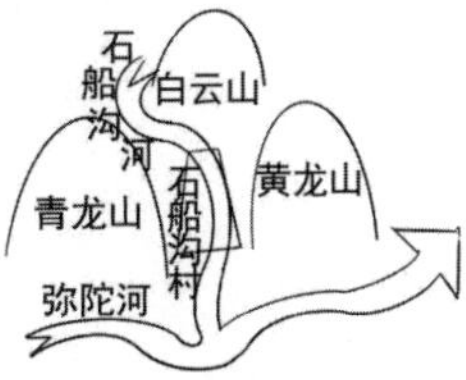 石船沟河 白云山 青龙山 石船沟村 黄龙山 弥陀河 石船沟村	

续表

要素类型	特征	形式类型	图示	影响度
植被	植被在村庄中可起到限定空间、划定范围的作用，同时大型树木可作为公共要素形成聚集活动，作为精神堡垒生成公共空间。树木还可避阳，遮蔽大风，成群密集分布还可增加空气含氧量，调节局部小气候，成为村庄重要的生态要素。对村庄内空间分布、空间划分，尤其是公共空间的生成起到重要作用	划分空间	 柏社村	●●
		聚集空间	 孙塬村	
		生态丛林	 莲湖村	
标志物	标志物多为村庄特色的历史景观资源遗存，成为村庄的空间底色与村民的精神寄托，对村庄人文具有较高的影响力或凝聚力	寺庙	 南长益村——药王庙	●●●
		祠堂	 尧头村——周家家庙	
		寨墙与门楼	 司家村——寨墙	
		古井	 立地坡村——三眼井	

续表

要素类型	特征	形式类型	图示	影响度
标志物	标志物多为村庄特色的历史景观资源遗存，成为村庄的空间底色与村民的精神寄托，对村庄人文具有较高的影响力或凝聚力	碑刻	 党家村——孝节碑	●●●
		惜字炉	 党家村——惜字炉	
民居建筑	民居建筑常常饱含鲜明的地域特征与文化烙印，尤其是传统建筑的房屋布局、内部院落格局与细部装饰都是十分重要的聚落风貌环境要素	独院式	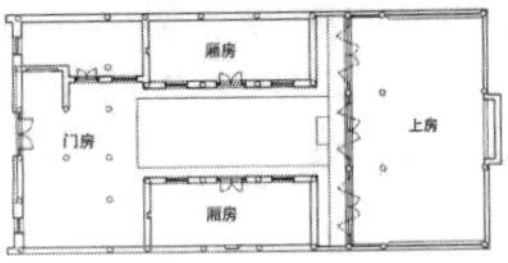 党家村——贾家祖祠堂	●●●●
		纵向多进式	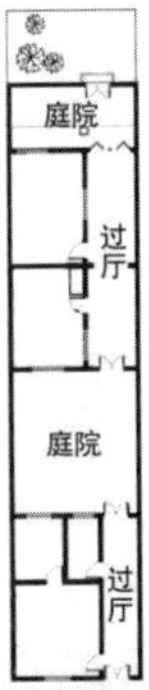 袁家村某民居	
		横向联院式	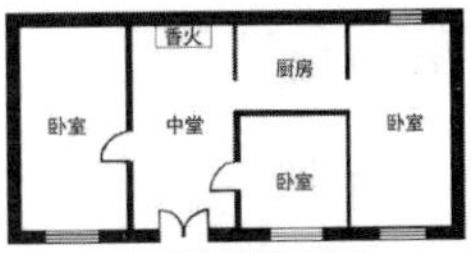 石船沟村某民居	
		窑居院落	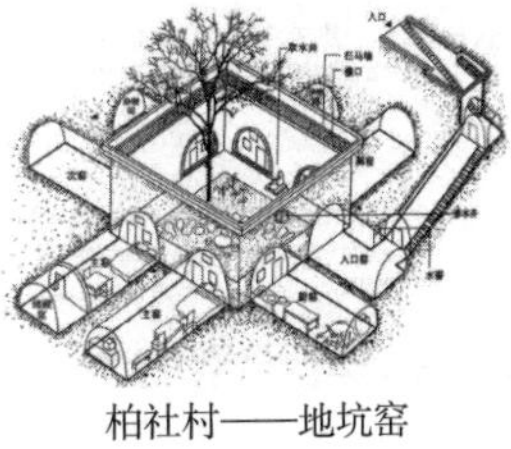 柏社村——地坑窑	

续表

要素类型	特征	形式类型	图示	影响度
农业景观	农业要素可大面积影响村庄生产空间的环境风貌，及宅前屋后院落中“园”的空间形制。如平原地区常见规则拼接型农业景观；黄土台塬沟壑地区常见不规则拼接型农业景观；山地丘陵地区常见重复层叠型农业景观，即梯田景观；山间沟谷区域常见顺势环绕型农业景观。此外，不同村庄中的大量农作物形态及生长特性也可影响聚落环境风貌	规则拼接型	例如：南长益村、袁家村	●
		不规则拼接型	例如：等驾坡村、孙塬村	
		重复层叠型	例如：尧头村、立地坡村	
		顺势环绕型	例如：老县城村、石船沟村	

3.2 民居院落与建筑

3.2.1 院落布局

1. 院落布局整体特点

关中地区传统村落的院落布局为典型陕西传统民居特色，具备鲜明的地域特色和独特的建筑风情。院落布局整体特点主要表现如表 3.2.1 所示。

院落布局整体特点 表 3.2.1

类别	特点	解析
空间布局方面	坐北朝南	关中地区传统村落的院落布局普遍坐北朝南，住宅可以充分利用阳光
	以厅堂为中心合院式布局	关中地区传统村落的院落布局通常以厅堂为中心，围绕厅堂分布各类房间，如卧房、厨房。布局使得院落内部成为一个相对封闭、私密的空间，便于家族成员之间的互动和交流
	空间层次紧凑	关中地区传统村落的院落布局注重空间层次感，通常将宅院整体分为前院、中院和后院。前院主要为家族生产、经营活动区，中院则是家族成员的居住空间，后院则为养家、种植物等生活辅助用地
建筑形式方面	地域特色装饰	关中地区传统村落的院落布局还在建筑装饰上如砖雕、木雕、石刻等上绘制表意吉祥、美好的图样，展示了关中地区独特的文化内涵和审美情趣
	生态建筑	关中地区传统村落的院落布局在建筑构建中遵循“冬暖夏凉”要求，利用蓄热性能较好的厚重性围护结构，保持良好的热稳定性
	重视院落防护	关中地区传统村落的院落布局在设计中充分考虑了安全门、窗、墙等的设置，抵御外部侵扰，保障院内居民的生活安全
绿化自然方面	院落绿化	关中地区传统村落的院落布局注重绿化和园艺，院子里常种植各种植物花卉，形成具备美学价值的自然空间
传统文化方面	宗族意识明显	关中地区的传统村落在院落布局上充分体现了宗族意识。宅院布局中常会设置祠堂、宗祠等，用于祭祖和传承文明

2. 院落布局空间类型

关中地区传统民居院落布局普遍是由正房、厢房和倒座围合形成方正规整形态，根据院落空间平面形态的长宽比例变化和院落空间单元组合关系，可分为独院式、纵向多进式以及横向联院式三种空间类型。

（1）独院式

独院式是关中地区常见的空间类型，主要指由由正房、厢房和倒座围合而成的一进式院落，民居占地宽度基本由正房开间数决定，一般是 8—10m，民居占地进深约为面宽的两倍，以此所形成的院落空间面宽基本是 3m，纵深长度一般是面宽的 3—4 倍，以此形成了关中地区民居院落空间的基本模式单元（图 3.2.1）。

（2）纵向多进式

纵向多进式院落是独立式院落基本模式基础上的南北方向组合延续的结果，所形成的二进院或三进院由前庭、内院和后院组成。关中地区传统民居的前庭通常由门房、过厅和厦房组成，形成第一进院落。内院是过厅后正房与厢房围合的内部空间，空间属性上更为私密，形成第二进院落。后院是位于正房之后的生活服务性空间，一般用于堆放杂物、厕所、牲畜饲养等，此空间不计为一进院落。如图，三原县孟店村周家大院和扶风县城关镇温家大院便是这种情况的例证（图 3.2.2）。

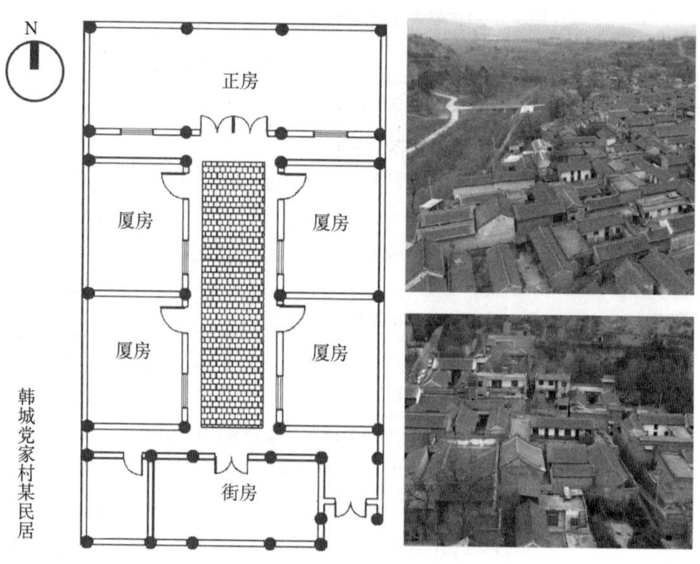

图 3.2.1 独院式院落布局

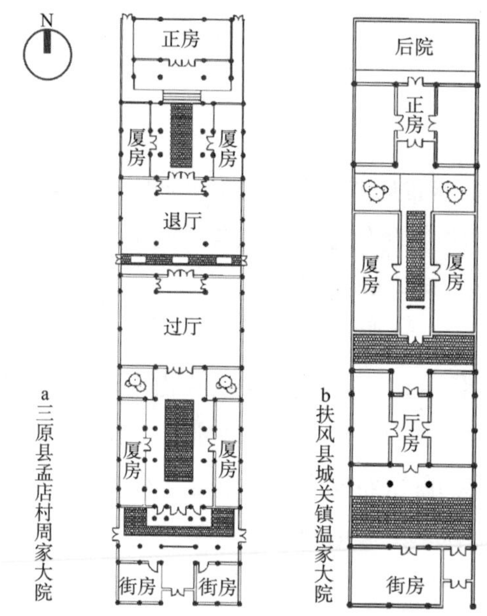

图 3.2.2 纵向多进式院落布局

（3）横向联院式

横向联院是指由两个及以上纵向多进式院落横向并联组成的，通常是家族兄弟分院居住或父母子女间独立居住所形成的院落组织。还有一种情况是围绕中心正院形成明显主次等级或空间功能属性之分的院落组合，位于中心的正院，一般供主人居住和迎宾接客之用，偏院则可以开辟为花园等生活性院落（图 3.2.3）。

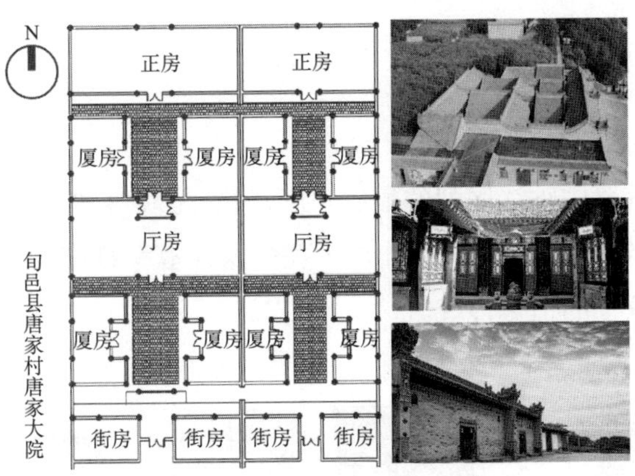

图 3.2.3 横向联院式院落布局

3. 院落布局连续方式

关中传统民居空间一般按照街房、过厅、退厅、正房的顺序逐级排列，以院落为中心，厦房位于两侧，围合形成一个完整而相对独立的院落空间。院落与院落之间形成“进”与“进”的布局关系，相互之间的串联通过门或厅作为划分要素，如图 3.2.4 所示。在横向联院组织中，主要通过横向交通进行并联，空间分配与使用也按照尊卑等级、礼序常俗、内外之别进行布局区分。

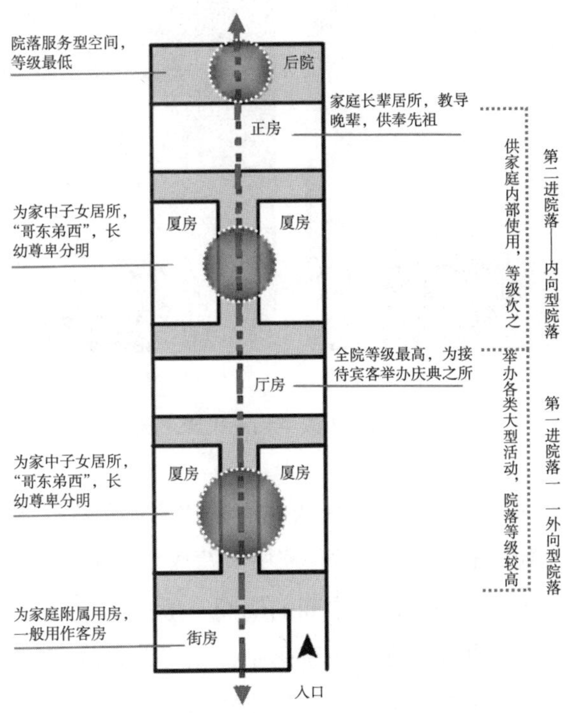

图 3.2.4 二进院院落功能划分

3.2.2 建筑形制、材料与技艺

1. 正房

正房位于民居院落中轴线序列的最后一座建筑，是院落的终点，也是全院等级最高、体型最大的主体建筑（图 3.2.5），既体现了关中人以尊卑秩序为先、谦和重礼的本质，也展示了“躬行礼仪”的道德传统。

（a）韩城市党家村某民居正房

（b）扶风县温家大院正房

（c）三原县周家大院正房

（d）旬邑县唐家大院正房

图 3.2.5 关中传统民居正房

正房面向院落的一侧设有檐廊，建筑立面采用木制门窗，檐柱间有花罩、挂落、雀替等装饰构件及彩绘纹样。正房通常是家中长辈居住的地方，所形成的“一明两暗”式布局划分了内部空间使用功能，即中间的明间一般用于敬神、祭祀、会客等，两侧暗间一般是主人的卧室或书房。在整个院落中，正房建筑的高度、位置和地平均高于其他建筑，与街房、厅房形成竖向上的递进层次（图 3.2.6）。

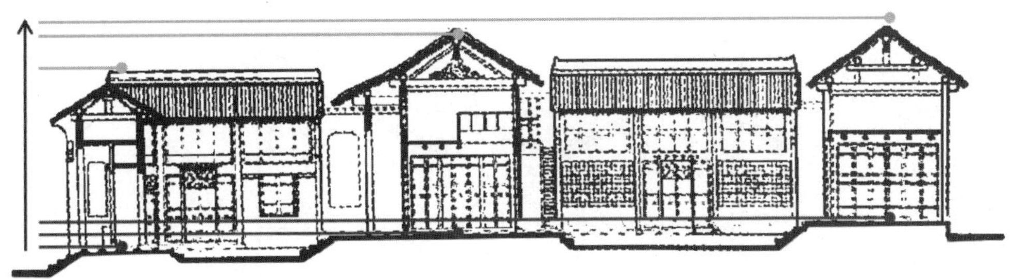

图 3.2.6　街房、厅房、正房建筑屋脊及基座高度关系

2. 厦房

厦房，又称厢房，位于关中传统民居院落的两侧，与中轴线平行布置。厦房进深较浅，通常采用单坡屋顶，坡向内院，这种设计被称为“房子半边盖”，是“关中八大怪”之一，象征着“四水归堂”的聚气聚财（图 3.2.7）。

厦房开间数量直接决定了院落的纵深长度，厦房的开间数通常为 3 间。普通民居中厦房的门窗通常直接开在墙面上，梁枋上的装饰也相对简单，只有富庶人家的厦房立面才采用木作或进行装饰，个别院落中厦房也会设有檐廊。

关中传统民居的厦房之间也存在等级尊卑之分。根据古代东为尊的等级观念，东厦通常作为长子的居所，而西厦则为次子或女子居住。“哥东弟西”的安排体现了长幼尊卑的礼制观念（图 3.2.8）。

（a）韩城市党家村某民居厦房

（b）凤翔县周家大院后庭厦房

（c）合阳县灵泉村某民居厦房

（d）三原县孟店镇周家大院厦房

（e）凤翔县周家大院前庭厦房

（f）旬邑县太村镇唐家大院厦房

图 3.2.7　关中传统民居厦房

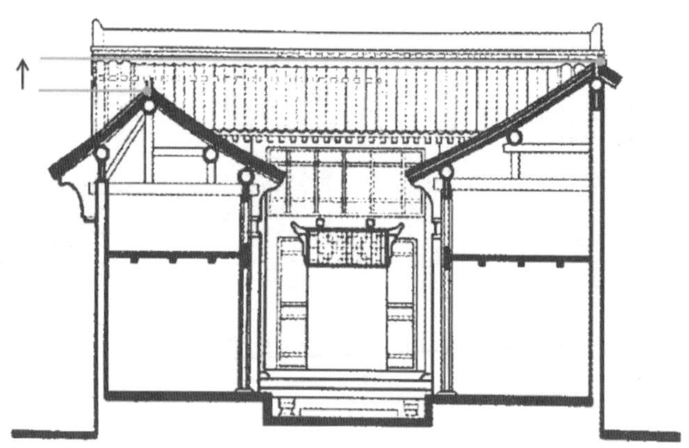

图 3.2.8 韩城党家村民居厦房高度关系

3. 厅房

关中传统民居院落中通常只有两进及两进以上的院落才设有厅房。厅房一般位于院落纵深中轴线的中央部位，与街房和正房平行。作为一进院落和二进院落的分隔，它是用于招待客人的礼仪性场所（图 3.2.9）。厅房作为非居住性空间一般较为开敞和通透，人数较多时可以拆除厅房的隔扇，与院落相连，形成开放空间，在使用中注重居中为尊，长辈坐于上位，晚辈则位于东西两侧，主位在东，宾位在西（图 3.2.10）。

（a）西安市高家大院过厅与退厅

（b）西安市高家大院厅房

（c）三原县周家大院过厅与退厅

（d）凤翔县周家大院厅房

（e）旬邑县唐家大院厅房

（f）三原县周家大院厅房

图 3.2.9 关中传统民居厅房

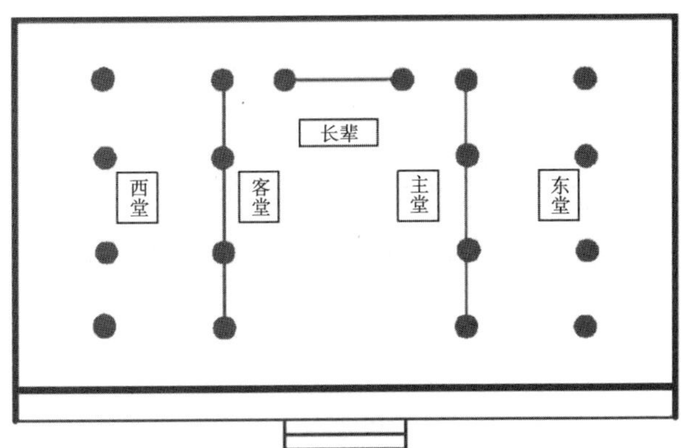

图 3.2.10　厅房礼仪秩序

图片来源：根据陕西召陈西周中期建筑遗址复原设想平面改绘

在三进及以上的宅院中，通常会设有两个厅房，靠近倒座一侧的是过厅，主要用于接待宾客，其交通性和开敞度更高；靠近正房的则是退厅，主要用于家庭成员休闲生活之用。

4. 街房

关中传统民居中的倒座是院落入口建筑，与街道相连，因此也称“街房”。街房通常是三开间或五开间，其占据了宅基地的整个面宽，以三开间最为普遍。并且将位于东侧的一个开间设置为大门，也有富庶府邸的倒座采用五开间，大门居中设置。入口大门通常向内凹进，形成门户空间（图 3.2.11）。

（a）铜川市孙源村某民居街房

（b）韩城市党家村某民居街房

（c）合阳县灵泉村某民居街房

（d）旬邑县太村镇唐家大院街房

（e）三原县孟店镇周家大院街房

（f）扶风县城关镇温家大院街房

图 3.2.11　关中传统民居街房

3.2.3 建筑装饰

1. 门楼与照壁

关中地区传统民居院落的街房建筑多为单层，大门处形成内凹式门户空间，门面有匾额、楹柱、墀头、门枕石等，以木雕、石雕作装饰，形成丰富的样式类型和文化差异（表 3.2.2）。

入口细部组件 **表 3.2.2**

类别	解析	图示
双叶门	位置：正位处 形式：双叶 材质：砖石木雕 作用：关键围挡	旬邑县唐家大院入口；合阳县灵泉村某民居入口；韩城市党家村某民居入口
平阁天花	位置：顶部 形式：做小方格 材质：木制 作用：不暴露梁架构造	入口平阁天花（旬邑唐宅）；入口天花（韩城党家村某宅）
影壁	位置：大门左右两侧墙面 形式：多为素墙，样式为菱形方格网，或以家训文字，或做浮雕壁画 材质：砖制 作用：以别内外，并增加威严和肃静的气氛，有装饰的意义	入口素照壁（三原周宅）；入口石雕照壁（韩城党家村某宅）；入口家训题字照壁（韩城党家村某宅）
门枕石	位置：大门两侧 形式：方形或圆形，以石雕装饰 材质：石制 作用：支撑门框	入口圆形门枕石（扶风温宅）；入口方形门枕石（韩城党家村某宅）；入口石狮门枕石（三原周宅）

续表

类别	解析	图示		
门楣	位置：正门上方门框上部 形式：木雕花纹，门匾多数有木刻题字，有“耕读第”“诗书第”“登科”“庆有余”等字样。 材质：木制 作用：身份象征	入口门匾 （韩城党家村某宅）	入口门匾 （韩城党家村某宅）	入口门匾 （铜川孙塬村某宅）
挂落	位置：建筑入口 形式：以植物藤蔓、方格、卐字纹为主，部分点缀祥云、瑞兽 材质：木制 作用：视觉亮点，保护和装饰过梁	旬邑县唐家大院 入口挂落	合阳县灵泉村 某民居入口挂落	韩城市党家村 某民居入口挂落
照壁	位置：正门居中者进入院落 形式：将街房面向前庭当心间檐柱做封闭处理，设“神龛”，供奉土地神，或做浮雕影壁 材质：石制 作用：多为装饰性，内容大多表现主人对美好生活的向往与寄托	入口山墙神龛 （合阳灵泉村某宅）	入口山墙影壁 （西安高宅）	

2. 屋顶与檐部

关中地区传统民居的主要建筑屋顶基本上采用双坡硬山顶，搭配人字形山花。单坡屋顶多用于厦房建筑，屋顶采用青瓦铺面，两端部分采用筒瓦骑缝。檐口处以瓦当和滴水收口。屋脊通常以横线线脚装饰或饰以砖雕，多以具有象征意义的花卉和鸟兽为题材。脊吻也称“鸱尾”，为屋脊两侧以镂空砖雕的收头部分（图 3.2.12）。

（a）屋脊（凤翔周宅）

（b）侧脊（扶风温宅）

（c）鸡尾（三原周宅）

图 3.2.12　屋顶

关中传统民居中的金柱与檐柱间形成檐廊，关中地区称之为“歇阳”。檐部梁架支撑檐檩，椽子直接突出，较少采用飞椽，风格简约有力。在韩城地区，正房的檐口与下方檐口之间设置一个小檐，称为“四檐八滴水”，可将雨水收集到自家院子里，有“肥水不流外人田”之意（图 3.2.13）。

（a）檐口（韩城党家村某民居）

（b）歇阳（三原周宅）

（c）瓦当与滴水（党家村某民居）

图 3.2.13 檐部

3. 墀头与马头墙

墀头是建筑墙面靠近端部或入口两侧与屋檐相接的部位，是建筑立面装饰和文化表达的重要部分。关中民居中，墀头有两种形式：一种是在建筑立面两侧的收头与檐部交界处沿结合曲线形成象鼻状的线脚收头，另一种是建筑墙面不设置收头，仅在檐口与墙面高度相同的位置设墀头。在关中民居中，墀头装饰简练，主要有线雕、浮雕、高浮雕及透雕四种形式（图 3.2.14）。

（a）三原县周家大院墀头

（b）铜川市孙塬村某民居墀头

（c）合阳县灵泉村某民居墀头

（d）韩城市党家村某民居墀头

图 3.2.14 墀头

马头墙是两个相邻院落屋顶相接的部位，主要做防火之用，因此也称为封火墙，在徽派建筑和赣派建筑中较为常见。关中传统民居中的马头墙多是在街房两侧的收头部分（图 3.2.15）。

（a）旬邑县唐家大院马头墙

（b）合阳县灵泉村某民居马头

（c）西安市湘子庙某民居马头墙

图 3.2.15　马头墙

4. 墙面与砖石雕刻

关中地区传统民居墙面细部多以砖雕、石雕作为装饰（图 3.2.16），常见于照壁、山墙、墀头等部位，雕刻题材以吉祥寓意、教化意义的文字、纹样或故事为主，采用线刻、浮雕等方式凸显其装饰艺术效果。

（a）山墙面雕刻（三原唐宅）

（b）立面收头底部雕刻（三原唐宅）

（c）二道门雕刻（扶风温宅）

图 3.2.16　墙面雕刻

5. 台阶与柱础

关中传统民居中台阶通常采用大块石板铺设，在踏面上主要作防滑的雕琢处理，踢面上以少量花纹线刻装饰。关中民居中柱础石多出现在门户入口或正房檐廊空间，多为圆鼓形、方形、多边形，有部分柱础采用雕刻较为复杂的莲花座，有线刻、浅浮雕、圆雕等雕刻技法，以瑞兽、植物、花卉、仙人等吉祥符号为主（图 3.2.17、图 3.2.18）。

（a）民居入口台阶
（韩城党家村某民居）

（b）民居入口台阶
（旬邑唐宅）

（c）民居入口台阶
（铜川孙塬村某民居）

图 3.2.17　台阶

（a）八角形柱础（三原周宅）

（b）方形柱础（扶风温宅）

（c）圆形柱础（韩城党家村某民居）

图 3.2.18　柱础

6. 隔扇与窗户

关中传统民居院落内隔扇门窗为重要的装饰部件，一般以几何或文字纹样的门格窗棂或以线刻彩绘方式的图画表达，如“卐”“工”“喜”“福”，还有旬邑唐宅的“二十四孝图”和“八仙图”，以及三原周宅的“关中八景图”（图 3.2.19）。部分宅院厅堂中央设有门罩，门罩色彩与门颜色相对，突出门罩装饰，其上饰以各式雕花，顶部及两侧均为镂雕（图 3.2.20）。

（a）三原县周家大院隔扇门

（b）旬邑县唐家大院隔扇门

（c）韩城党家村某民居隔扇门

图 3.2.19 隔扇门

（a）韩城党家村某民居窗户样式 1

（b）韩城党家村某民居窗户样式 2

（c）合阳县灵泉村某民居窗户样式

（d）三原县周家大院窗户样式

图 3.2.20 窗

7. 其他

关中传统民居中，常见的装饰构件还有拴马桩、抱鼓石、上马石、惜字炉等。拴马桩一般位于门外临街处，由整块石料雕琢而成，总高约 1.4—2m 不等，主要在柱头上表达装饰，多以狮子、胡人、猴子、葫芦等为雕刻题材。此外，街房墙面上也设有拴马钩，供宾客拴马使用。拴马钩一般为铁制，通常嵌入建筑内部的横木上，对房屋起到一定的加固作用。拴马钩形状多为长条形、十字形和花瓣形，表面装饰有线刻。上马石是大门入口用于辅助人上下马的石头，通常为长方形立石。上马石表面雕刻有驱灾辟邪的图案，纹样清晰，线条简约，既实用又美观。“惜字炉”亦称惜字塔、惜字楼、焚字库、焚纸楼，体现了古人“敬惜字纸”的理念（图 3.2.21）。

（a）檐拴马桩

（b）拴马钩

（c）上马石

（d）惜字炉

图 3.2.21　其他建筑装饰

3.3　生产空间景观特征

生产空间是传统村落空间的重要组成部分，其中蕴含了深刻的传统村落生产文化特征。生产空间的概念包括传统村落本土居民进行生产活动时所对应的地域范畴，同时也包含了相应的具有阶段性特征的时间，及人们所进行的规律性的生产活动 [1]。不同类型的生产方式催生了不同的生产空间结构，同时影响了传统村落整体的景观形态与特征。据调研，陕西关中地区传统村落的生产方式主要包括种植业、制造业、服务业（商业）、林业以及养殖业五种类型，但随着现代国家政策与科技的引导下，林业与养殖业逐渐消失在传统村落中。表 3.3.1 列举了关中地区生产空间类型划分情况。

关中地区生产空间类型划分　　**表 3.3.1**

分类	产业空间细分	用地类型	划定范围
农业生产空间	农田种植空间	耕地	聚落周边农田、果园、民居院落内外菜园等空间
	林果种植空间		
	养殖空间	养殖用地	大型养殖场、民居院落内部的养殖区域等空间
	农业设施空间	配套设施用地	晾晒场、磨坊、粮食和农资临时存放、大型农机具临时存放等空间
工业生产空间	工业空间	工业用地	工厂、车间、手工业作坊、建筑安装的生产场地、排渣（灰）场地等空间
	矿业空间	采矿用地	采矿、采石、采沙、盐田、砖瓦窑等地面生产用地及尾矿堆放等空间
	储存空间	仓储用地	储备、中转、外贸、供应等各种仓库、油库、材料堆场及其附属设备等空间
服务业生产空间	商业空间	批发零售用地	小卖店、超市等零售商业空间
		住宿餐饮用地	特色餐饮、住宿等空间
		其他商服用地	快递、通信等其他商业服务空间
	旅游空间	商业性质用地	以民居建筑或产业为特色的各类旅游空间

[1]　王园．生产方式演变下关中传统村落空间更新设计研究 [D]. 西安建筑科技大学，2020.DOI：10.27393/d.cnki.gxazu.2020.001530.

3.3.1 农田、作物、场景

关中地区作为中华文化的发源地之一，一直是中华农耕文化的发源地，因此农业生产空间始终是关中传统村落最为重要的部分[1]。农业生产是关中地区村民重要的经济来源，也是村民生存的主要方式，因此农业生产空间的价值在于其生产性。

2010年前后，我国学术界开始出现关于生产性景观的相关研究。生产性景观的概念是："农民在生产生活过程中体现自身农业生产成果，展现他们对自然资源的工业改造成果，具有文化性特点，还具有参与性、教育性和长期继承性等特点的一种特有景观。"[2] 从狭义的视角看，生产性景观是在乡村区域内，利用本地自然资源，因地制宜产出的各种农业物质空间，包括农田沟渠、水产养殖等空间范畴；从广义的视角看，与农业生产活动相关的农业服务设施、基于此发展的农业旅游相关空间及围绕农业生产周围的自然生态空间均属于生产性景观的范畴。

1. 农业生产景观

（1）农业生产空间类型与景观要素

农业生产空间的景观主要围绕农田耕地的自然风貌，其空间类型可以依据向人们直接提供农产品和工业原料的用地类型来划分，关中地区主要是由耕地、园地和人工经济林三类用地组成。结合关中地区传统村落地形特点，其耕地又呈现出不同的景观特征，见表3.3.2。

关中地区农业生产景观空间类型与特征解析　　表3.3.2

生产空间类别	景观特征解析	现状实拍	
梯田型景观	代表村落：尧头村、立地坡村 景观特征：面积大、地势陡、层数多，形状不规则的梯田连绵成片	陕西省渭南市尧头村	陕西省铜川市立地坡村
麦田景观	代表村落：柏社村 景观特征：视野辽阔、连片的麦田无边无际	陕西省咸阳市 三原县柏社村	陕西省咸阳市 礼泉县袁家村

[1] 陈军.美丽乡村生产性景观特征与建设理念[J].现代园艺，2022，45（16）：69-71.DOI：10.14051/j.cnki.xdyy.2022.16.029.

[2] 王云才，Patrick MILLER，Brian KATEN.文化景观空间传统性评价及其整体保护格局：以江苏昆山千灯—张浦片区为例[J].地理学报，2011，66（04）：525-534.

续表

生产空间类别	景观特征解析	现状实拍
麦田 + 梯田型景观	代表村落：孙塬村 景观特征：视野辽阔、连片的麦田无边无际，同时局部具备梯田的空间特征	陕西省铜川市耀州区孙塬村
林地型景观	代表村落：老县城村 景观特征：由树木、灌木、草本植物等多种植物组成，沿地势走向垂直分布，层次丰富	陕西省周至县老县城村
台塬型景观	代表村落：灵泉村 景观特征：以台阶式为主，农田主要分布在广阔平坦的塬面之上，形成错落有致的农田景观	陕西省渭南市合阳县灵泉村
山沟型景观	代表村落：石船沟村 景观特征：由于地形限制，农田分布不均匀，见缝插针布局农田，农田系统沿沟道轴线呈现出支离破碎感	陕西省商洛市柞水县石船沟村

（2）农业生产空间的分布类型与特征

由于地形、水文、耕作方式、人文历史等方面的特殊影响，农田在不同的自然环境条件下，形成了不同的形态[1]。农田的景观格局通常需要借助卫星影像在百米尺度以上进行观察分析，或运用直观的图示方法将其清晰地在图纸上表现出来。关中地区因地形地貌的多样使得农田的形态也变化多端，且在同一块农田上也会因四季的更替和农业轮作的变化而产生不同的肌理、色彩、质感和空间[2]。利用谷歌地球卫星影像，依据地形的差异与直观的视觉图像将关中地区农业景观（农田形态）的分布划分为：规则拼接型、不规则拼接型、重复层叠型和顺势环绕型（表 3.3.3）四大类。规则拼接

[1] 张成 . 成都平原农业景观的调查研究 [D]. 成都：四川农业大学，2018：69.
[2] 刘行行 . 关中平原农田种植结构变化规律研究 [D]. 西北农林科技大学，2022.DOI：10.27409/d.cnki.gxbnu.2022.000147.

关中地区农业景观（农田形态）分布类型　　表 3.3.3

类型	景观图示	卫星图像	分布位置及特征
规则拼接型	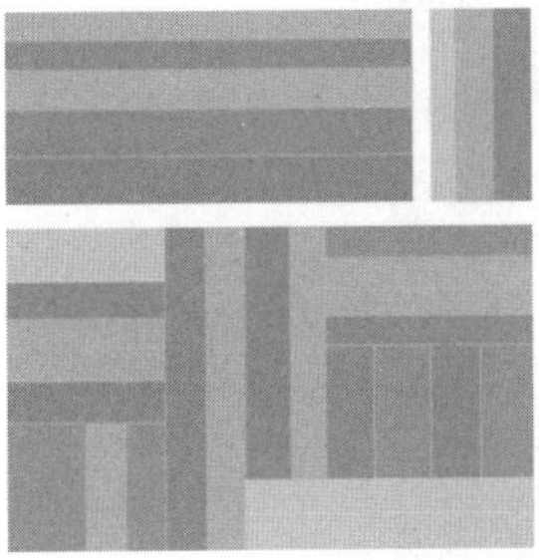	 陕西省渭南市合阳县南长益村  陕西省咸阳市礼泉县袁家村	分布位置：平原及台塬 分布特征：大面积、连续性地呈规则状分布
不规则拼接型	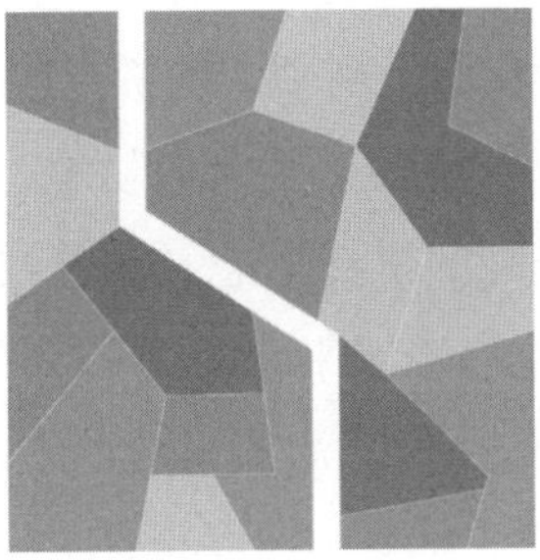	 陕西省咸阳市永寿县等驾坡村 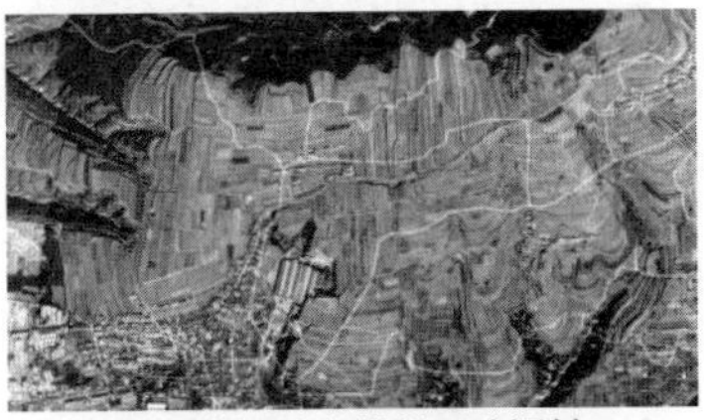 陕西省铜川市耀州区孙塬村	分布位置：平原、台塬及坡塬 分布特征：大面积、连续性地呈不规则状分布
重复层叠型	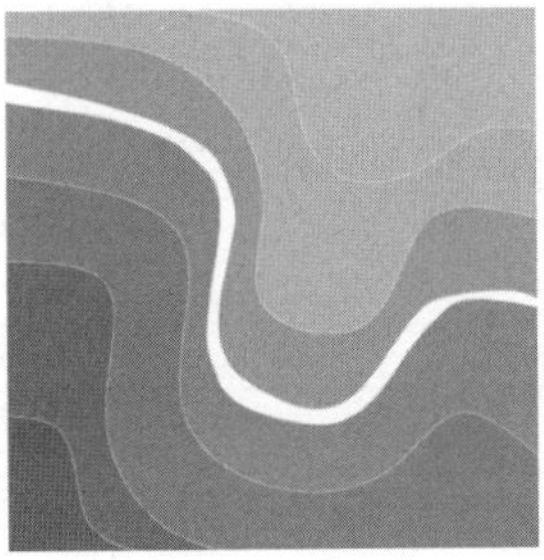	 陕西省渭南市尧头村  陕西省铜川市立地坡村	分布位置：坡塬、山谷 分布特征：沿等高线断续、团聚层叠式分布

续表

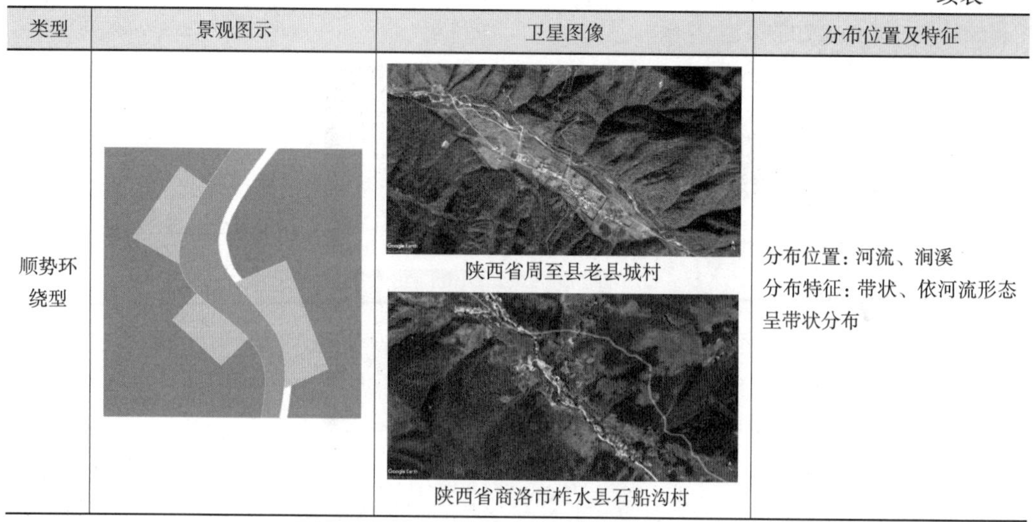

类型	景观图示	卫星图像	分布位置及特征
顺势环绕型		陕西省周至县老县城村 陕西省商洛市柞水县石船沟村	分布位置：河流、涧溪 分布特征：带状、依河流形态呈带状分布

型的农业景观通常分布于台塬、平原等较平缓的地面上，农田呈规则式的拼合连接形态，形成连续大面积的片状农业景观。不规则拼接型的农业景观多见于台塬耕地、坡塬耕地及平原耕地，由于塬的地形限制，农田通常呈现不规则的拼接形态。重复层叠型农业景观通常分布于坡耕地及河流阶地地带，梯田呈现沿山脊线平行重复排列的形态。顺势环绕型广泛分布于山地与丘陵地区，农田平面形态依地形、河流形成曲线环绕状，农田形式以坡耕地为主环绕着丘陵、河湾等。

（3）农业生产作物

据调查，关中平原有耕地 140.976 万 hm^2，总耕地面积约占陕西省耕地面积的 46.83%，为陕西省主要的粮、棉、油生产基地 [1]。关中平原被划分成两个农业种植区：关中旱原区和关中灌区。关中地区以种植粮食作物为主，主要农作物有小麦、玉米、棉花和油菜等；蔬菜与水果种植也占有一定比重，主要有土豆、黄瓜、番茄、白菜、苹果等；除此之外也有少量麻类作物、糖料作物、药材作物、食用菌和园林苗木等（表 3.3.4）。

关中地区生产作物类型 **表 3.3.4**

生产作物类型	代表村落及代表作物	景观图示
粮食作物	柏社村：小麦、玉米 石船沟村：小麦、玉米、高粱 老县城村：玉米、小麦、大豆、土豆、红薯	麦田景观　玉米地景观

[1] 梁高雅．关中陈炉古镇人居环境营建经验研究 [D]. 西安建筑科技大学，2018.

续表

生产作物类型	代表村落及代表作物	景观图示
经济作物	孙塬村：中药材、花椒 清水村：中药材、花椒 党家村：花椒、辣椒 六营村：芍药花、辣椒 袁家村：中药材、辣椒 立地坡村：核桃、茶叶 尧头村：万寿菊	花椒　中药材 芍药花　辣椒
蔬果作物	灵泉村：苹果、梨树 袁家村：苹果	苹果树　梨树

将关中地区传统村落主要种植的生产作物进行分类，可以发现粮食作物种植空间具有连片成面的特点，在景观空间中具备背景性、观赏性的特征，而经济性作物具备丰富的功效性，在景观空间中具备科教性的特征与发展潜质，蔬果作物因其口感美味而具有体验性特征。

2. 农业服务设施景观

农业服务设施景观主要是指为农业生产活动开展提供服务的设施空间，与农业生产空间共同构成完整的乡村生产景观，主要包括农业生产性道路、村落内的主干道路与内部街巷、谷物晾晒场以及居民院落内部和周边放置农业器械与工具的场地。根据实地调研与走访，关中地区农业服务设施可划分为传统农活空间、传统农业用具存放空间、传统水设施空间、道路交通空间四大类（表 3.3.5）。

关中地区农业服务设施类型　　　　**表 3.3.5**

农业服务空间类型	场景图示
传统农活空间	 晾晒场　堆柴

续表

农业服务空间类型	场景图示
传统农业用具存放空间	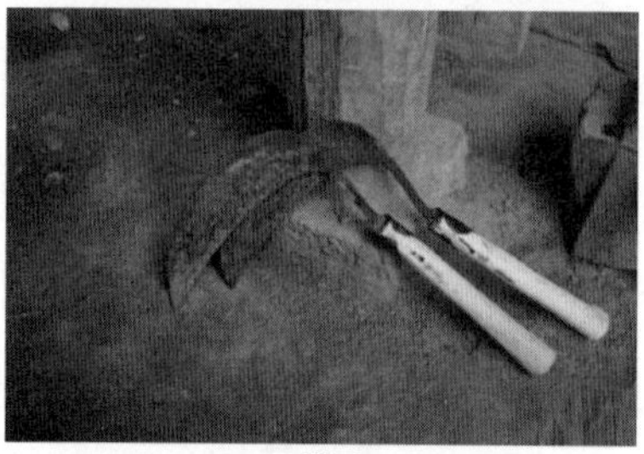 石磨 木耙 镰刀  锄头  簸箕  竹筛
传统水设施空间	 涝池  水井  排水沟  水渠

续表

农业服务空间类型	场景图示
道路交通空间	 村落主干道 　村落内部小路

传统农活空间包括晾晒、堆柴等农活和相关生产活动的空间。晒谷场（扬谷场、堆麦场等）多为长方形或方形的空地，用以接纳秋天新收获的或晒不完的谷子、小麦、玉米、棉花等，这类空间需要选择村落中视野较为开阔、面积较大的公共性质场地，通常为临时场地。堆柴空间通常位于民居周边、门口或后院等边缘位置，呈不规则形式，承担了居民日常烧灶做饭与热炕的使用功能。

关中地区的传统农业用具主要包括石磨、木耙、镰刀、锄头、簸箕和竹筛等。类似石磨的大型农具通常直接摆放在地面上，而小型手持农具通常挂在墙上或堆放在特定的位置。传统农具的日常使用与存放不仅形成特定的空间类型，同时成为传统村落特有的农业景观风貌的重要组成部分。

传统水设施空间包括村落的供水设施与排水设施，通常的表现形式为涝池、水井、排水沟和水渠等。关中地区由于降水少，水资源缺乏，水设施空间尤为重要。它一方面可满足村落的用水需求，另一方面作为村落中小型水景，具有一定的景观美学与文化价值。

道路交通空间是传统村落与农田等生产性空间之间沟通联系的重要媒介。如道路承担了生产活动中重要的交通与运输功能。不少未被整修的村落内部的道路依旧保留着传统村落原始路径与乡村自然风貌。

3.3.2 工坊、产品、技艺

传统村落中的工业生产活动主要以手工制造业为主，具有典型代表的是关中地区传统村落的制瓷工艺，如铜川市的立地坡村，具有一千多年的制瓷历史，是耀州窑与陈炉窑的重要组成部分，其作为历史文化资源的生产场地、场景以及工艺流程均构成优质的旅游资源。

1. 手工业生产空间类型与分布特征

（1）生产工艺流程及其对应的生产空间

以陕西省渭南市澄城县为例，传统制瓷生产十分烦琐，制作过程通常包括原料开

采、浆泥调配、制胚、施釉、煅烧五个阶段，而各个阶段对工艺环境的要求差异较大，因此对应形成了五类生产性空间（图 3.3.1）。

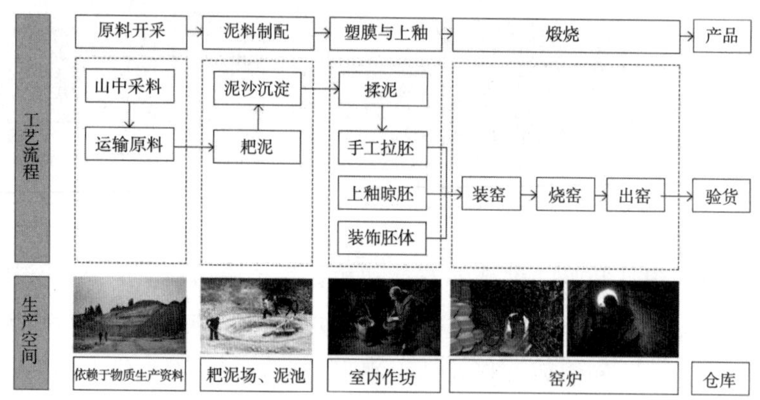

图 3.3.1　制瓷工艺流程与对应的生产空间图

制瓷工艺的第一步是原料的开采与运输，这类生产空间往往位于村落周边的山上。原料需运送至村落内的耙泥场或者泥池中。第二步是将原料进行粉碎投入沉淀池进行淘洗、浸泡、沉淀除渣。第三步是塑膜制胚，需要将泥料装进特定的容器中反复脚踩、拍打、揉搓，去除泥料中的气泡，并使其中的水分分布均匀，随后技师们使用平轮或手刮板进行制胚造型。第四步是上釉。晾干成型的陶瓷坯体表面施以釉浆，根据胚体不同的形状、造型、厚薄等采用不同的上釉方法。第三和第四步均在室内作坊中进行。第五步是煅烧。煅烧工艺与窑炉密不可分。上好釉的胚体晾干后装窑，窑门封闭后开始点火燃烧，控制窑炉的温度与时间。3—5 天后瓷器可以出窑并运到仓库中存放。

（2）手工业生产空间的布局逻辑分析

生产工艺决定着生产空间的类型，传统村落生产空间布局有其遵循的次序逻辑与空间距离合理的原则[1]。采料与水资源的获取是前期生产最基本的工业流程，选址对自然资源依赖性较高（图 3.3.2）。

以陕西铜川市陈炉古镇为例，陶瓷生产的逻辑次序是：①材料厂（矿产资源）——②耙泥池（水资源）——③手工作坊——④窑炉（燃料资源）（图 3.3.3），因此古镇的空间布局遵循该逻辑，生产的原材料与水资源都相对集中，分布在古镇的南侧和北侧，手工作坊与窑炉分布在两者之间，古镇的生产基地有古驿道通往外界，方便瓷器向外界销售。可以看出有序的生产空间一方面提高了生产效率，降低了运输成本，另一方面，生产空间集中布置区域与古镇西南缺口形成良好的呼应（古镇多东北风，这样有

[1]　王璐．基于传统手工业复兴的澄城尧头村空间优化研究 [D]. 西安建筑科技大学．

利于工业生产的污染因风而去）。人们合理地利用自然环境和地貌对工业生产过程中产生的工业污染进行有效的消解。

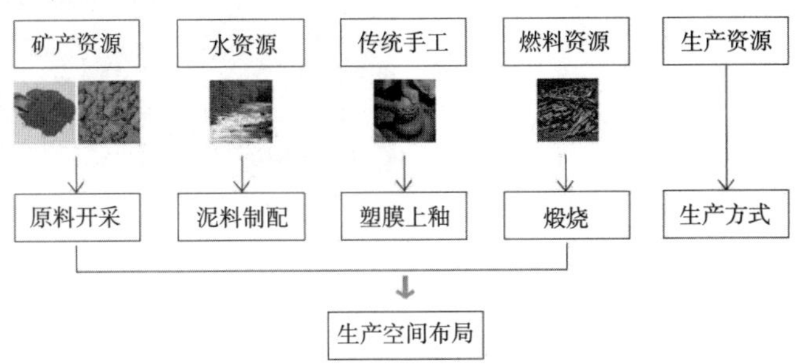

图 3.3.2　手工艺生产中生产资源影响生产空间布局逻辑图

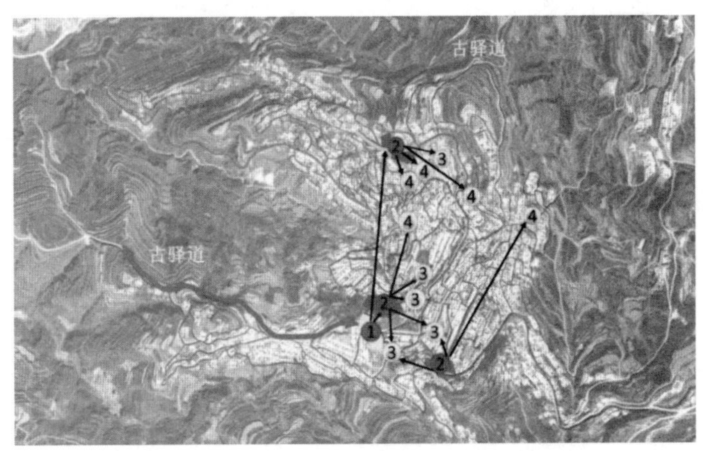

图 3.3.3　关中陈炉古镇生产空间布局逻辑图

（3）工艺流程影响下不同生产空间的分布特征

①原料开采生产空间

原料开采与村落周边资源有关。立地坡村周边陶土丰富，尧头村周边坩土资源也是如此。制瓷中泥浆调配需要大量用水，如图 3.3.4 所示，可以看出尧头村周边有河流穿过。立地坡村聚水的地形为泥浆调配提供了充足的水资源（图 3.3.5）。煅烧环节需要大量木材，村落周边的山地森林资源为此提供了支持。

②泥料制配生产空间

泥料制配的生产空间通常包括耙泥房和沉淀池，因其生产工艺对于水资源需求极大，因此耙泥房与泥池一般与水相依。以尧头村为例，在古窑址附近西侧河边，有大小十多个沉淀池（图 3.3.6），而在尧头窑兴盛时期，西坡旁一千多米的河水两岸都是耙泥池，这样有利于水资源的随取随用，符合空间运输距离最小化的经济原则。

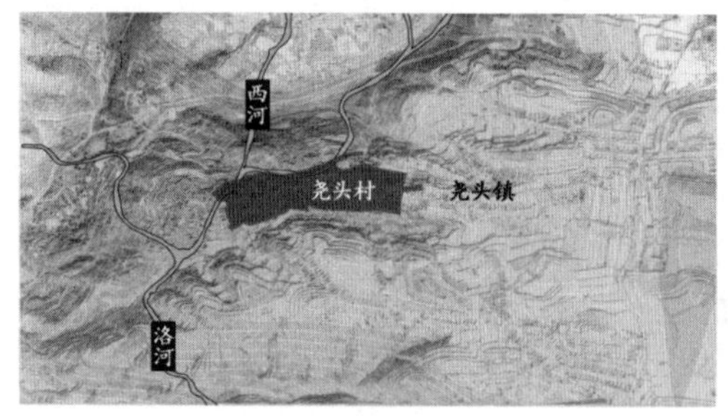

图 3.3.4 尧头村河流水系位置关系

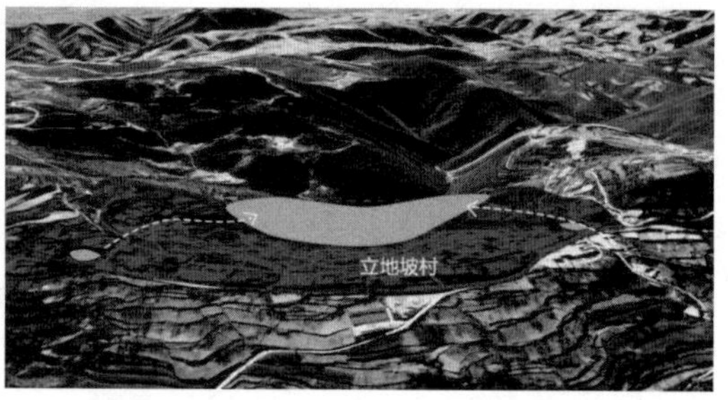

图 3.3.5 立地坡村地势聚水示意图

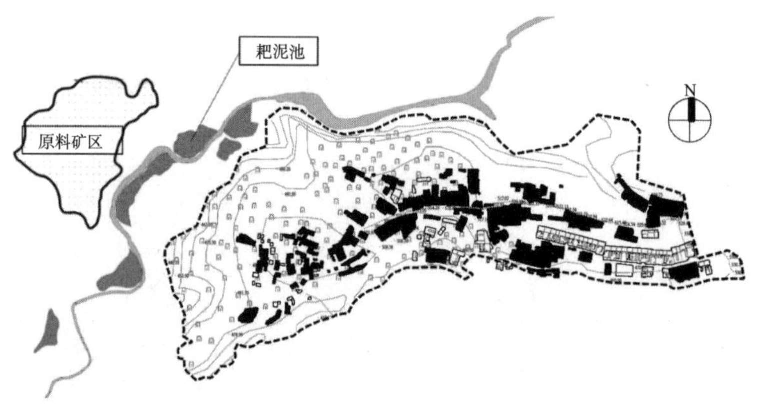

图 3.3.6 尧头村耙泥池与河流位置分布图

③制胚与上釉生产空间

泥料制配环节之后，泥料运送至传统手工作坊中进行制胚与上釉。手工作坊通常与窑炉空间临近，便于在造型完成后进行下一步的煅烧。在传统村落中，作坊与窑炉通常为私人所有，因此一般按照不同姓氏家族集中分布。以尧头村为例，手工作坊按照白、李、宋、周、雷五宗大姓家族呈团状集中分布（图 3.3.7）。

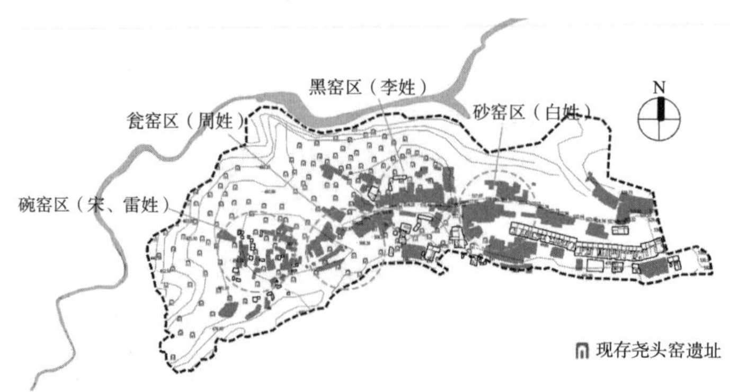

图 3.3.7 尧头村五大家族手工作坊范围分布

④煅烧生产空间

由于烧造瓷器需要良好的通风环境，窑炉多建在山沟边，同时保证便利的运输条件及周转。烧窑的燃料有柴和煤两种，相应就有柴窑和煤窑之分。尧头村早期将周边木材作为核心烧制燃料，随着烧窑规模扩大，木材需求量提升，周边森林的林木资源逐渐满足不了需求，逐渐演变为主要以煤作为烧制燃料。不同的燃烧材料、历史时期以及不同的生产产品类型使得窑炉的大小与结构也会有所不同。馒头窑是尧头村特有的窑洞建筑空间，整体由基座、中段、小顶、烟囱和煤渣窑洞构成[1]，从下向上看，顶部有一个圆形开口（图 3.3.8）。

图 3.3.8　尧头村部分馒头窑现状

2. 手工业生产影响下的景观空间要素

在手工业生产的过程中，常常会产生一些废弃物，例如边角料、实验品、残次品等。村民们习惯于对这些废弃物进行分类回收，将其作为建造家园的乡土材料。这种做法不仅节约了运输建材的成本，同时也实现了固体废弃物的绿色消解，对环境保护起到积极的作用。以制瓷业为例，生产过程中会产生匣钵、陈炉砖石和废弃陶瓷产品等三种乡土材料。这些材料的运用方式多种多样，有些作为单一建材使用，而有些则会被组合在一起，形成传统村落的独特景观风貌（表 3.3.6）。这种可持续发展的绿色营建手法不仅美观实用，同时也有助于保护当地脆弱的生态环境。

[1]　杨春蕾，欧阳国辉 . 社会介质语境下皖南传统村落交往空间营造的现代启示 [J]. 安徽农业大学学报（社会科学版），2020，29（06）：129-135.DOI：10.19747/j.cnki.1009-2463.2020.06.019.

手工业生产影响下的景观空间要素 表 3.3.6

景观空间要素分类	具体要素	空间图示	
墙面	罐罐墙	 匣钵用作矮墙	 匣钵用作小型建筑墙体
	陶瓷装饰墙面	 瓷盘用作墙面装饰	 瓷瓶、壶用作屋顶装饰
地面	瓷片铺路	 卧铺法道路铺装	 竖铺法道路铺装
生活场景	罐罐容器	 用作院落摆设和支撑物	 用作花盆、盆景
	烟囱	 屋顶顶部无遮挡烟囱	 顶部遮挡式烟囱
	石碾	 石碾用于碾压屋顶	 石碾研磨粮食

（1）墙面景观要素

传统村落的景观空间营建通常都会采用生产废弃材料，如使用废弃匣钵、盆和瓮堆砌而成的墙——“罐罐墙”。匣钵是陶瓷坯体在烧制过程中承载陶瓷器皿的容器，其尺寸和形状完全取决于所生产的陶瓷产品。罐罐墙历史悠久，经济实惠且环保，同时也适应了传统居住形式，因此一直延续至今（图 3.3.9、图 3.3.10）。

匣钵“罐罐墙”的砌筑也有其独到的方法。墙基会选择较大的匣钵在下，往上逐渐变小，层层累积。墙基段的匣钵会填充少量的土来增强墙体的稳定性，有效防止墙体因上下重量失衡而倒塌。罐罐墙中匣钵的排列方式多种多样，如竖铺和卧排。不同颜色和排列组合的匣钵能够产生不同的艺术效果，反映主人的审美与艺术追求。长期以来，这种营建方式形成了错落有致、壮观独特的罐罐墙风貌。

图 3.3.9 竖铺式“罐罐墙”

图 3.3.10 卧铺式“罐罐墙”

在陶瓷制作过程中，因矿物质配比、烧制温度、上釉彩绘等的不同，形影响其色泽度、光滑度和美观度，瑕疵也在所难免。此外，在窑工作业、搬运过程中，不小心造成的碰撞、滑落等情况也会导致陶瓷制品损坏。因此，废弃碗、盘、缸、瓮、壶、罐等以及瓶、钵、盆等常见的生活器具往往成为装饰材料。这些陶瓷碎片和废旧器具被广泛地运用于居民建筑中，例如烟囱、檐口装饰、墙面装饰、门楣装饰以及景观雕塑等场合，展现出极高的艺术价值和视觉审美效果，并且也可以视为一种可持续发展的设计方案（图 3.3.11、图 3.3.12）。

（2）地面景观要素

除了将陶瓷生产产品用于墙面构筑和装饰，当地村民还将其用作铺装材料，并应用在村落道路上。这一做法的好处不仅在于美观，更重要的是，传统的土路在雨雪天很容易产生湿滑情况，对于坡路和台阶等更为明显。出现水泥、柏油等材料后，碎瓷片、瓦片或者匣钵碎片逐渐成为道路的主要铺装材料，并且在竖向空间中具有良好的防滑和透水作用。调研发现，采用碎瓷片作为竖向空间的坡路和台阶铺装材料的数量远大

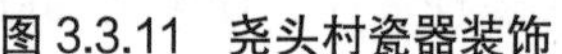

图 3.3.11　尧头村瓷器装饰

图 3.3.12　立地坡村瓷器装饰

于横向空间上的平路。这是因为竖向空间需要更大的摩擦力来防滑。因此，运用陶瓷碎片来铺路不仅可以有效提高道路的安全性和便利性，同时也可以实现人与自然的和谐共生（图 3.3.13）。

图 3.3.13　陈炉古镇坡道铺装（左）和立地坡村坡道铺装（右）

在本土铺装材料的应用中，常见的铺装手法包括卧铺、竖铺、无规则散铺、规则阵列和拼图组合等，方式多样，展现了人们朴素的审美观念。人们基于安全和审美的需要，还将陶瓷生产工艺中的花纹样式应用到道路的铺设中，包括文字、植物花卉、吉祥动物和几何图形等。

（3）生活场景景观要素

生产过程剩余生产材料的使用不仅体现在墙面和地面，还渗透在传统村落居民的日常生活中。例如立地坡村村民的房前屋后，到处摆满了瓷罐，有的用来作为植物的容器，有的用来作为储物的容器，还有的作为桌面的支撑物（图 3.3.14）。村中广泛利用陶瓷制品以及生产工具作为院落的其他装饰，例如花盆、水缸、排水口、菜园围栏等兼具日常实用功能的物件。

图 3.3.14 立地坡村生活场景

3.4 交往空间的景观性

“交往空间是人们可以进行日常活动和社交互动的公共空间、可满足人们社会交往需求的公共设施用地，是具有社会介质属性的互动空间。”[1] 而传统村落中的交往空间则有别于其他的交往空间，其空间结构、空间功能属性和村民的活动内容具有历史传承性、社群性及地方性特征，承载一代又一代的历史脉络、传统文化、民俗习惯、民间工艺等，村民们在村落的交往空间中可以自由组织家庭、家族或者村落整体的生活和生产。调研发现，关中地区传统村落交往空间受思想文化、地方习俗、行为习惯等因素影响，可分为日常的交往活动空间和传统的民俗文化活动空间。

3.4.1 日常交往活动空间

日常交往空间指的是村落中供人们日常生活和社交互动的场所，如街道、巷道、广场、庭院等，这些空间通常是居民行走、交谈和邻里互动的地方。日常交往空间提供了社区生活的基础，让居民能够轻松地与邻居、朋友和家人进行交流和互动。

1. 日常交往活动空间类型与特征

按村落的场地性质划分，日常交往活动空间可分为村落入口空间、近宅空间、街巷空间和广场空间。这四类空间是村民主要的日常行为活动区域（表 3.4.1）。

（1）村落入口空间

村落入口是进出村落的必经之地，是村民和外来人员对村落形成第一空间感知的重要区域，村落入口道路连接的功能性空间使入口空间序列呈“起承转合”的形态。整体上看，传统村落景观空间的整体布局秩序感强，村落的主要入口空间象征着村落

[1] 李欣冉 . 基于地域文化的晋南传统村落入口空间场所营造研究 [D]. 西安建筑科技大学，2020.DOI：10.27393/d.cnki.gxazu.2020.000405.

关中地区日常交往活动空间类型与基本特征　　表 3.4.1

日常交往活动空间类型	景观空间基本特征	空间图示
村落入口空间	空间可达性高 连接村内主要道路街巷 有特色植被和景观元素 有明显标志物	咸阳市礼泉县袁家村
近宅空间	领域性强 建筑外立面延伸性强 可移动设施较多	渭南市韩城市西庄镇党家村
街巷空间	空间结构层级分明 线性形态为主 空间界面、景观元素风貌统一	渭南市合阳县坊镇灵泉村
广场空间	空间开敞 功能属性弹性高 植被和景观元素薄弱 有特色建筑和标志物	渭南市合阳县同家庄镇南长益村

的整体风貌与特征，是承载村落历史文化与集体记忆的空间，如村口的参天大树、矗立的牌坊、特色标志物、迂回溪流等，在形式上和村落肌理代代相传，可识别性强。同时，村落入口空间作为村民主要的通行、交往、生活的重要节点，大多景观要素丰富多样[1]。关中地区传统村落的入口空间，不仅承载了村落原有的空间秩序，同时为人们起到了引导、吸引、认知等指向性影响。关中地区的村落入口类型可分为标志型、过渡型和导向型（表 3.4.2）。

[1] 刘永德 . 建筑空间的形态、结构、涵义、组合 [M]. 天津：天津科学技术出版社，1998：93.

村落入口空间类型与空间特点 表 3.4.2

入口空间类型	空间特点	代表村落及主要构成要素
标志型	村内主要入口，明显的景观标识；有引导作用，如牌坊、城门等元素起着限定与分割空间功能；与间接标志性的建构筑物，如寺庙、戏台空间等共同组成村落入口的标志性景观，形成村内外的景观序列	程家川村：钟鼓楼、建筑、广场等 灵泉村：庙宇、城墙、古树 东宫城村：城墙、城楼、涝池 南长益村：城墙、古树
过渡型	有少量景观要素，如牌坊、石碑、植物和花卉等非主体标识类要素，衔接过渡村落内外空间，景观与元素的体量比主要入口小	石船沟村：石墙、水系、古树 烽火村：村史馆、广场 东里村：牌坊、纪念碑、广场 清水村：广场、凉亭、门楼
导向型	环境要素依靠道路排列，其周围的构筑物、道路、庄稼地、绿化等所有景观元素都将有特定的空间指引效果，且村落的空间布局和交通道路的建设都会受到该中心元素的影响	南社村：秋千谷 东白池村：金水沟、牌坊 柳村：土城墙

关中地区传统村落入口多数是结合主要道路形成特征较为明显的节点空间，一般有村门、古树、石刻作为标志物（表 3.4.3）。

关中地区村落入口空间形态特征 表 3.4.3

空间类型	鸟瞰图	空间形态简图	空间特征	实例照片
临近村落主要道路，连接村内中心活动广场		"T"字形干线处	空间可达性强，形态规整，村内活动集聚中心，以人通行为主，有明显标志物	
路径扩展与空间功能联结，沿道路开敞的入口广场		"一"字形干线处	配合环境设施、绿化景观的弹性功能入口广场，有明显标志物	
临近村落主要道路		"Y"字形交汇处	连接村内的交叉口，空间可达性强，连接停车场，供人车通行，有明显标志物	
		"T"字形交汇处	连接村内主要街巷，"T"字形交叉路口，有明显的特色建筑	

续表

空间类型	鸟瞰图	空间形态简图	空间特征	实例照片
临近村落主要道路		"十"字形交汇处	"十"字形交叉路口处，连接村内主要街巷，有明显的特色建筑	

（2）近宅空间

近宅空间是指以家宅为核心临近公共空间的区域。"宅"，广义上来讲意为"居住的地方"，在此将其定义为以家庭为单位的私人所属空间，即户，它以住宅的大门为临界面，向内是私人领域范围内的家庭互动的空间，向外则是供邻里间日常互动交往的空间，具有一定程度的近宅空间含义（图 3.4.1）。

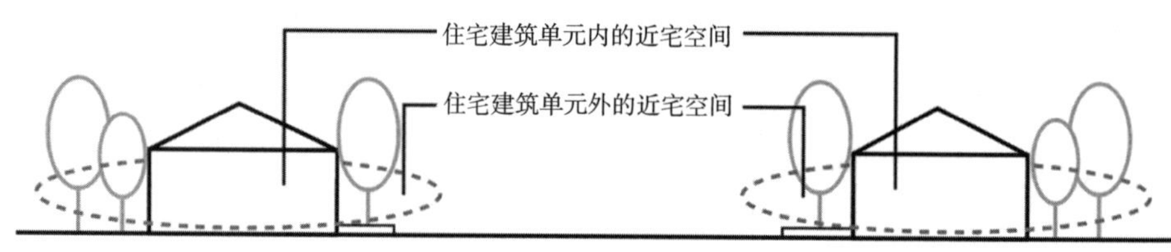

图 3.4.1　近宅空间范畴

传统村落近宅空间的限定要素、空间功能以及环境行为具有独特性。受传统乡村生产生活方式的影响，村民习惯在家门口驻留、交流、吃饭、洗衣等，一方面是具有交往性的活动和机会，另一方面是具有加工性的、生产性的农事活动，如供给自家食用的蔬果、牛羊养殖、农具停放、作物晾晒等，在这个过程中容易形成邻里交往、协作。村民将近宅空间作为自家领域范围内的一部分频繁使用，相互也形成空间建构的认同，因此近宅空间也存在"公—私"空间模糊性（表 3.4.4）。

近宅空间划分与空间特点　　**表 3.4.4**

空间划分类型	空间特点	图示
以实际用地范围为参考	1. 住宅建筑基底占地及其四周合理范围内的用地（包括宅间绿地、宅间小路等），一般以临近的道路街巷为划分界限 2. 与公共绿地、广场相接时，没有道路或其他界限，按住宅建筑前后以日照距离的 1/2 计算，住宅的两侧按 2—4m 计算 3. 与公共建筑相邻并无明显界限时，以建筑实际所占用地的界限为准，住宅建筑单元范围外的户外空间被看作近宅空间	宅前绿地 宅前小路 住宅用地范围

续表

空间划分类型	空间特点	图示
以公共活动设施或公共服务设施为参考	住宅单元外的一些物质设施，诸如信报箱、垃圾桶等，都有一定的服务半径，服务于该住宅单元内的居住者，其所属区域范围应当归在近宅空间中	宅前路灯 宅前树池 宅前垃圾桶
以心理上对领域感的认知范畴为参考	1. 人的心理感受来自感官，譬如目之所至，可能就是住户的心理领域范畴 2. 一阵芳香、一片宁静，都会成为空间范围的心理暗示；主观感受具有个体差异性，对领域的认知不同，故安全等级、干扰程度、界限领域等感知也会有偏差 3. 人们常对自己可以控制的范围产生领域感，如《环境心理学》中将宅前交通量的大小设为自变量，得出交通量越大，人们可控范围越小，领域感较弱的结论	A户村民心理领域范围 宅前树 路灯 住宅建筑单元A

（3）街巷空间

街巷空间不仅是连接村落内外、家户之间、生产与生活空间的交通空间，也是村落公共活动空间的主要构成部分。节点性和通达度是影响街巷空间环境行为的主要因素，节点性主要由邻近建筑功能属性和所处空间面积大小决定，通达度主要由该空间与整个村落道路系统关联以及在重要节点联系网中的作用而决定。

根据道路层级可划分为乡级道路、组团级道路、宅间街巷道路。关中地区目前乡级道路通常设置为双向两车道，道路宽度为5—8m，材质多为柏油路或混凝土；组团级道路是村内密度最大且使用率最高的道路，是村民和行人发生交往活动的主要场所，宽度一般为3—5m，多为石板路、混凝土地面；宅间街巷道路宽度约为1.2—2m，多以步行通行为主、空间较窄，两侧的宅前空间具有较强的领域性（表3.4.5）。

关中地区传统村落路径层级 表3.4.5

路径等级	基本特征	示例	图例
乡级道路	作为村落外部环境（如城市干道）的联系道路，通常为5—8m宽的双车道		

续表

路径等级	基本特征	示例	图例
组团级道路	联系组团级道路和宅间小路，以步行为主，必要时可供车辆通行，宽度约为3—5m，是村落内活动产生频率最高的道路		
宅间街巷道路	宅前通行道路，通常尺度较小，宽度约为1.2—2m，空间活动多样，领域性强，承载着村落资源的功能属性		

（4）广场空间

“广场是村民日常交往的重要场所，也是村内主要的公共空间，承载村落内部日常交流活动和公共活动。空间形态是在由功能形成的空间结构中产生，形态反映了空间的功能系统，支撑着空间的网络结构。”[1]

关中地区传统村落中的广场一般是基于公共建筑或重要道路交叉口而形成，如塔、亭、水井、祠堂、村委会、村口等，因此具有强烈的公共性和多功能性。在整个村落居住区域，广场空间相对较为开阔，空间形态的生成一种是先入为主的专门设计，如塔、庙等周边的活动空间；一种是无意识的“剩余空间”“占有空间”或“衍生空间”，如宽阔的十字路口、祠堂门前空间等（表3.4.6）。

节点空间类型及特征 **表3.4.6**

场地类型	鸟瞰图	空间特征	实例照片
村落内部中心活动广场		临近村落主要道路，连接村内中心活动广场空间，可达性强，形态规整，村内活动集聚中心，以人通行为主，有明显标志物	
村落周围的活动广场（停车场）		路径转折处扩展形成开敞的活动场所，通常空间尺度较大	

[1] 蔡永洁.城市广场·历史脉络·发展动力·空间品质[M].南京：东南大学出版社，2006.

续表

场地类型	鸟瞰图	空间特征	实例照片
村落边界的活动广场		路径交汇处，连接村落主要道路和特色景区，空间可达性强，形态规整，有明显标志物	

2. 日常交往空间的空间构成要素

村落中村民日常交往行为较为随机且形式多样，交往空间类型也极为丰富，因此，对乡村日常交往空间的分析需要建立在触媒理论的基础上，以环境行为特征为依据梳理发生交往行为的空间构成要素，主要从驻留、规避、参与三方面展开。

（1）保持驻留的交往空间，主要借助建筑而形成。通过构筑物搭建或借助环境设施，依托建筑界面和功能形成一种较为稳定的、明确的空间形式，其构成方式和要素一般有悬挑式空间、退台式空间等（图 3.4.2、图 3.4.3）。

（2）引导规避的交往空间，主要通过围栏而形成。通过篱笆、栅栏、围墙、绿篱等方式，限定空间范围并暗示活动区域（图 3.4.4）。

（3）承载参与的交往空间，主要起到容纳活动的基面作用。一般由铺面、植被、水系等空间构成。不同的铺装形式可形成不同的环境行为感受。乡村中植物类型、种植利用方式多，植物与不同空间的组合形成不同的空间效果。水系空间一般开放度较高、连续性较强，可供人们进行洗衣、休憩、观赏、纳凉等日常活动（图 3.4.5，表 3.4.7、表 3.4.8）。

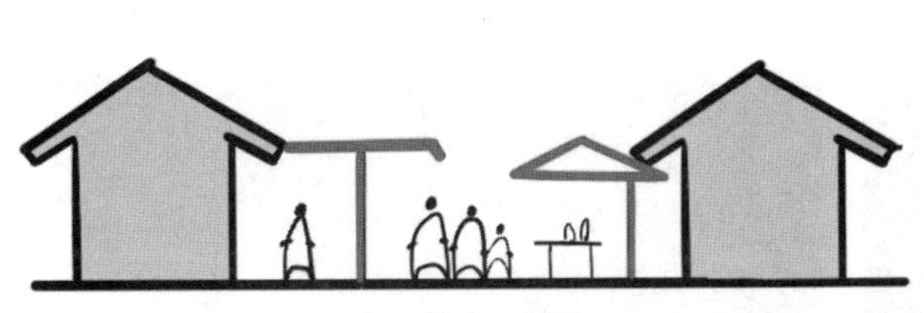
（a）悬挑式示意图

（b）实例

图 3.4.2　建筑边界悬挑式示意

（a）退台式示意图　　（b）实例

图 3.4.3　建筑边界退台式示意

（a）广告牌

（b）篱笆

（c）院墙

（d）木栅栏

图 3.4.4　常见构筑物边界

（a）人工水池

图 3.4.5　水系边界（一）

（b）泉水水渠

图 3.4.5　水系边界（二）

关中地区传统村落常见地面铺装形式　　表 3.4.7

铺装材质	图例	主要特征
混凝土		多为车行道的材质，如村落与外部连接主干道，以及村落内部主要道路，坚固、经济、实用
地砖		砖地面可以按照排布方式、呈现出多种不同的形状图案，在底界面有一定的装饰效果。此外，砖地面还可以通过不同的铺排方式，起到划分空间的作用
石板		石板的铺设方式多样，耐磨、防滑，但不易铺平，可带给人一种亲切、淳朴的空间感觉
木板		木板拼接的地面常见于平台、栈道、建筑入口等处，木色的铺装和拼接可与周围的自然环境相协调
鹅卵石		经过河流的冲刷、打磨之后形成的一种表面光滑的石头，铺装多用于人行小路或装饰性铺装，通常用来拼接其他铺装，视觉效果丰富
泥土		泥土是最原始的地面材质，与村落的整体风貌契合，缺点是遇水黏性高，易粘鞋

三种植被构成形式 **表 3.4.8**

构成形式	图例	特征
固有的植被		以树木群为主，夏天可以遮挡太阳，冬天可以挡风，是空间天然的绿色屏障，为人们营造一个安全、舒适的环境
统一规划种植的景观植被		丰富的乔木、灌木、草坪的植物搭配，具有美学价值，有空间功能分区、景观生态的功能
自发栽种的植被		常见于建筑立面或街道顶界面，边界的渗透性强，可以起到遮阴和分隔空间的效果，营造“微气候环境”

3. 村民日常环境行为类型及特征

（1）村民的环境行为类型

当前多数传统村落除了原本乡村属性外还具有遗产保护和旅游发展等多重属性，因此村民传统的生产生活方式也发生了一定程度的改变，其日常环境行为具有复杂性和多变性。环境行为特征表现为：因生产生活所发生的必要性活动，如早上去集市买菜、路口邻里闲聊、季节性农忙等；因传统节日的自发性活动和社会性活动，如春节闹社火、二月二拜神等；围绕商业活动或迎合旅游而形成的非必要活动，如家门口摊卖煎饼、野菜，以及具有展示性或商业表演性的活动。因此，其行为活动总体呈现多元混杂性特征（图 3.4.6）。

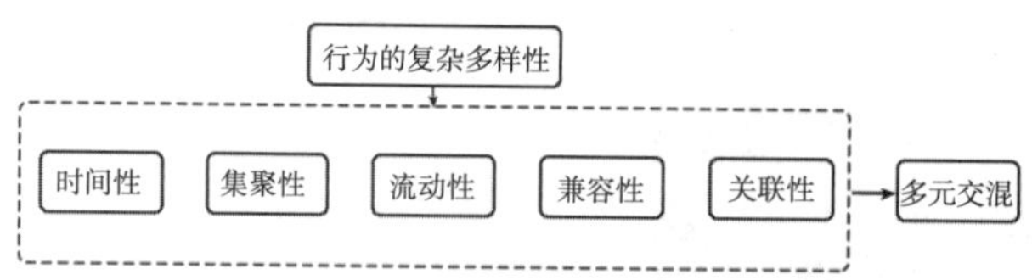

图 3.4.6 村民行为的复杂性

根据关中地区传统村落活动内容，将村民活动行为分为休闲型、商业型、文化型、行政型四类（表 3.4.9）。

村民的行为类型　　表 3.4.9

行为活动类型	活动属性	具体活动内容 / 活动设施	实景图片
休闲型活动	日常生活产生的社会关联性活动，集散活动、娱乐活动等	坐憩、玩手机、喝茶、聊天、下棋、驻足、游览、跳广场舞、玩玩具等	
商业型活动	村落发展需要的商业基础设施	商店、售卖摊位、移动座椅、茶馆等	
文化型活动	基于历史变迁、地域文化的传承在特定时间节点和场所展开的集体活动	民俗文化、节庆日汇演活动、书画展览、放映电影、戏曲表演等	
行政型活动	政府或村内的行政活动 、服务性活动	集体会议、教育、医疗、管理等服务性活动	

（2）村民日常行为活动的特征

村民的活动行为特点是客观的，虽然由于认知经验、个性差异等因素而呈现出差异性，但是他们的活动行为遵循着公共空间环境行为普遍的规则，并呈现出广泛的重叠和相似性。

①随机性

所谓“随机性”，就是指村民在村内的行为活动有时会是无目的、随机的。由于村落空间的开敞和开放性特征，村民的行为活动随时随地渗透在各类型空间中，行为目的是不确定的、可变的。

②从众性

从众性是指村民们的思维活动呈现出从众现象，表现在生活的各个方面。从众是人们精神活动的外部体现，对人的行为具有积极的影响。村民们会受村内其他群体的

行为活动、事件或规约的影响，在同一时空中随着相同行为的人数增多，他们的行为和心理也会发生变化，会更加注重与周围的人的互动以及更多的参与，这就是人们的“从众行为”（图 3.4.7）。

图 3.4.7　从众性观演行为

③稳定性

由于乡村社会血亲关系和长期居住于同一聚落，已经形成“熟人社会”，村民对村落内部及周围环境有较为清晰的认知，因此他们的作息、活动内容、行事态度和行为习惯都相对稳定。

④依靠性

日常交往中人们更愿意在有靠背的地方休息，更愿意在平台的边缘逗留，这是“边界效应”。村民往往会站或坐在空间的边缘、建筑的侧面，边界区域可供人们驻足停留，且更倾向于具有良好视野的柔性界面（图 3.4.8）。

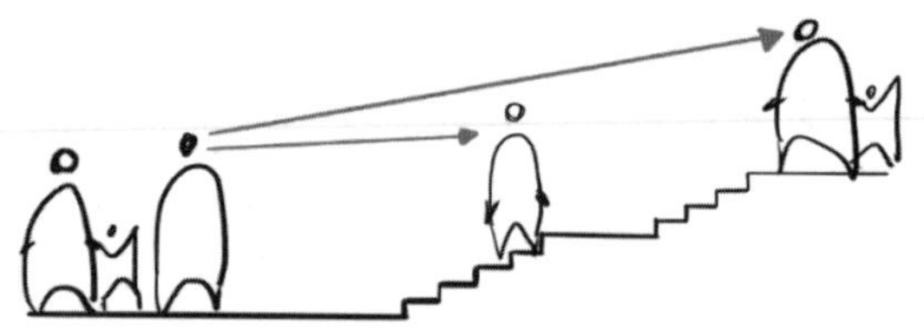

图 3.4.8　边界区域与人们的公共活动

⑤互动性

村民参与的各项活动基本都体现了行为的互动性特征。互动性活动大多出现在很容易被看到、很容易到达或者是正在发生的活动中，“看”与“被看”的行为也是经常发生的一种互动（图 3.4.9）。

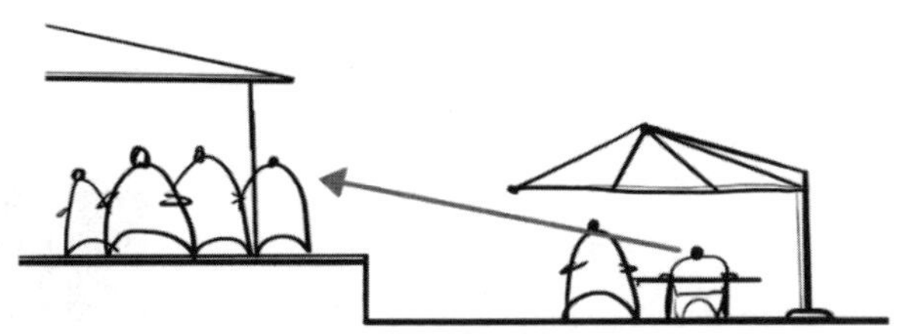

图 3.4.9　传统村落景观空间互动性示意图

3.4.2　民俗文化活动空间

1. 民俗文化活动空间类型与特征

民俗文化活动空间指村落中用于开展传统节日活动、庆典和仪式的场所，包括宗教场所、祭祀场地、庙会区域等。这些空间通常具有特定的意义，也是村民重要的社会交往场所。当前也承载着展示、传承和弘扬传统民俗文化的功能，吸引村民、游客和文化爱好者等前来体验和参与。

关中地区极具特色的木版年画、皮影、剪纸、饮食、社火、庙会、面花等一代代传承至今，仍然以生动形象的形式植根于村落的日常生活之中，通过村民的智慧在社会上广泛传播。根据村民行为活动特征将关中地区民俗活动空间分为祭祀性及表演性两类（表 3.4.10）。

关中地区民俗文化活动空间类型与基本特征　　表 3.4.10

民俗文化活动空间类型	代表空间	空间基本特征	空间图示
祭祀性空间	庙宇	纪念性建筑，形式独特 多为前庭后院结构 祭祀设施及宗教装饰丰富 文化象征性强烈 供奉先辈 祈福许愿	阿寿村药王庙
	宗祠	建筑形式符合当地民俗文化 以庭院为基本布局 多以家族为单位 祭祀重要先辈	西庄镇党家村：党族祖祠

续表

民俗文化活动空间类型	代表空间	空间基本特征	空间图示
表演性空间	戏楼（戏台）	空间开放 设置一定舞台设施 装饰及建筑风格符合当地文化	袁家村戏楼
	活动广场	开放的广场、院落或室内空间 面积较大，可容纳大量观众 活动布局及装饰具有临时性	鄠邑区蔡家坡村
	街巷空间	布局和建筑风格反映当地的历史文化特征	阿寿村跑鼓车

（1）祭祀性民俗文化活动空间

关中地区的传统村落中，祭祀性空间是家庭成员、宗族成员进行祭祀仪式和宗教活动的场所，与地区的历史、文化和宗教信仰密切相关，具有独特的景观特征。

祭祀空间多指宗祠、庙宇或其他具有祭祀功能的建筑物。其中宗祠是举行各种祭祀仪式的场所，包括祖先祭祀、宗族祭祀和传统节日祭祀等，宗族成员会在此集聚，进行祈福、献祭等活动，表达对神明和祖先的崇敬与敬意。祭祀活动常常在祭祀大殿或祭坛前的广场进行，庄重肃穆的氛围给人一种神圣感。庙宇则是另一种重要的宗教建筑，具有独特的空间特征和象征意义，它们常常是村落的精神中心和社区的凝聚力来源。除了宗教仪式和祭祀活动，庙宇还常表现为村落文化交流和社交活动的场所。庙会、戏曲、传统音乐演奏和舞蹈表演等活动常常在庙宇附近或庙宇内举行，吸引大量村民及游客（表 3.4.11）。

祭祀性空间类型与基本特点 **表 3.4.11**

祭祀性空间分类	空间特点	图示
庙宇	通常采用典型的中式寺庙建筑形式，具有庄严、雄伟的外观和精美的建筑细节。内部空间划分清晰，按照宗教仪式和祭祀需求进行组织。主殿是庙宇的核心建筑，内设祭坛和供奉神像，是祭祀活动和宗教仪式的中心场所。内外部装饰有精美的雕刻、彩绘和壁画等	合阳县灵泉村：三义庙

续表

祭祀性空间分类	空间特点	图示
宗祠	主要用来祭祖，也可以用来举办婚礼、丧葬、喜庆等民间活动。在古代，家族成员都会聚集在这里，讨论家族大事。通常为典型的中式宫殿式建筑，外观宏伟庄重、纹样装饰精美，彰显宗教和文化价值。布局一般以庭院为核心，围绕主殿、次殿和其他辅助建筑物进行组织，宗祠内部设有祭坛，通常位于主殿的中央	胡国公祠 秦琼墓
祈福亭	宗教属性强，古时百姓时常祈祷风调雨顺，国泰民安，常在初一和十五定期烧香朝拜，祈福平安，现在的祈福亭可以供游客祈福、烧香、写祝福、挂红绳等	袁家村祈福亭

关中地区传统村落存在一定数量且较为完整的祭祀性民俗文化活动空间，如周原村的大禹庙，在活动时有严谨详细的祭祀路线和仪式步骤。相较于其他传承方式来说，祭祀性民俗节庆活动更能体现村落内部的宗教礼制、家训等文化。在此类民俗节庆活动中，建筑空间承担了较强的公共性和集聚性作用（图 3.4.10）。

图 3.4.10　周原村大禹庙

（2）表演性民俗文化活动空间

传统村落中经常举办各种民俗文化节庆活动，如庙会、民俗展演、社火演艺、戏曲演出等，这些活动通常在特定的时间和场所举行，吸引着大量的村民和游客参与。这一类空间统称为演艺性民俗文化活动空间，主要分为戏楼（戏台）、村民活动广场、祠堂乃至街头巷尾等四种空间。

关中地区传统村落的民俗文化空间类型丰富多样，主要表现为民俗文化体验空间、民俗文化演艺空间、民俗文化展示空间、民俗文化互动空间四大类（表 3.4.12）。

表演性民俗文化活动空间类型 **表 3.4.12**

民俗文化空间类型	实拍照片	说明
民俗文化体验空间	王家茶馆	建筑内部与外部结合的娱乐空间，整体尺度较大，能容纳大量的行为活动，多在此喝茶、聊天、观看特色表演等
	观演空间	路径转折处扩展形成开敞的活动场所，界面的围合形成特有的节点空间形态，供观演、休憩以及体验当地的民俗文化之用
民俗文化展示空间		在路径扩展处设置特色民俗文化展示区，增加游览体验感，丰富视觉效果
民俗文化演艺空间		多为在小微边角空间中设置的传统农具，可通过人物的实时演绎还原民俗文化的生活场景，游览欣赏为主
民俗文化互动空间		在路径扩展处进行民俗文化演绎和展示，并形成互动模式，参与、体验、互动，融入村内的生活情景

在关中地区传统村落中，表演性民俗文化活动空间具体形式主要表现为：戏楼是常见的演艺性民俗文化活动中心，是举行传统戏曲、杂技表演等文艺活动的场所；广

场是村民集会、举办庆典活动和民俗文化表演的场所；村落街巷纵横交错，也是民俗文化表演和活动的重要场所，如巡游型演艺活动（表 3.4.13）。

表演性民俗文化活动空间形式　　表 3.4.13

表演性空间	空间特点	图示
戏楼	又名戏台，是旧时供唱戏、演习用的建筑，表演杂技戏曲等。一些戏场平台独立于村落，部分与庙宇或广场相连，一般位于村落中心广场或重要交汇处。建筑形式独特	渭南市合阳县黑池镇南社村
活动广场	通常位于村落交通中心，空间整体上开阔宽敞，周围环绕着村落公共建筑和商铺，为展示民俗文化、举办各种民俗文化活动提供了便利	渭南市澄城县尧头镇尧头村
街巷空间	关中地区的传统村落街巷纵横交错，民俗活动形式多样，饮食民俗文化丰富，社火种类繁多，如舞狮、舞龙踩高跷和扭秧歌等民俗表演通常在主街进行演艺	西安市鄠邑区蔡家坡村

2. 村民的民俗文化行为活动类型及特征

根据活动的性质和持续时间划分，民俗文化活动分为固定式和临时式两大类。其中固定式的民俗文化活动，指的是在村落中定期举行的、具有一定规模和持续时间的民俗文化活动。这些活动通常是村落的传统节庆或重要仪式，如春节、端午节、中秋节等。这种定期举行的特殊属性对村落景观空间产生了一定的需求，其规律性的特点要求公共空间能够支持和容纳民俗文化活动的定期上演，所以场所需要保证相对固定性。相关的活动场所和设施通常是长期存在的，如庙宇、宗祠、戏台等都有固定的功能和形式，为村民提供了参与和体验传统文化的机会。

而临时式的民俗文化活动则指的是在特定的时间或场合下临时组织的民俗文化活动，可能是一次庆典、表演、游行等，如村落的集市活动、婚礼仪式、庆祝活动等，通常在特定的日期或特殊的社会事件发生时举行，持续时间较短。相关的活动场所和设施可能是临时性的搭建，如临时的摊位、舞台、装饰等。

民俗节庆活动虽然具备一定的规律和稳定属性，但大多民俗节庆活动的时间仅仅为一年中的某几天或者几个月，使用频率较低（表 3.4.14）。

民俗文化类型　　表 3.4.14

民俗文化类型	具体活动	特征	图示
固定式	祭祀性民俗文化活动 传统节庆 重要仪式	通常是村落的传统节庆或重要仪式，具有一定规模和持续时间，相关活动场所长期存在	“二月二”古庙会敲锣打鼓送花馍
临时式	表演性民俗文化活动 社火 集市活动 抛绣球、迎亲、拜堂民俗活动	临时组织的民俗文化活动，持续时间较短，根据具体需求进行布置和搭建	社火巡演

民俗节庆活动往往都是围绕特定时间的特定主题展开，如某些祭祀活动、庙会活动会围绕区域的某个建筑物开展活动；巡游活动则多顺着村落的主干街巷开展，售卖活动通常散落于村落空间的各个角落之中，场所的不固定性强，功能弹性强。根据调研，可以将关中地区的民俗文化行为活动类型主要分为线路巡游类、聚众表演类、舞台观演类、演示售卖类和聚集互动类等五类，村民在各类型活动中的行为也各具特点（表 3.4.15）。

民俗文化行为活动类型及特征　　表 3.4.15

民俗文化行为活动类型	主要行为活动	活动特征	图示
线路巡游类	秧歌游行 踩高跷 庙会活动	运动轨迹呈线性，表演者沿路线巡游，观者处于两侧。灵活性较强，对场地无特别的要求	线路巡游模式图
聚众表演类	扭秧歌 舞狮舞龙 秦腔 锣鼓 广场舞	观演场所固定，表演者位于场地中心，观演者处于四周，互动性强	聚众表演模式图
舞台观演类	露天电影 杂耍 曲艺 皮影 舞台表演等	由戏曲文化演变而来，具有固定活动场所，如戏台、广场等，观众与观演者界限清晰明确，戏台为活动视线聚焦处	舞台观演模式图

续表

民俗文化行为活动类型	主要行为活动	活动特征	图示
演示售卖类	泥塑 剪纸 捏面人 吹糖人等	以售卖者为表演中心，增加互动性，吸引人群聚集，对场地要求不高，移动性强	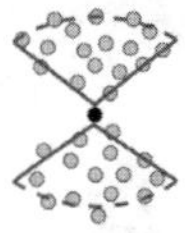 演示售卖模式图
聚集互动类	市集 庙会 祭祀	观众参与度高，观演行为和表演行为同时存在，观众选择灵活性和自由度提高，需大面积广场空间承载活动	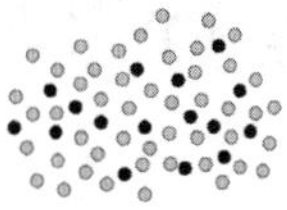 聚集互动模式图

第4章 游客行为与乡村景观空间关联分析

4.1 “空间—行为”理论及方法

4.1.1 游荡者理论

法语“Flâneurs”一词被译为“游荡者、散步者、闲逛者”，学者们用其代指某个特定的个体，如作家、诗人、知识分子、流浪者等人，他们可以从自身视角观察人们的行为特点并对社会、生活等方面进行多视角的探索和思考。瓦尔特·本雅明的《拱廊街计划》将其视为一个研究的方法。随着科研的不断深入，“游荡者”被学者视为“城市空间的观察者”，其实质是通过普通民众的视角来探索城市的建成环境：城市中不同身份的人群漫不经心地打量着周围的事物，是“现代性所造成的都市生活与空间变迁的学子”，是一个快步而又功利的现代社会的独特影像。因为“游荡者”群体没有阶层性，所以它被一些城市研究人员当作一种独特的标识，可以标记人们在都市中漫步、探寻的对象，同时也可以成为研究的对象，是探索一种体现人与自然关系的独特方式，以平民化视角阐释个体所处的环境和社会的感受与现状。

大数据时代为“游荡者”提供了从物理环境进入网络环境、融入公众舆论，使他们的“平民化”特征得到充分发挥的机会[1]。“游荡”是以步行为基础的，是以观察为起点的，“行”是一种动态性的时空连接方式，“观”是一种与城市、建筑更深层次的情感沟通，而“游荡者”则是观察和被观察的对象。已有的“游荡者”理论主要应用于城市空间，而本书将以此理论为切入点，为传统村落景观提供一种平民化、人性化的基础研究。

[1] 张若诗，庄惟敏．“游荡者”：基于平民视角的建成环境研究载体 [J]. 建筑学报，2016（12）：98-102.

4.1.2 活动分析法

广义的活动分析法是指通过居民日常活动规律探讨研究人类空间行为及其所处环境的一种研究视角。活动分析方法的目的是研究人们如何使用城市的不同区域，如何应对环境选择，如何安排活动并分配相应的时间，如何将这些与环境变化相关的法律和机制联系起来等，从而更好地评估改变城市环境的一些政策和措施[1]。本研究采用时间地理学的活动分析法对关中地区传统村落的游客“空间—行为”进行调查研究。

日志调查是时间地理学的活动分析法收集数据的主要形式，即通过日志调查收集一段时间内正在进行的活动和居民的出行信息，内容包括活动地点、活动时间、活动同伴、出行距离、出行方式与出行时间等。本书将通过活动分析法展开对关中地区传统村落的研究调查（表 4.1.1），尽可能搜集整理并深入分析各村落的“空间—行为”关系。

日志调查内容 **表 4.1.1**

调查类型	调查内容	具体内容
日志调查	时间	开始时间、结束时间、持续时间
	行为活动类型级特征	生存性活动（睡眠、用餐、个人护理等） 家庭活动（家务事、消费、照顾老人 / 小孩等） 日常活动（休闲娱乐、社交互动、运动健身等） 邻里集体活动（行政会议、节庆娱乐等） 民俗文化活动（节庆、祭祀等）
	行为活动空间	关中地区各传统村落的公共空间、院落空间、小品空间等
	活动人群	视具体情况记录
其他调查	人口社会学信息	性别、年龄、家庭结构、工作等
	居住信息	村名、村史、村落环境现状等

4.1.3 空间句法

空间句法研究的是空间拓扑关系，即在任意空间系统中从一个空间点到达另一空间点的拓扑模型。拓扑模型可以展现空间的选择度、空间深度、整合度等，由此对空间进行多种角度分析。20 世纪 70 年代西方学者比尔·希列尔首次提出了空间句法理论[2]，主要用来研究空间形态与个体行为之间的关联性，是通过一种科学的、客观的、可视化的定量分析研究方法展开空间组合关系的研究，具体将空间解构成“点与线”

[1] 柴彦威 . 空间行为与行为空间 [M]. 南京：东南大学出版社，2014.
[2] Hillier B. The golden age for cities：How we design cities is how we understand them.Urban Desian.2006.10：16-19.

构成的拓扑结构，将建筑或其他空间要素视为点，将与空间要素相连的路径形成线，通过对点线组成的拓扑结构量化分析找寻各元素的空间特质和空间组成关系。

通过空间句法量化传统村落的空间形态特征，对传统村落空间格局进行分析，首先需要获取村落不同年份的卫星地图并进行处理，运用 AuTo CAD 软件绘制研究范围内的道路网，基于空间句法轴线图的绘制方法，处理道路网线得出村落的轴线模型，导入空间句法软件（Depthmap），转换成 Axial Map，依据研究对象的尺度大小划分出合理的拓扑半径，对传统村落历史演变的整合度、选择度等进行量化分析，并对其参数进行解读，得出具体的空间形态特征，在此基础上解读村落的空间格局演变过程及人的行为和村落空间的关系。

4.2 关中地区传统村落游客空间—行为

4.2.1 游客空间—行为基本特征

游客空间—行为的概念可以从广义与狭义两方面理解：广义的游客行为即游客从出发地到目的地的全过程空间行为，而狭义的游客行为聚焦于游客在旅行地发生的一系列行为。在旅行目的地这一阶段是游客外出旅游的实质阶段，同时也是游客的旅游空间行为表现最为充分的阶段。因此这里主要阐述狭义视角下作为游客目的地的关中地区传统村落空间中发生的游客空间—行为类型及整体特征。

旅游资源会激发游客的行为动机，不同旅游资源形成不同空间类型，引导游客相应的行为发生，因此，关中地区传统村落游客行为类型可以依据旅游核心资源划分为建筑审美观赏类、自然风光审美观赏类、民俗文化体验类、特色地方小吃类和工艺产业文化类（表 4.2.1）。

关中地区传统村落游客行为类型划分 表 4.2.1

旅游资源	空间	行为类型	具体行为	代表村落
以建筑遗产审美观赏为旅游资源	传统民居	非逗留行为	游览民居	柏社村、等驾坡村、党家村、清水村、灵泉村
	传统民居、街巷、广场	逗留行为	餐饮、民宿、购物、打卡拍照	
以自然风光审美观赏为旅游资源	街巷	非逗留行为	观赏风景、徒步、骑行	老县城村、石船沟村
	野外空间	逗留行为	篝火、露营、野餐、打卡拍照	
以民俗文化体验为旅游资源	广场	非逗留行为	观赏秋千	南社村、司家村
	公园	逗留行为	秋千竞技、竞技观赏、秋千娱乐、秋千休闲、打卡拍照	

续表

旅游资源	空间	行为类型	具体行为	代表村落
以民俗文化体验为旅游资源	街巷、广场	非逗留行为	观赏环境	孙塬村、灵泉村、党家村、南长益村
	寺庙节点空间	逗留行为	祈福仪式、祭拜仪式、购物	
以特色地方小吃为旅游资源	街巷	非逗留行为	逛街	袁家村
	街巷、广场	逗留行为	餐饮、观看演出、民宿、购物、游乐项目、打卡拍照	
以工艺产业文化为旅游资源	街巷	非逗留行为	观赏陶瓷制品、参观产业遗迹	立地坡村、尧头村
	室内空间	逗留行为	陶瓷制作体验、购物、打卡拍照	

基于不同旅游资源对行为类型的影响程度，对关中地区 16 个传统村落进行分析，以 0 ~ 10 分为评价指标，数值越大表明该村落内此项旅游资源越丰富，数值越小表明该村落此项旅游资源越匮乏，数值为 0 表明该村落完全不具备此项旅游资源。由此可以直观地看出在旅游资源视角下，不同村落的旅游属性及关中地区传统村落游客行为的整体特征（表 4.2.2）。

不同村落的旅游属性及关中地区传统村落游客行为的整体特征　　表 4.2.2

旅游资源 / 村落	以建筑遗产的审美观赏为旅游核心资源	以自然风光的审美观赏为旅游核心资源	以民俗文化体验为旅游核心资源	以特色地方小吃为旅游核心资源	以工艺产业文化为旅游核心资源
孙塬村	2	1	7	0	0
党家村	10	2	5	4	0
尧头村	6	6	2	2	10
莲湖村	4	3	1	0	0
灵泉村	6.5	5	6	0	0
袁家村	4.5	3	8	10	0
柏社村	9	8	1	4	0
等驾坡村	8	4	1	1	0
万家城村	4	2	1	0	0
清水村	5	2	1	0	0
南长益村	4	1	5	0	0
石船沟村	3	9.5	1	3	0
老县城村	2	9.5	1	3	0
立地坡村	2	5.5	1	0	9
南社村	0	0	10	0	0
司家村	2	0	1	0	0

由表 4.2.2 可以看出，关中地区传统村落旅游资源建筑遗产和自然风光旅游资源较为丰富，民俗文化体验与地方特色小吃的资源相对较少，工业产业文化资源较为稀缺。

1. 建筑遗产体验型村落游客行为特征

以建筑审美观赏为核心旅游资源的传统村落，游客行为以游览和观赏民居的非逗留行为为主，以餐饮、住宿、购物和打卡拍照等逗留行为为辅（图 4.2.1）。例如，党家村的古建筑群在 2001 年被列为国家重点文物保护单位，至今保留着清代所建的 123 所合院民居和文星阁、节孝碑、党家祠堂等公共建筑，均具有较高的文化遗产价值，其乡村旅游的开发仅是对原有建筑进行空间利用，满足乡村旅游的部分需求 [1]，游客行为主要发生在街巷狭长的青砖小路上与传统民居院落中，由于物质空间上具备可观赏性区域范围较大、游线较长以及历史文化遗存十分丰富，因此游客行为主要以“游览”和“游逛”为主，以建筑遗产空间为核心呈现出动态、变化与连续的特征。

与此类似的还有三原县的柏社村，构成村落的主体建筑地坑窑是人类居住建筑的活标本，蕴含着丰富的乡土文化元素，作为吸引游客的建筑遗产空间。柏社村中的游客以地坑窑作为游览线路上的目标与节点，游览过程将大大小小的民居建筑串联起来。与党家村地上建筑不同，柏社村的建筑均位于地下，游客在游览过程中需要寻找地坑窑位置，然后从上向下俯瞰院落样貌，再寻找建筑入口沿甬道进入院落内部游览，这样的游览方式丰富了游客的视觉与感知体验（图 4.2.2）。

图 4.2.1　以建筑遗产审美观赏型传统村落游客行为

[1]　陈聪，王军. 关中地区传统村落乡村旅游空间比较研究：以袁家村、党家村为例 [J]. 现代城市研究，2023（2）：121-126.

图 4.2.2　柏社村游客游览行为路径示意图

2. 自然风光的审美观赏型村落游客行为特征

以自然风光观赏为核心旅游资源的传统村落，游客行为以观赏风景、徒步和骑行等非逗留行为为主，以篝火、露营和野餐等逗留行为为辅（图 4.2.3）。例如老县城村，位于多个国家级自然保护区围合的重要区域，其自然环境形成村落独特的山水田园景观，具有很高的自然风光观赏价值。游客前往这类传统村落旅行的目的往往在于欣赏风景，感受自然，由于自然性质的空间具备空间范围极大、不设置边界与节点等特点，游客各类行为总的来说具有一定的无目的性和探索性。

图 4.2.3　自然风光的审美观赏型传统村落游客行为现状图

3. 民俗文化体验型村落游客行为特征

以民俗文化体验为核心旅游资源的传统村落，游客行为以村落特有民俗文化而形成的独特行为活动方式为主。以南社村为例，秋千作为体育文化的载体因其具有娱乐趣味性，成为吸引游客的民俗文化资源，包括竞技类、娱乐类、休闲类和生活类等种类丰富的秋千活动成为南社村的旅游亮点。由于秋千活动有特定的运动轨迹与运动模式，游客行为活动围绕不同类型的秋千体育活动空间展开，游客行为以“运动体验”与“观看表演”为主，以秋千设置的点位空间为核心呈现出相对静态、固定的行为特征。

关中地区的民俗文化丰富多样，作为“药王”孙思邈出生、成长乃至逝世后埋葬的故里孙塬村，至今仍保留着药王幼读遗址、药王墓等历史遗址，当地居民作为药王后人，千百年来一直习惯于每年二月二共同参与公祭药王的民俗祭祀典礼，这也因此成为当地传统民俗文化的重要组成部分。相比于南社村的秋千运动体验，孙塬村的游客行为以“游览”“祭拜”为主，以药王文化遗址形成的节点空间为核心呈现出有目的地、动态、持续的行为特征（图 4.2.4）。

图 4.2.4　民俗文化体验型传统村落游客行为现状图

4. 特色地方小吃型村落游客行为特征

以特色地方小吃为核心旅游资源的传统村落，游客行为以餐饮、观看演出、民宿、购物、游乐项目、打卡拍照和逛街等逗留行为共同组成。被誉为“中国最具人气的乡村旅游胜地”的礼泉县袁家村是关中地区典型的以特色地方小吃为核心资源的传统村落之一。袁家村的游客行为主要发生在街巷与小型广场节点空间中，利用丰富多样的关中特色餐饮，街巷空间中的各空间要素促使游客产生与“吃”相关联的行为活动。街巷中游客的行为活动均与饮食相关，游客会在门店观望、逗留、排队、堂食等，游客会对空间要素产生瞬时或一段时间内持续性的兴趣，游客的行为反应发生变化，其路径会随着变化。将饮食类民俗文化视为互动媒介，村民换上特色服装后化身饮食文化的动态推销方，游客作为空间情景的体验者，空间的物质形态要素和非物质形态要素同时促进游客产生与之相关的行为活动，故游客行为与空间呈强关联性。袁家村内结伴游客占比大，故游客的停驻行为点多；当沿街出现构筑物时，游客产生观察、拍照、评价、结伴逗留等围绕构筑物产生的与“游”相关的行为，随之在空间中聚集产生停驻行为（图 4.2.5）。

5. 工艺产业文化型村落游客行为特征

以工艺产业文化为核心旅游资源的传统村落，游客行为由观赏陶瓷制品、参观产业遗迹等非逗留行为和陶瓷制作体验、购物、打卡拍照等逗留行为共同组成（图 4.2.6）。渭南市澄城县尧头村作为一个千年陶瓷古村，村内遗留了大量陶瓷烧制窑洞遗址，承载着深厚的陶瓷文化，有极高的历史文化价值。因工艺文化本身具有的科教与体验等功能，成为传统村落旅游行为类型的特殊存在。工艺产业型村落的游客偏好窑炉、作坊、祠堂等能够充分体现尧头村手工业特色的空间，游客行为以游览、体验和休憩餐饮为主，但目前关中地区这类村落对于传统手工艺的利用和开发还不足，目前村落的建设仅使大部分游客得到了走马观花式的印象，传统手工业相关的文化体验场所不足，因此当前游客行为呈现出动态性、观赏性和停留时间较短的特征。

袁家村

图 4.2.5　特色地方小吃型传统村落游客行为

尧头村

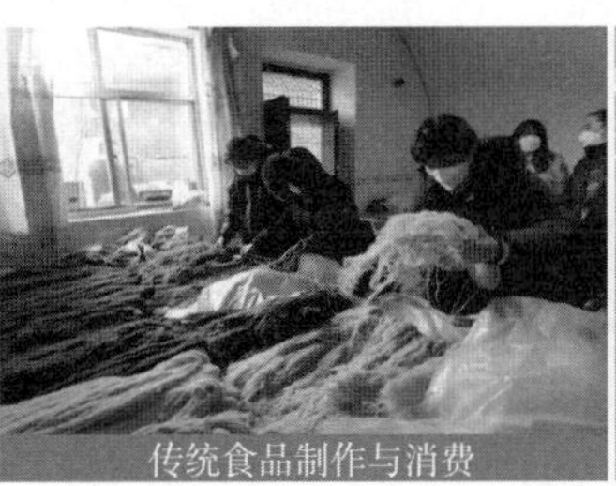

图 4.2.6　工艺产业文化型传统村落游客行为

4.2.2 游客空间—行为的影响因素

关中地区传统村落物质空间与其场所精神共同作用于游客的行为选择。物质空间对游客行为的影响表现为两个层面：宏观层面的空间结构对游客游览路线的影响，微观层面各类不同场景空间对游客在该空间内行为的影响。场所精神作用于游客行为选择的因素主要是传统村落民俗节庆和人流量热度等因素。

1. 空间结构与游客游览线路

传统村落的空间结构是多种要素长期作用下的产物，其中包括地域环境、社会和文化等方面的影响。这种空间结构蕴含着悠久的历史和丰富的文化信息，是塑造游客体验首先需要考虑的系统性要素。在宏观层面，传统村落的整体空间结构和布局构成游客行为的基础。在进行旅游活动时，一个完善、合理且吸引人的游览线路将提升游客的旅游体验品质。清晰而明确的空间结构层次有助于增强游客对空间的认知，使他们在游览过程中能够明确自己所处的位置，进而带来心理上的安全感。这进一步提高了空间的可达性和可识别性。

游览线路通常是指游客在旅游过程中的运动轨迹，包括规划者有意设置的线路和无规划下游客根据自己的偏好选择形成的线路。传统村落的空间结构影响游览线路的规划与形成，游览线路也反映了空间结构中的特点。关中地区传统村落游览线路可以划分为自由式游览线路、节点式游览线路两大类，节点式游览线路又可以分为分散节点式和密集节点式（表 4.2.3）。

关中地区传统村落游览线路结构特征分类示意图　　表 4.2.3

游览线路类型	空间结构示意图	结构特征	代表村落与游览线路图
自由式游览线路		结构特征：结构分散性较强，呈现为无固定的自由结构 游客游览特征：游客对于游览线路的选择具有随机性、自主性、偏好性	陕西省铜川市立地坡村 陕西省渭南市尧头村

续表

<table>
<tr><th>游览线路类型</th><th>空间结构示意图</th><th>结构特征</th><th>代表村落与游览线路图</th></tr>
<tr><td rowspan="2">节点式游览线路</td><td> 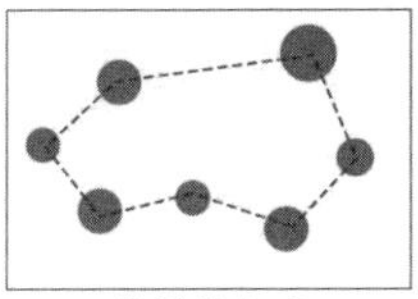分散节点式</td><td>结构特征：由分散的节点串联起来的环状或分支状结构
游客游览特征：游客的游览路线具有目的性、确定性</td><td> 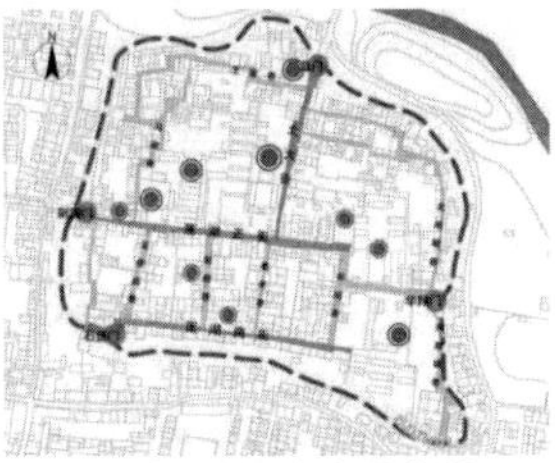陕西省渭南市莲湖村 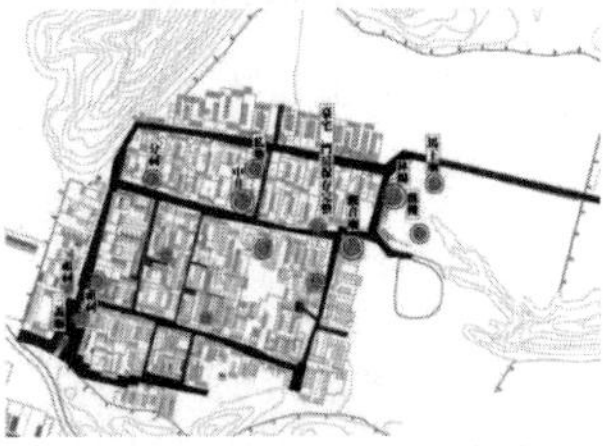
陕西省渭南市合阳县灵泉村 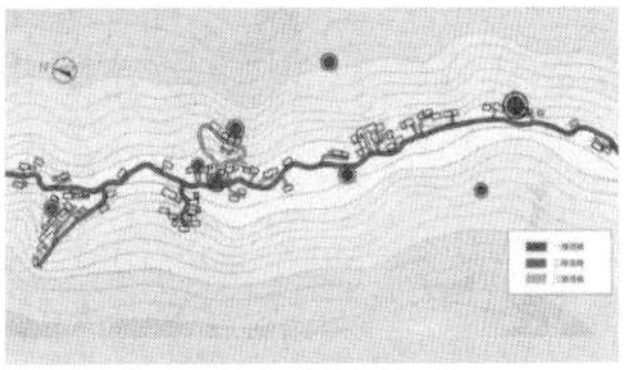
陕西省商洛市柞水县石船沟村</td></tr>
<tr><td> 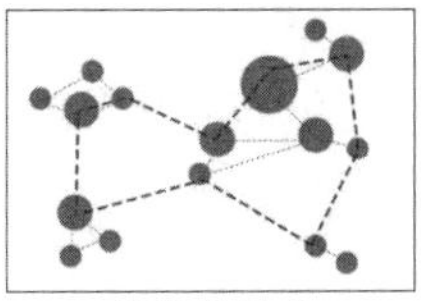密集节点式</td><td>结构特征：密集型环状或分支结构
游客游览特征：游客游览路线具有目的性与随机性特征</td><td> 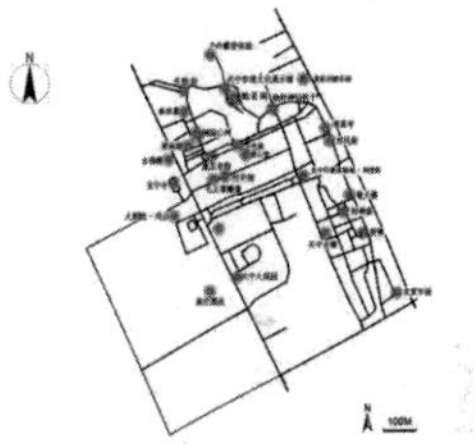陕西省咸阳市礼泉县袁家村 
陕西省韩城市西庄镇党家村 
陕西省咸阳市三原县柏社村</td></tr>
</table>

（1）自由式游览线路

自由式游览线路是指旅游地不刻意强调、不具体引导而由游客根据主观意愿而形成的行为活动路径，其具有不确定性特征，体现了游客游览行为的随机性和兴趣度等。从表 4.2.3 中可以看出，在关中地区，这类游览线路通常出现在以工艺产业文化为核心旅游资源的村落，例如立地坡村、尧头村，传统工艺产业点作为明确的游客兴趣点分散于村落中，完全根据游客偏好及场地特征形成交通关系网络。

（2）节点式游览线路

节点式游览线路指节点（景点）单元内部的游览流线，乡村聚落中一般包含多个单元，因而根据节点在村落中的分布状态和密集程度，形成分散节点和密集节点结构组织，节点组织类型是促成游览线路生成与运行的重要条件。

①分散节点式

分散节点式游览线路的层次较为明确，节点之间的连线一般为村落主干道，也承载了基本的通行作用，而游客的环境行为更多发生在节点内部。如莲湖村，村落中分散着文庙、武庙等多处历史遗产建筑院落，游客的游览活动主要在院落内进行，在村落中仅是基本通行与目标寻找。

②密集节点式

密集节点式游览线路是指因景观节点之间距离短、密度高而呈现出较为紧密组织的交通线路。游客游览过程较为集中，其认知地图中一般不会将每个景观节点作为独立对象。如袁家村、党家村，村落空间组织紧密，景点分布较为集中，因此游客的体验感受较为完整、连续。

2. 游客兴趣点与场景空间

游客兴趣点和场景空间是在视觉、听觉、嗅觉、触觉等感官方面以及吃、喝、玩、赏等认知体验方面产生积极反应的结果。游客兴趣点是指游客行为与环境空间关联性强的地方，主要表现为村落范围内引起游客兴趣和集中关注的景象、景物或事件。通过对游客兴趣点长时段的监测可以为旅游资源及竞争力的判断提供依据，不仅能体现景点分布与村落空间的结构关联，还能提供各景点的活动强度、使用频率和作用关系等量化信息。场景空间是游客兴趣点的外化或结果呈现，同时也是旅游规划中促成游客兴趣点的方法措施。

关中地区传统村落中场景空间可划分为五种类型（表 4.2.4）：一是拍照留念—静态展示型场景，游客行为以游览、观赏、拍照为主，这类空间围绕游客在旅游过程中的“打卡留念”兴趣与目标，营造以静态观赏为主的空间，常见场景组成有特色建筑、壁画、摆设物件、特色装置等。二是民俗文化—动态展示型场景，游客行为以听戏赏曲、观看表演、庙会为主，这类空间围绕游客对于民俗文化表演的兴趣，营造动态观赏类的空间场景，游客表现出驻足、欣赏、参与、体验、神游等需要一定时段的环境行为。三是民俗文化—动态体验型场景，游客行为以体验制瓷、马拉车、剪纸等民俗文化活动为主，这类空间和具体内容提供给游客近尺度、深互动的机会，使环境行为充分融入场景并形成一种新景象。四是休闲娱乐—静态体验型场景，游客行为以休憩、打牌、聊天、喝茶等休闲行为为主，通常成为旅游空间人群聚集度最高的区域，这类空间的设置是为了满足游客旅游过程中必要的休憩需求，空间中一般设置桌椅、遮阳伞等休憩设施或商业零售店铺。五是特色美食—沉浸体验型场景，游客行为以边走边吃、停留就餐为主，这类空间围绕游客对于美食的兴趣，沿街设置各类特色小吃。

关中旅游型乡村场景空间类型划分 表 4.2.4

场景空间类型	游客行为	空间实景
拍照留念—静态展示型场景	游览、观赏、拍照、打卡	  打卡拍照
民俗文化—动态展示型场景	观看表演、听戏赏曲、庙会	 秦腔表演
民俗文化—动态体验型场景	体验制瓷、体验马拉车、剪纸	 体验马拉车

续表

场景空间类型	游客行为	空间实景
休闲娱乐—静态体验型场景	休憩、打牌、聊天、喝茶、采耳、按摩、娱乐	打牌、喝茶、聊天 采耳 休憩 按摩
特色美食—沉浸体验型场景	边走边吃、停留就餐	边走边吃

3. 传统民俗节庆活动空间

传统民俗节庆空间是传统村落中重要的文化活动场所，其承载了集体活动、文化传承、社会交往等功能，活动空间选址一般在村落结构中重要位置或重要建筑前，具有时节性特征。传统村落中较为普遍的民俗节庆活动，一般包括社火、祭神、庙会、庆收等，不同类型的民俗节庆活动，其活动方式、规模、程序等也不同，因而所发生的空间类型和环境行为也不同，如广场、街巷、祠庙、戏台等（表 4.2.5）。

关中地区传统村落民俗节庆活动空间　　表 4.2.5

民俗节庆活动类型	具体民俗节庆活动	空间类型	代表村落	节庆活动示意图
祭祀性民俗节庆活动	祈福、祭祀活动、庙会活动	祠堂、庙宇、街巷、广场	孙塬村、灵泉村、党家村	 孙塬村公祭药王孙思邈  袁家村大庙会
演艺性民俗节庆活动	社火表演：游行、摇杆、芯子、抬高、打犟驴、锣鼓、耍后台	街巷、广场	莲湖村、周原村、灵泉村	 富平社火跑旱船  富平东庄神楼  大荔摇杆表演
	锣鼓表演：行鼓、围鼓、阵鼓等	街巷、广场	袁家村	 锣鼓表演
说唱性民俗节庆活动	戏曲表演	戏场	清水村、袁家村、孙塬村、灵泉村	 清水村戏台

续表

民俗节庆活动类型	具体民俗节庆活动	空间类型	代表村落	节庆活动示意图
说唱性民俗节庆活动	戏曲表演	戏场	清水村、袁家村、孙塬村、灵泉村	袁家村皮影戏 袁家村秦腔班子

关中地区传统民俗节庆活动可以划分为祭祀性民俗节庆活动、演艺性民俗节庆活动和说唱性民俗节庆活动三类。祭祀性民俗节庆活动包括祈福、祭祖与大型庙会活动，前两项活动主要发生在宗祠与寺庙当中，后者一般在村落广场或街巷中进行；演艺性的民俗节庆活动可分为两类，即社火表演和锣鼓表演，这两类表演又有固定地点式和游走式。如灵泉村游走式社火表演活动，游行队伍会从老村的西城门出发，依次经过三义庙（戏楼）、观音庙、党氏祖祠、南祠堂等公共建筑或重要节点（图 4.2.7）。而莲湖村是从荆踞门出发，沿着正街行进至华翔门，通过连接重要遗产建筑的主街道形成一条线性游走表演空间（图 4.2.8）。

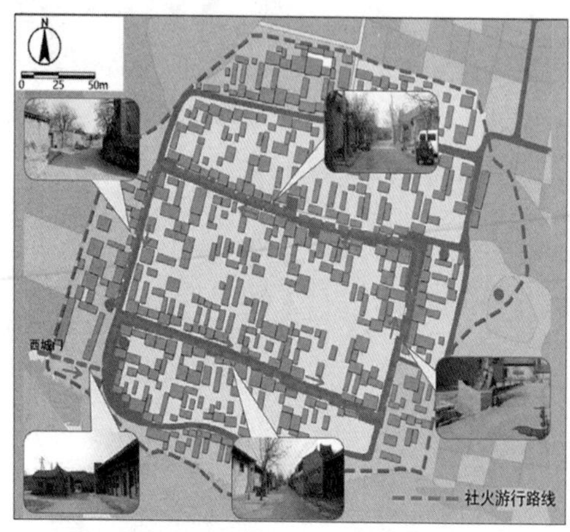

图 4.2.7　灵泉村社火表演巡游路线

图 4.2.8　莲湖村社火表演巡游路线

4.2.3 游客空间行为模式

1. 以游客兴趣点为驱动的行为模式（主动）

关中地区的传统村落作为乡村旅游的重要资源，涵盖了建筑遗产审美观赏、自然风光欣赏、民俗文化体验、特色地方小吃和工艺产业文化等五大类。这些资源在旅游业兴起后作为不同的兴趣点成为吸引游客开展旅游活动的决定性因素。

旅游者行为模式，理论上可分为单一型和复合型模式。单一型模式指旅游者选择参观单一兴趣点的传统村落，例如立地坡村和尧头村都是以工艺产业文化作为游客的兴趣点。然而，随着乡村振兴和旅游业的快速发展，越来越多的村落呈现复合型模式。复合型模式指旅游者参观的传统村落类型涵盖两种或两种以上的特色。以袁家村为例，游客可以欣赏到特色小吃、体验民俗文化、欣赏与了解传统建筑文化，并享受与旅游相配套的娱乐和住宿设施等。

表 4.2.6 展示了关中地区传统村落游客空间行为的单一模式，游客兴趣点的吸引模式在空间中呈现出方向聚焦单一和发散多向两种类型，游客兴趣点的聚集结构呈现出以下特征：兴趣点的同质化程度越高，聚集结构越分散，集聚程度越低；兴趣点的同质化程度越低，聚集结构越紧密，聚集程度越高。比如党家村以民居建筑作为游客的兴趣点，因关中民居建筑从结构与形式上均呈现出同质化较高的现象，因此党家村中游

关中地区传统村落游客空间行为模式　　表 4.2.6

游客兴趣点类型	兴趣点吸引模式	兴趣点聚集结构	游客停留时间模式
以建筑遗产审美观赏为兴趣点	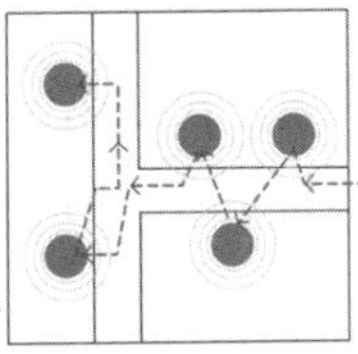	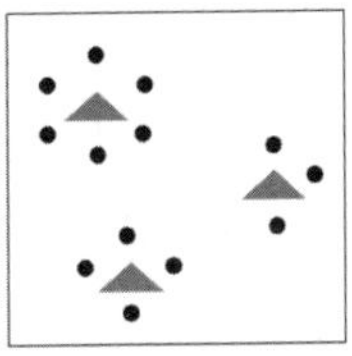	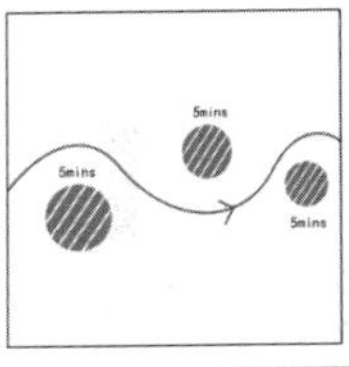 5mins 5mins 5mins
以自然风光审美观赏为兴趣点	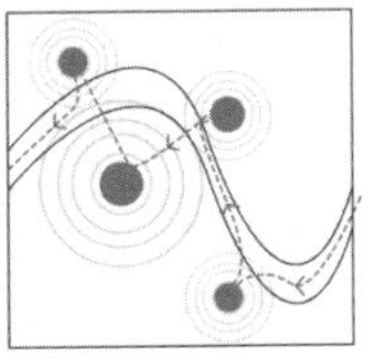	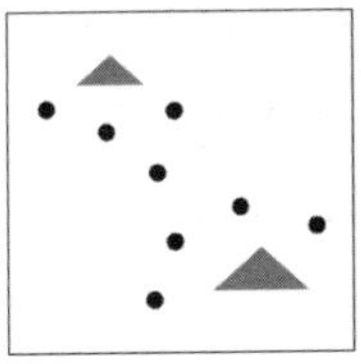	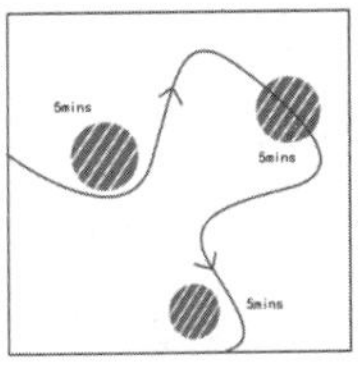 5mins 5mins 5mins
以民俗文化体验为兴趣点	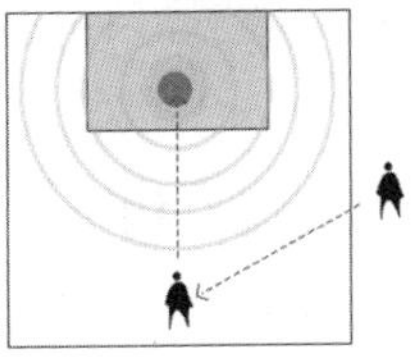	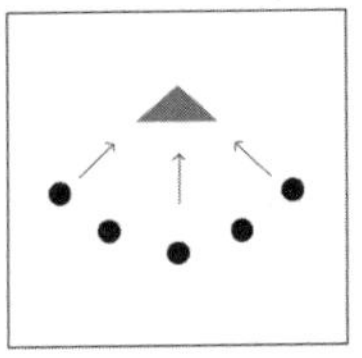	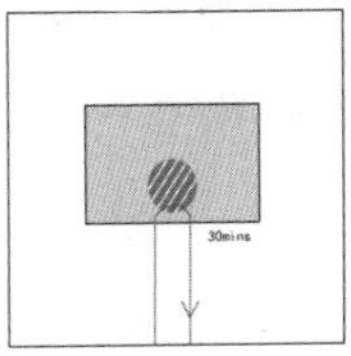 30mins

续表

游客兴趣点类型	兴趣点吸引模式	兴趣点聚集结构	游客停留时间模式
以特色地方小吃为兴趣点			
以工艺产业文化为兴趣点			

客的行为也较为分散，聚集程度低。反观袁家村的兴趣点包含特色美食、特色建筑、民俗文化等多种类型，同质化的程度较低，因而聚集程度较高。

2. 以游览线路为导向的行为模式（交通空间—空间组织层次—被动）（图 4.2.9）

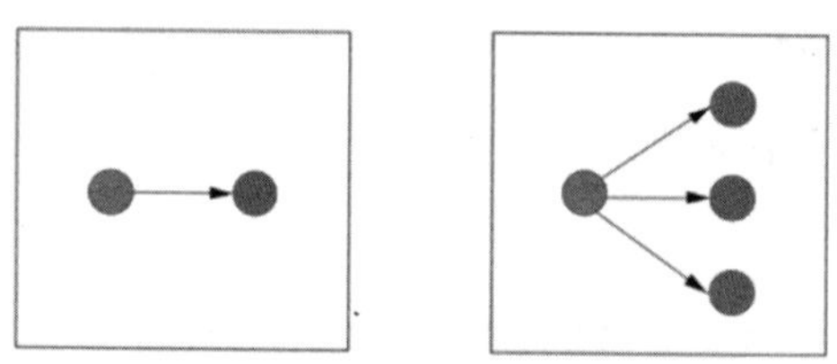

图 4.2.9　固定式与自由式游览线路的行为模式示意图

（1）游览线路固定式游客行为模式（有明确认知结构）

游览线路固定式游客行为模式是指游客根据既定的线路规划与安排，有目的性地游览景点和地区。通过事先指定和安排游览线路，游客可以充分利用有限的时间，最大程度地游览和体验目标景点和地区的风景与文化。游览线路通常包括多个景点，游客可以根据自己的喜好和兴趣进行选择，由此产生不同的行为活动。同时既定的游览线路可以帮助游客更好地规划游览行程，提高旅行的效率与便利性。但是过于依赖固定游览线路的游客行为也具有一定局限，比如游客难以游览到线路规划外的区域，以致无法深入了解当地文化，同时过度集中的游客会导致拥挤和资源的过度利用，对环境和文化遗产保护造成压力。

（2）无规划自由式游客行为模式（探索式认知结构）

无规划游览线路的自由式游客行为模式是一种在旅游业中逐渐兴起的趋势。与传统的以固定游览线路为导向的行为模式不同，自由式游客更注重自由度和个性化体验，不受固定线路和安排的束缚。无规划自由式游客行为模式注重探索和自主决策，喜欢自由选择景点、活动和路线，追求个性化体验，倾向于选择冷门景点、与当地居民互动，获得独特的旅游经历。然而，这种行为模式的弊端在于无法确保游客对村落旅游资源信息的全面获取。

3. 以民俗节庆活动为驱动力的行为模式

民俗节庆活动通常承载着深厚的历史、文化和传统意义，游客通过参与这些活动能够亲身感受当地的文化氛围和民俗风情。民俗节庆活动往往是吸引游客前来旅游的关键因素，也可能成为刺激旅游消费，提升传播力度的重要措施。

（1）参与式行为模式

参与式民俗节庆游客行为模式是一种吸引游客积极参与为核心的旅游行为趋势。在这种模式下，游客不仅仅是观察者，也是必要的参与者。参与式民俗节庆游客行为模式强调游客与当地文化的互动和交流。游客可以穿上传统服装、参加民俗舞蹈表演、品尝当地美食、参与传统手工艺制作等活动，深入了解和体验当地的传统习俗和文化内涵。通过参与，游客能够更加全面地感知当地的文化氛围和民俗传统，同时也能与当地居民建立起更为密切的联系和友谊。

（2）观赏式行为模式

在这种模式下，游客主要以观看和欣赏民俗节庆活动为主要目的，通过观赏仪式、表演和庆典等方式来体验当地的民俗文化。观赏式民俗节庆游客行为模式注重游客对民俗活动的观赏和体验过程。游客在观看如民俗舞蹈、传统音乐演奏、仪式庆典等精彩表演的同时，可以领略独特的文化内容、传统服饰、装饰品和艺术品等，行为活动基本受节庆活动的时间、程序及内容等方面的引导和控制。

4.3 关中地区传统村落旅游发展的空间表征

关中地区传统村落旅游发展空间表征是旅游要素的影响在村落空间上的表现，体现在村落的空间格局、空间功能、空间形态等方面。

乡村旅游发展的空间需求尤其对传统村落是巨大挑战，某种意义上来说旅游的介入就是生产生活空间系统重塑的开始，因介入方式和发展程度的不同对原有空间系统影响程度不同。表 4.3.1 中对关中地区列入《中国传统村落名录》的部分重点旅游乡村进行比对，可以看出旅游介入形式、发展热度及对村庄空间的影响，表中研究对象包含前三批《中国传统村落名录》涉及的关中地区的全部村庄及后续几批中的部分旅游发展较为典型的村庄。

关中地区传统村落旅游发展对村庄空间的影响（重点村庄） 表 4.3.1

传统村落批次	村名	旅游介入的形式	旅游发展热度（1—5 分）	旅游对村庄空间的影响（全域 / 局域 / 零星）
1	铜川市耀州区孙塬镇孙塬村	孙思邈故里——药王庙、药王墓	2.5	局域
1	渭南市韩城市西庄镇党家村	明清民居古建筑群博览	4	全域
2	渭南市澄城县尧头镇尧头村	制陶文化博览	3	全域
2	渭南市富平县城关镇莲湖村	富平老县城部分历史建筑	3	局域
2	渭南市合阳县坊镇灵泉村	观四合院、游福山	3	局域
2	咸阳市礼泉县烟霞镇袁家村	美食、民宿	5	全域
2	咸阳市三原县新兴镇柏社村	地坑院	4	全域
2	咸阳市永寿县监军镇等驾坡村	传统窑洞	2.5	局域
3	宝鸡市麟游县酒房镇万家城村	老建筑遗留	1	零星
3	渭南市韩城市芝阳镇清水村	古建筑	2	局域
3	渭南市合阳县同家庄镇南长益村	老建筑遗留	2	零星
4	西安市蓝田县葛牌镇石船沟村	自然风光	3	局域
4	西安市周至县厚畛子乡老县城村	自然风光	3	局域
5	铜川市印台区陈炉镇立地坡村	制陶文化博览	3	局域
5	渭南市合阳县黑池镇南社村	秋千谷	2	局域
6	渭南市华阴市孟塬镇司家村	古寨墙	1	零星

4.3.1 空间格局演变

旅游要素的介入是传统村落空间格局演变的重要影响因素，对关中地区传统村落的影响是多方面的，以下将从聚落空间演变与扩展、新村与老村的关系、场域分布与结构、空间节点这四个角度进行空间格局演变的探讨（图 4.3.1）。

聚落空间的演变主要体现于村落“三生”空间的变化。随着旅游要素的介入，乡村“三生”空间比例关系发生明显变化，表现为内容丰富化、形态细碎化、作用明确化等。同时，旅游模式、产品属性及发展程度的差异也是聚落空间格局演变的重要影响因素。如，旅游影响程度较高的袁家村，随着对乡村旅游的再定义，不断推出新的旅游项目和服务，进而对空间需求不断扩大，农田耕地、工业用地等逐渐被商业空间置换，导致原有的居民生活空间退居幕后，经济生产空间即“服务业（旅游商业）”则成为空间的主导，“三生”空间的结构稳定性被打破。旅游影响程度中等的代表村如尧头村，其村内经济生产空间部分转向旅游业，受到旅游发展影响，生活空间中的部分室外公共空间从村民行为主导转为游客行为主导，整体自然风貌和山地空间受影响较小。旅游影响程度较小的有南社村，南社村的旅游活动仅占据了村庄边缘区与部分沟谷空间，与村民主要的生活空间居住区基本没有交集。总的来说，旅游介入强度与聚落空间演变扩展呈高度正相关，直接影响着村庄空间格局演变。

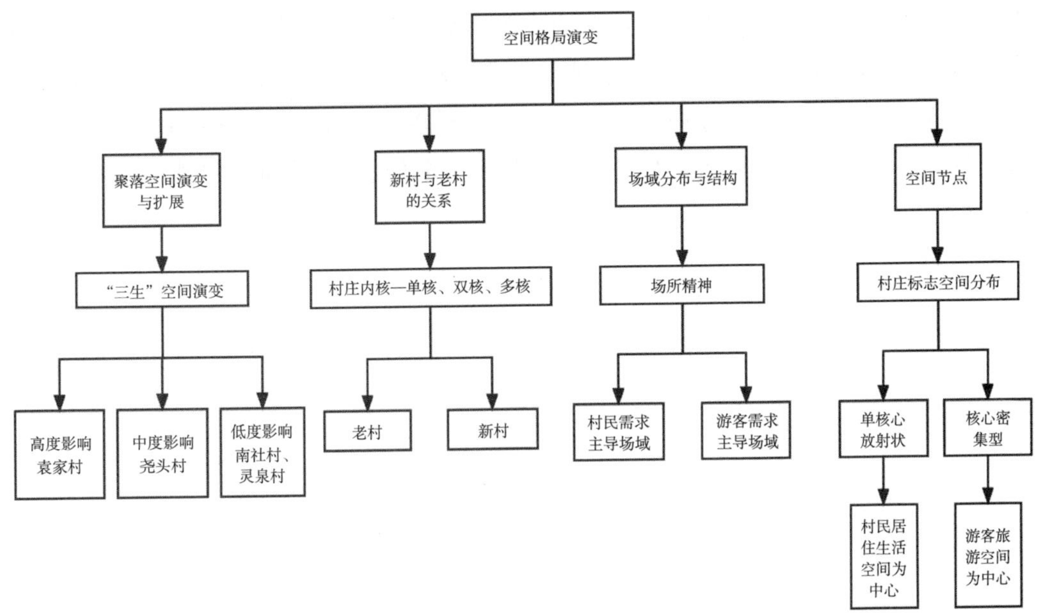

图 4.3.1　空间格局演变研究框架

“老村—新村”共构的聚落形态在关中地区有很多，一般表现为老村受传统村落保护而无法满足村落自身发展需求，进而开拓新的空间形成新村。发展新村主要有两方面原因，一是村内人口自然增长以及现代生活条件下村民对空间的新需求；二是乡村旅游发展中老村的民居建筑和聚落文化更具吸引力，而游客的活动行为及空间需求则成为矛盾。村庄由单核转为双核或多核，大多数村庄的新村往往紧邻老村，与老村依然存在较强的联结（图 4.3.2）。搬迁后的老村剩余居住人口极少，这时传统村落旅游成为老村发展的重点内容，新村也需要处理与老村以及旅游发展关系的问题。

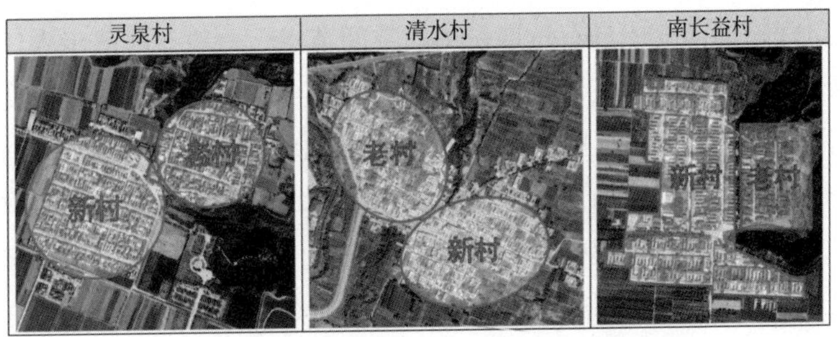

图 4.3.2　关中地区部分村庄新村与老村的关系

伴随旅游介入乡村，活动场域由村民日常转为“村民—游客”共构，这种无形的转变可能会导致乡村空间结构重心发生偏移、街道密度提高，甚至出现多个聚集

中心，显现为以旅游服务的轴线或核心点为主导，空间场景和氛围发生转变。例如袁家村，其小吃街、大型停车场、农家乐街等新赋予的旅游属性空间转变为村庄的主导轴线及核心点，同时村庄内部空间结构趋向复杂化，而空间要素在系统中更加整合，空间可达性增强，穿行度提高，村庄内部具备了更高的交通疏导能力（图 4.3.3、图 4.3.4）。

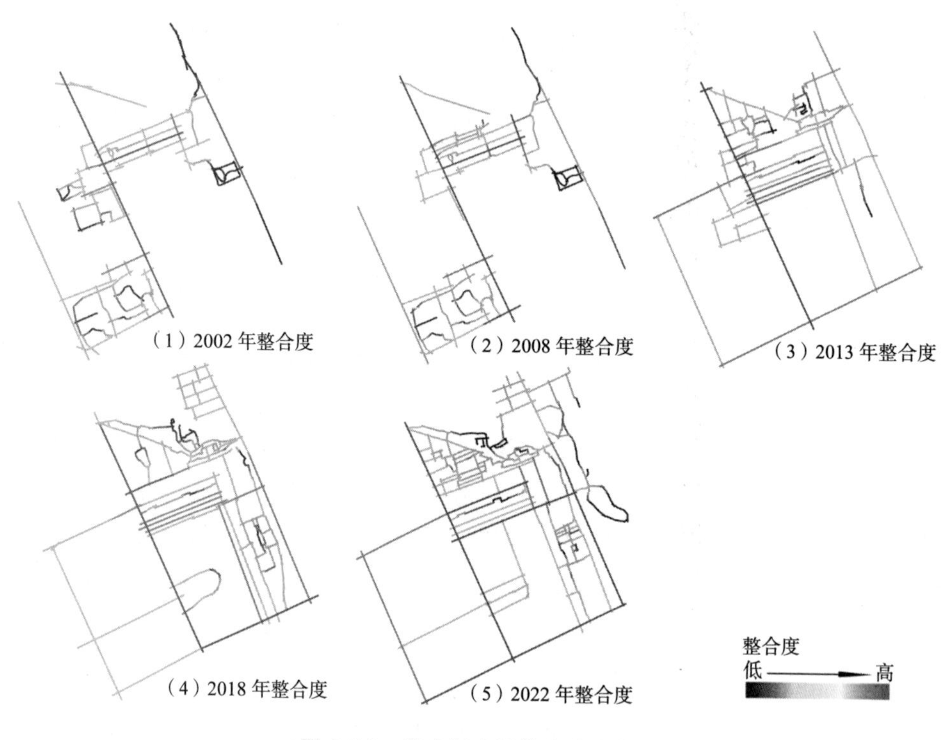

图 4.3.3　袁家村空间整合度演变

在聚落空间格局演变中具有重要作用的空间节点，一般有村落出入口、较大的路口、公共活动空间等。乡村旅游的介入普遍提高了乡村空间节点的丰富度，促使空间关系网络不断复杂化，进而影响村落空间格局。如袁家村空间节点分布变化明显显著，随着旅游属性不断增强，村内旅游空间特征点数量增长迅速，同时不断取代村民活动空间特征点，空间出现多个集聚核，村落空间格局由以村民居住生活空间为中心的单核心放射状逐渐转变为以旅游空间为主的多核心密集型（图 4.3.5）。

旅游要素介入多层面影响传统村落空间格局，从聚落空间演变与扩展、新村与老村的关系、场域分布与结构、空间节点四个主要方面进行探讨，有利于判断旅游对传统村落空间格局的作用，进而把握乡村旅游发展中空间格局的演变规律。

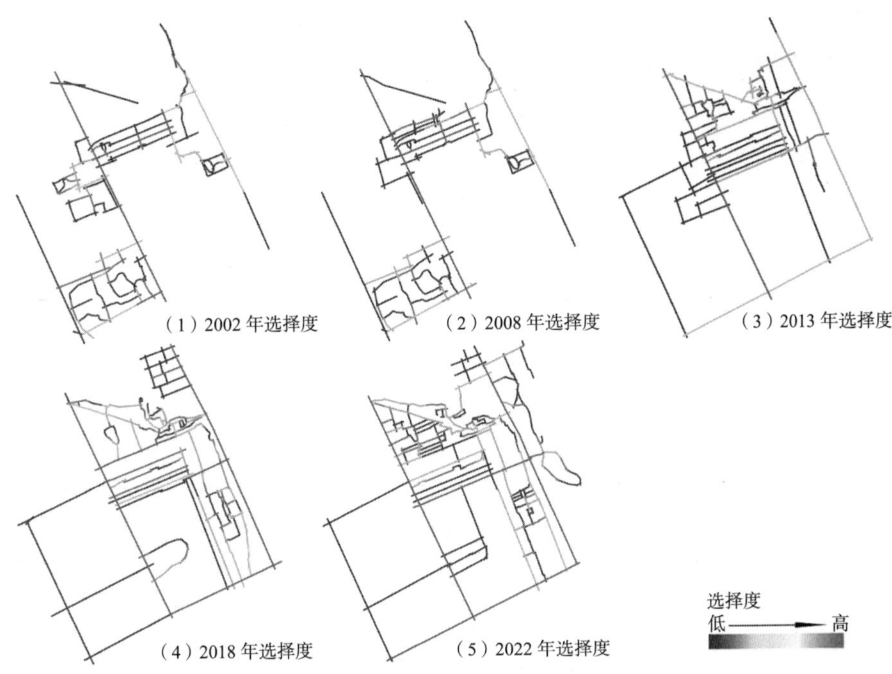

图 4.3.4 袁家村空间选择度演变

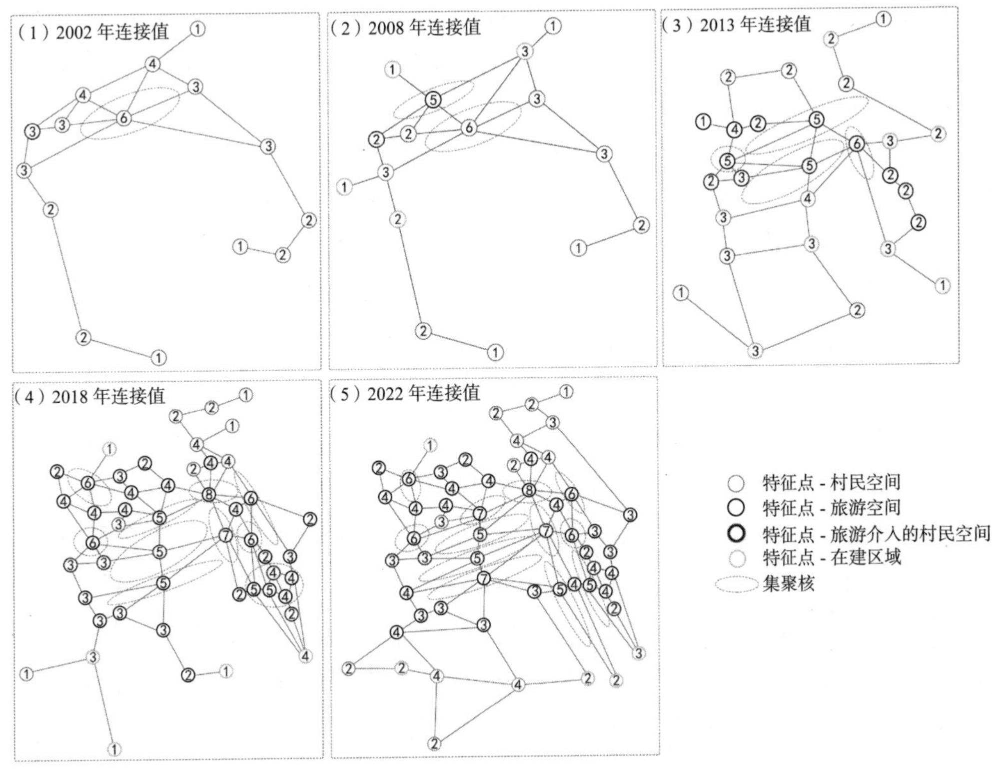

图 4.3.5 袁家村空间节点分布演变图

4.3.2 空间功能转换

关中地区传统村落旅游介入的村庄空间功能转换主要包含居住生活空间功能转化、经济生产空间功能转化、社会交往空间功能转化和文化遗产空间功能转化四种类型（图 4.3.6）。

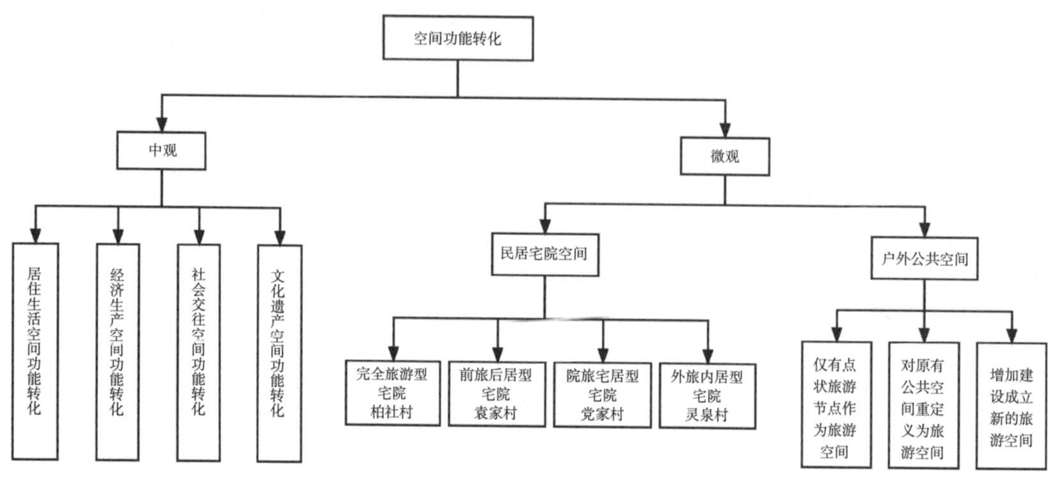

图 4.3.6 空间功能转化研究框架

居住生活空间功能转化指民居住宅建筑、庭院及其宅前屋后空间的功能转化。旅游介入后村庄原有居住生活空间可能会改造为旅游客栈、民宿农家乐等，由村民居住空间转化为接待服务空间。经济生产空间功能转化指由原来的农田、林地、山地、牧区、厂区等空间转化为旅游服务空间，如厂区变为步行商业街区、林地由单一的林木种植变为林下农家乐等。社会交往空间的功能转化是在原来亲密度较高的邻里街坊熟人社交空间基础上，增加了符号化、景观化的展示性要素，或将原有村民交往空间从功能、尺度、形态等方面进行彻底转化。传统村落中文化遗产空间如民居建筑、祠堂、庙宇、古井、涝池等具有历史价值和民间特色的核心环境空间是乡村空间底色，也是村民的历史空间记忆和精神寄托，旅游介入后其作为遗产展示和游客体验之地，在场所精神上截然不同。如袁家村将许多民居宅院前面部分改为接待旅游之用，后部分留用自住，院落中民宿、餐饮等旅游空间与居民使用空间同时存在，但大部分转化为旅游服务功能；党家村多为传统四合院民居，因此采取在院落中摆桌售卖的方式，建筑室内仍供居民使用，仅为旅游让渡了院落空间；灵泉村民居宅院旅游功能介入较少，院落整体仍为居民使用空间，但院落外部可供旅游参观使用，因居民私用属性较高，游客较少进入民居宅院空间内部。

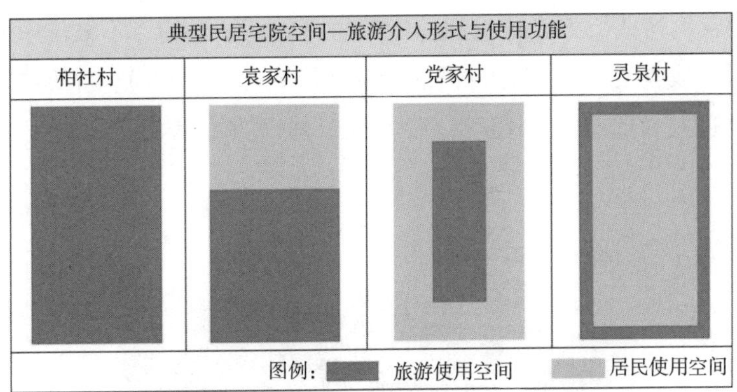

图 4.3.7　旅游介入下的村落典型民居宅院空间功能分析

分析关中地区传统村落民居宅院空间的空间功能转化，归纳出四种不同形式的空间使用关系对比类型（图 4.3.7）。民居宅院空间作为村落最基本单元空间具有权属及私密性，但旅游开发会将其产品化，转向开放或半开放空间。如柏社村部分地坑院整体对外出租，由承租人员集中改造为民宿农家乐等，居民生活场景完全消失，彻底转化为旅游服务空间。

户外公共空间的功能转化形式根据旅游发展程度的不同归纳为三种类型。第一类是由点状旅游节点串联村庄空间，其空间本体不发生改变，仅局部节点的旅游属性功能大幅增强，对村庄其余空间功能影响较小，例如莲湖村、灵泉村等。第二类是将原有街巷等公共空间定义成为旅游空间，空间本体变化不大，但所承担的功能属性发生较大变化，如袁家村的街巷空间由单一的村庄通行功能，转为游客逛街观赏功能。第三类是通过新建仿古街、仿古建筑等新生空间形成旅游空间，对空间本体进行全新的设计定义，例如南社村的河沟改建为秋千谷乐园、尧头村在荒地上建设仿古文化街等，新的功能与其原有空间功能基本没有关联。

4.3.3　空间形态重塑

空间形态是村落历史、文化、社会和经济等的综合反映，是自然环境和人类活动相互作用而形成的空间结构及形式特征。空间形态作为聚落文化传承的重要载体，对人们的生产、生活和文化交流具有重要意义。聚落空间形态是发展变化的，尤其是在现代社会经济快速发展与旅游产业介入的情况下，空间形态及其发展变化更为明显。

关中地区传统村落为促进旅游发展和满足游客需求，通过空间形态重塑来突出聚落空间特征，展现旅游资源特色，归纳起来主要是通过场景化再现、适宜性调控、外来符号或文化的介入三种方式进行重塑。

乡村旅游的场景化再现是运用传统要素进行归纳整合，由要素的集合形成节点空

间特色与氛围，而这些要素在原有村落中是散落的、常见的、不被集中利用的，经过艺术化营造可形成具有本土文化特征的新空间形式（图 4.3.8）。新的空间形态一方面是强化原有空间特征，使其规整化、显现化，另一方面是满足旅游发展中新空间的介入。

图 4.3.8　立地坡村内屋顶陶器砌筑

适宜性调控是以游客空间环境行为需求和旅游发展定位对空间进行适度调整以达到规范化、标准化和形象化，是乡村旅游发展中最为常见的空间形态重塑方式，表现为提高游客承载力、满足活动的安全性、促进使用的便捷性、增加活动的丰富性等。如党家村内增设、拓宽或硬化道路，砌筑或安装边界围栏，栽植树木花田，更换场地材料，布置亭廊桌椅等（图 4.3.9），如袁家村小吃街三角地从村内聚集交往空间转变为户外露天餐饮场所（图 4.3.10）。

外来符号或文化的介入是乡村旅游中常见的现象。在乡村旅游项目空间形象营造中借助成熟的、效应好的、模件化的设施或要素可快速促进空间重塑，如网红游乐设施、公共艺术装置、仿古构件材料等。这种方式可加快乡村旅游建设，快速呈现景观效果以接待游客，但需要客观评判其与原有空间的关系（图 4.3.11）。

图 4.3.9　党家村村内街头绿地

图 4.3.10　袁家村街口三角地

图 4.3.11　关中地区某传统村落村内荒废的游乐设施

第5章 关中地区农户日常生活与空间重构

5.1 器物与家园：窑瓷生产村的空间意义转换

“器物”是人们日常生活中不可或缺的生活用具或生产工具，然而以制瓷为生的聚落空间对器物的理解有更深远的意义。陶瓷生产是人与土地、泥土的深度交流，生产出的陶器自然也就成为构筑生活场景的重要元素。因此，器物生产与家园建设可以相辅而成，相得益彰。

以关中尧头村和立地坡村为例，陶瓷生产曾造就了村落的辉煌，促进了乡村经济的发展。今天，这两个村不再以陶瓷为主要经济来源，然而村落的空间格局、村容村貌以及陶瓷生产窑洞、制品等依然彰显着独特的魅力，成为如今乡村旅游发展的基点。

基于村落原有生产要素主体与聚落环境之间的关系，以及生产资料、生产流程的空间组织逻辑，对两个村落进行深入研究和分析，判识游客介入前后的村落空间系统变化，揭示窑瓷生产村的空间意义转换，可为进一步重构传统村落景观空间秩序提供支持。

5.1.1 尧头村

尧头村位于陕西省渭南市澄城县西南部漯河东岸，占地面积 7km^2。据《澄城县地名志》，尧头村在古代被称为“窑头”，因其附近有瓷窑而得名。随着时间的推移，因“窑”和“尧”发音相近，瓷窑的名称逐渐被“尧”取代，沿用至今。据记载，尧头村的土瓷技术起源于唐朝，而在明清时期达到了手工造瓷业的巅峰。南尧头窑文化和生态旅游区是全球规模最大、保存最完善、文化遗存最丰富的瓷窑遗址之一。因此，国内外专家和学者将其誉为全国瓷窑的“活化石”。

1. 窑瓷生产村空间组织逻辑的转变

（1）生产资料与空间组织逻辑

传统村落的生产资料通常与区位、地形地貌、气候水文、土壤与植被等自然因素紧密相关。因其直接或间接地影响着农业、畜牧、渔业和手工艺等生产活动。尧头村丰富的矿产资源和发达的水利资源，使得陶瓷制作与商贸成为可能。勤劳质朴的尧头人在这片土地上不断摸索生存。

①地理区位

尧头村地处澄城、白水、蒲城三县交界，距离县城不到10km，同时尧头村有三条主要的对外道路，分别位于村落的东、南和西侧，东侧尧杨路可连接国道以及镇区和县城，南侧道路联系村庄东西两侧，西侧新建道路可直接联系到尧头镇区中心，交通便捷（图5.1.1）。

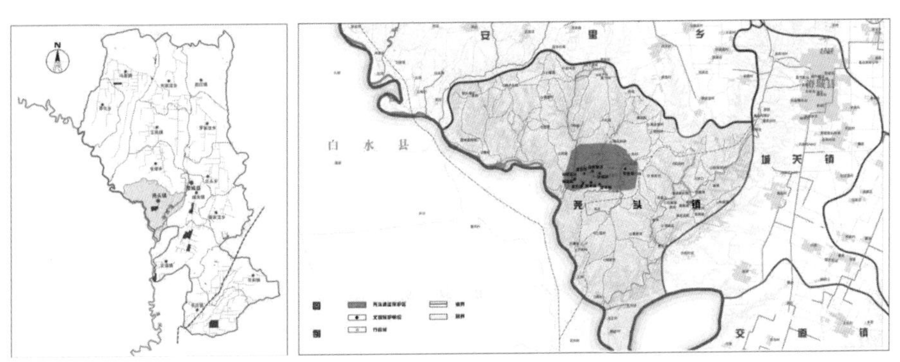

图 5.1.1　尧头村在澄城县的位置

②地形地貌

地形地貌直接影响传统村落的手工业生产方式和产品类型。尧头村位于渭北黄土台塬腹地的“黑腰带”区域，地势北高南低，呈现明显的黄土台塬特征，形成了梁、峁、塬和河谷等地貌特点。渭北“黑腰带”是陕西的“能源建材基地”，富含煤炭资源和瓷土资源。坩土矿分布于沟涧的石崖中，夹杂着白色和紫色的原料。这种丰富的瓷土和煤炭资源为村落的陶瓷制作业提供了充足的原材料和能源支持（图5.1.2）。

③气候水文

尧头村位于暖温带半湿润大陆性季风气候区，季节变化明显，为典型的北方气候特征。年均气温为12℃，昼夜温差较大，四季分明。降雨量分布极不平衡，主要集中在夏季和秋季。全年降水量为522.6mm，平均下雨天数为84.9天。尧头村的主要风向是东北风，因此烧窑作坊位于下风向（图5.1.3）。

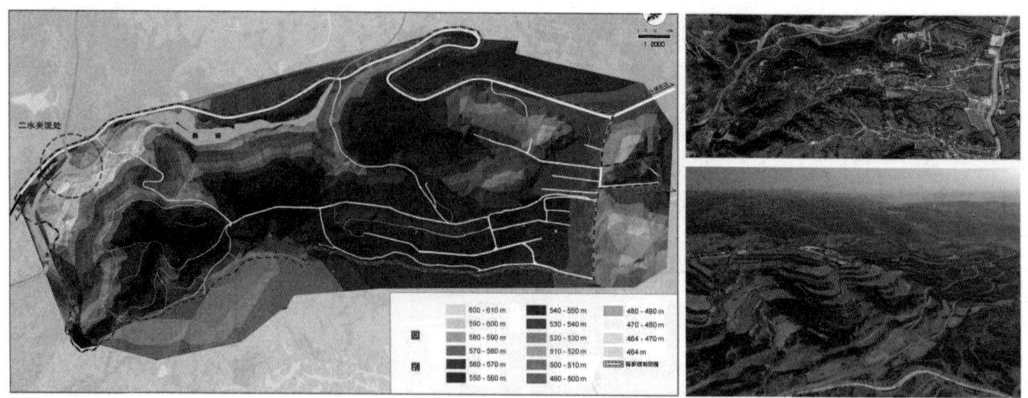

图 5.1.2　尧头村地形地貌分析图

（图片来源：根据《澄城县尧头村历史文化名镇保护规划》改绘）

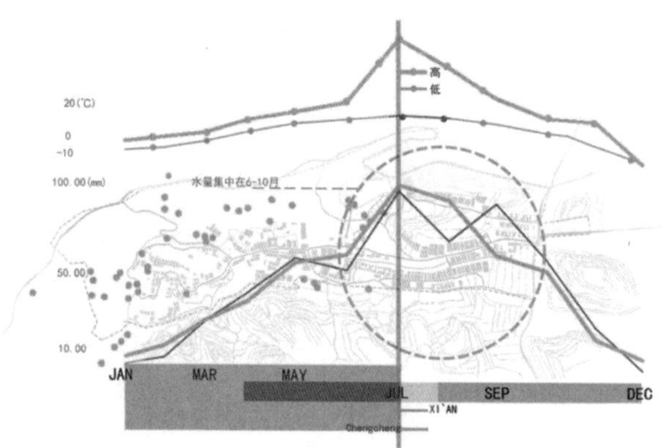

图 5.1.3　尧头村气候分析图

尧头村北面是黄龙山，西面有洛河自北向南流经，洛河支流西河与后河在此交汇，形成了“二水夹流”的村落格局。洛河位于村落的西侧，距离主要生产生活区域较远，而西河位于村落的北侧，是村民主要的水源。

④土壤与植被

早期的尧头村周边森林茂密，植被丰富。据当地居民所述，尧头村的早期瓷窑主要使用周边的木材作为燃料。然而，随着瓷窑规模不断扩大，对木材的需求也越来越大，导致周边山林几乎被砍伐殆尽。村民转而使用煤炭作为主要燃料烧窑。目前，古窑群和古街区周边的山地植被环境相对稀薄，植被保护状况一般。整个古镇仍存有 15 棵古树名木，但保存状况普遍较一般。

⑤窑遗址分布特征

基于尧头村生产资料的特性、储量与分布特征可得知尧头村作为窑瓷生产村早期整体尺度下的空间组织逻辑。尧头村制作陶瓷的瓷土原料，多来自尧头村北侧的捡矸岭山，制瓷中泥浆调配工艺所需的大量水资源来自村落西北侧的洛河与后河，而煅烧环节所需的燃料则是来自村落周边的森林资源。对应图 5.1.4 来看，现存窑遗址分布特征与生产资料的分布情况是一致的。按照距离生产资料位置的远近可以对生产空间的分布进行排序：废料区 < 窑炉 < 手工作坊 < 居民点（由近到远），这说明了不同生产空间对生产资料的依赖程度不同。

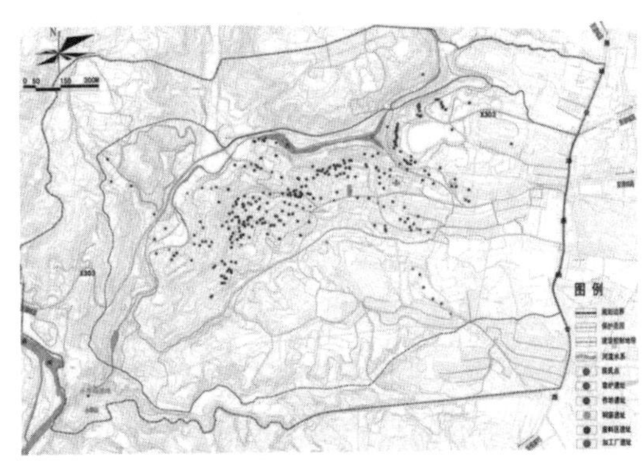

图 5.1.4　尧头窑遗址区遗址点分布图

（图片来源：王雄 . 基于生态博物馆理念的陕西澄城县尧头村保护与发展研究）

（2）手工业生产模式与空间组织逻辑

手工业生产模式与空间组织逻辑之间存在相互依赖与作用关系。通过深入分析尧头村在不同时期的生产环境和手工业生产模式，总结出尧头村传统手工业的发展历程以及村落空间的演变（表 5.1.1）。

不同历史时期的尧头村手工业生产模式与空间组织逻辑　　**表 5.1.1**

时期	社会与生产环境	手工业生产模式	空间组织逻辑与特征
个体烧窑时期（1949 年以前）	以家庭或宗族为单位进行手工业生产；以个体窑洞，分散经营为主	作坊 住所 窑炉 储物 散点式生产空间	1. 以窑炉为空间核心，呈圈层式组织空间，散点式分布 2. 根据家族姓氏及生产瓷器类型的不同形成多个集聚点
产业聚集时期（1949—2012 年）	产业主体由传统宗族组织转变为集体组织；以合作社为主的集体统一生产形式	向心式生产空间	1. 以陶瓷厂区为核心组织空间，生产空间具有强烈内聚性 2. 强化其对周边街区的空间组织效应

续表

时期	社会与生产环境	手工业生产模式	空间组织逻辑与特征
传统手工业复兴时期（2012 年至今）	部分个体窑洞作坊恢复生产，外来企业办厂经营	多元式生产空间	1. 以手工作坊与展销空间为核心，沿村落街巷两侧呈线性分布 2. 衍生出多元产业类型，形成新型复合空间

在个体烧窑时期，尧头村西坡盛产坩土，因而在附近逐渐形成了点状分布的手工作坊。过去手工作坊通常以家族宗亲为核心而设置，不同家族生产的瓷器类型各不相同，因而生产空间在整体上呈现出相对分散且集聚的特征，随着规模扩大，逐渐形成了集中连片的区域。传统制瓷工艺工序烦琐，从采集原料到塑形上釉、烧制成型再到储藏和售卖，需要采料场、晾晒场、作坊、烧窑作坊、储藏室和展销空间等一众功能性空间,不同类型的空间根据其承载的生产功能不同,呈现出各具特色的空间集聚特征。整体呈现出以窑炉为核心的圈层式的结构，围绕窑炉的第一层空间是手工作坊，在此之外是家族居所与相邻的储藏空间，类似这样的空间圈层结构分散地分布在尧头村中。另外还有一类重要的空间类型是展示与销售空间，主要集中在村落东侧的老街上，呈线状集聚。

尧头村产业鼎盛聚集时期，在村落北侧后坡修建了制瓷工厂，形成了明显的集聚化特点，并以陶瓷厂区为主要产业核心。这种集中化生产模式将原有散点式产业空间转变为单一核心的向心式空间，提升了产业效率和核心竞争力。然而，这种生产模式适合批量化生产民用手工艺品，却不适应市场化发展。同时，制瓷工厂的建设占用了耕地并对村落环境造成了破坏。工厂位于尧头村原本的生产和居住用地与村落北侧的西河之间，耕地的侵占导致生产空间与村落水系直接相连，对水体环境和村落生态造成了较大破坏。

在传统手工业复兴时期，尧头村的集体化生产方式衰落，导致传统手工业分崩离析，许多技术和人才从合作社联合生产中分散出去。尧头村传统手工业回归传统的作坊式生产，新的家庭作坊不再受地理位置的限制，而是分布在尧头老街两侧的街巷中。这一时期，尧头村传统手工业的发展不再局限于单一产品生产，而是追求多元化发展，寻求产业间的相互支持和联系。这也成为尧头村传统手工业向第三产业转型的重要阶段。目前，除了少量新增手工业和现代服务用地外，尧头村通过重新利用村落空间，恢复了部分传统手工业生产空间的功能。手工业生产带来的交通和交易需求推动了尧头村街巷空间和公共空间的更新，街巷结构不断优化，生活性交通与生产性交通逐渐分离。部分公共空间也被更新为手工业产品的展销空间。手工业复兴对村落生产空间的需求不同，也影响着传统生产作坊的功能和形式。

（3）游客干预下的空间组织逻辑的转变

通过对尧头村生产资料与手工业生产模式的梳理，可以发现尧头村过去的生产空间主要是围绕“制瓷”而展开的，而随着社会与技术的不断发展，尧头村制瓷业早已失去了昔日光辉。在旅游业的刺激下，尧头村面临从传统手工产业向旅游产业的转型，尧头村的空间组织逻辑再次发生巨变。

2013 年 6 月，陕西省城乡规划设计研究院和渭南市澄城县尧头镇人民政府共同编制了《澄城县尧头历史文化名镇保护规划》，划定了核心保护区、建设控制地带和环境协调区等范围，尧头村被涵盖于其中。在此基础上景观规划图划出了“一轴三区一廊道”，“一轴”是指尧头瓷贸易古街景观轴，“三区”是指传统村落景观区、古窑群遗址景观区和新区现代景观区，“一廊道”是指西河景观廊道。该规划的编制改变了尧头村整体的空间组织逻辑，尧头窑园区游览图应运而生（图 5.1.5 ~图 5.1.7）。导览图以窑

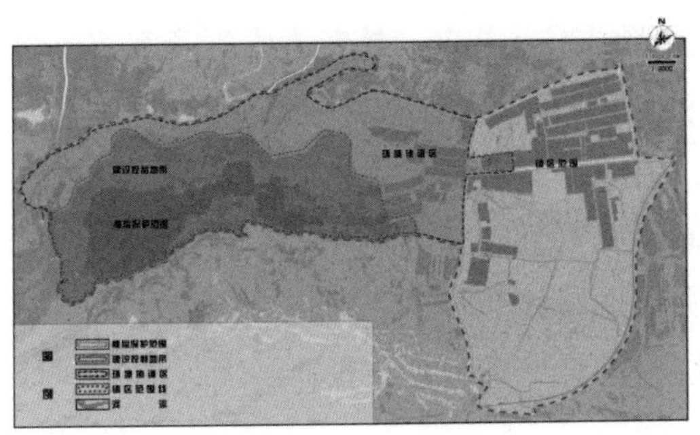

图 5.1.5　保护区划图

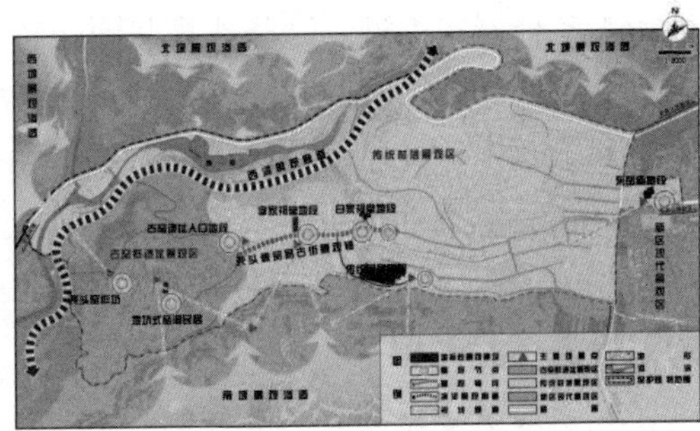

图 5.1.6　景观规划图

图 5.1.7　尧头窑文化旅游生态园区导览图

区、民居、祠堂与庙宇等历史文化空间作为吸引游客的兴趣点规划了游客的游览路径。同时增加景区入口、游客服务中心、休息广场、卫生间、停车场等游客服务设施，尧头村的空间组织逻辑从瓷器生产转向旅游生产。

2. 窑瓷生产村产品生产与环境营造

瓷器作为尧头村的产品是旅游发展的核心资源，在环境营造方面发挥着极其重要的作用：通过将不同形态、类型、尺寸的陶瓷产品在环境空间中重组与再利用，营造趣味丰富的活动空间，作为吸引游客的兴趣点。

（1）尧头陶瓷烧制技艺与产品类型

①尧头制瓷烧制技艺历史演变

根据记载，尧头村陶瓷烧制起源于明代，瓷砂的烧制工艺可追溯至唐代。考古专家将在窑址中采集到的瓷器与元代耀州瓷进行对比后认为，尧头窑的创烧年代最晚应该是元代。根据当地墓葬出土和征集的文物，可以发现尧头窑在元代已烧制了多种瓷釉，其中茶叶沫釉和黑釉最为突出，而黑釉瓷器最为丰富，涵盖了碗、盘、罐、瓶、烛台等多种器物类型。这些器物共同的特点是胎质较为粗糙，施釉常常不及底部，腹部以下通常可以看到露出的胎质，显示出制瓷工艺的粗放和原始特征。

尧头窑在明代迎来了蓬勃发展。其中，黑釉瓷成为尧头窑的主要产品。明代黑釉具有漆黑发亮的特点，大多数作品保持素面，没有加入装饰，朴素、实用、大方。清代，澄城尧头窑达到全盛时期。清代尧头窑烧制的瓷釉，青釉瓷的胎泥更加精细致密，胎表还覆盖了一层精心施加的化妆层，釉色呈青绿色，釉质纯净，器物的种类和造型更为多样。

澄城尧头窑的个体窑一直延续到新中国成立初期，主要生产青花瓷。绘制的青花纹样常显古拙而稚气，民俗风格浓郁。1956 年，澄城县陶瓷厂的设立标志着澄城尧头古窑烧制时代的结束。随着工业化的发展，尧头陶瓷文化逐渐衰落，但尧头村的古窑遗址和古民居较为完好，村落整体格局完整。

②尧头陶瓷产品类型

在尧头村，过去的社会结构和空间环境至今仍然在很大程度上影响着这个村落，特别是窑户空间单元和窑神庙。尧头村的瓷器烧制过程塑造了独特的行规，因此形成了五大瓷厂，分别是李家、白家、周家、宋家和雷家五个窑户宗亲家族。居民按照五个家族聚居，各个家族在窑场间相互支持和制约，直到新中国成立初期。如今，尧头窑以其独特的黑瓷、黑釉剔花瓷、铁锈花瓷和青花瓷器而闻名。总体而言，尧头陶瓷产品体系可以基本分为碗窑、黑窑、瓮窑和砂窑这四个传统窑系，不同窑区生产的产品有着明显的区别（表 5.1.2）。

不同窑系生产的产品类型与特征　　表 5.1.2

窑系	姓氏	产品类型
碗窑区	李氏	碗、碟、盘、罐子等
瓮窑区	赵氏	瓮、缸、盆、罐、坛等
黑窑区	李、宋、白、雷、周氏	各种黑色的罐子、碗、碟、壶等，狮子罐、老鼠罐、拔火罐、鸡灯及各种精巧的玩具等
砂窑区	白氏	砂锅、砂壶、砂盆、砂罐、砂瓢、火锅等

（2）游客干预下的窑瓷生产村环境营造

①以瓷窑精神为主导的祠庙重修

过去的窑瓷生产以家族宗庙为核心向外辐射，家族宗祠与庙宇是人与人、人与器物、人与空间的精神纽带。相比于村落普通民居与生产性空间，宗祠与庙宇具有较强的内聚力，是场所精神的象征。表 5.1.3 展示了尧头村祠堂与庙宇的历史环境与重修后的面貌。宗祠与庙宇由于特殊的性质被保留、修缮或重建留存至今，但在旅游发展影响下，其功能属性逐渐演变为游客青睐的景点。

尧头村宗祠、庙宇历史环境与重修演变示意　　表 5.1.3

祠庙名称	历史环境	更新后的环境	营建历史
李家祠堂			初建于明朝初年，民国三十二年进行重修
白家祠堂			创建于清雍正元年七月，咸丰九年重修过，2015 年白氏家族投资百万二次重修
宋家祠堂		未经修缮	始建年代不详，建筑现状保存完好
周家祠堂		未经修缮	创建年代无从考证，重建于道光二年，现状破败，未经修缮，建筑整体保存完好，但有部分墙面坍塌

续表

祠庙名称	历史环境	更新后的环境	营建历史
窑神庙	（无旧照）		窑神庙目前已经不复存在，只留有一个窑神庙旧址，窑神庙旧址目前已经作为白家瓷坊在使用
东岳庙			初步建造年代无从考证，保存状况较为完好，供奉有东岳大帝黄飞虎
龙王庙		未经修缮	传说洪水淹没了龙王庙以西的“二水夹流处”，龙王庙在洪水肆虐中完好如初，没有半点损失
财神庙	（无旧照）		

窑神庙位于尧头老街，曾经是窑户开窑前祈愿和供奉的场所，也是紧密联系村民精神的纽带。在当时的社会背景下，这一稳定的社会组织结构有助于调和宗族之间的矛盾，促进制瓷技术的相互交流，同时增强当地村民的凝聚力。如今，窑神庙旧址已成为书画摄影俱乐部等旅游或文化服务空间。虽然窑神庙已不复存在，但村民延续了每年农历正月二十日祭拜窑神的活动，成为具有特色的民间习俗活动，尧头村东南入口处也专门兴建了窑神广场，作为保护传统手工业祭祀文化的承载点。

②以满足新需求为目标的公共空间更新

原有村落空间系统无法满足大量游客的旅游活动需求，主要体现在公共空间位置分布、容量、功能、内容及形象等多方面。为适应乡村旅游发展，尧头村在村落入口、闲置空间及路口街角进行功能植入和形象更新，形成新的具有接纳性和展示性的公共空间节点，如入口标志性广场、文化中心广场和休憩活动广场等。

具体表现为，村落入口新建一座结合传统“馒头窑”造型特征的公共建筑，打造尧头村标志性建筑，承载旅游接待服务功能；在村落北侧闲置空间修建文化中心广场并利用尧头村特色的手工业材料建造一座阙门，承载各类文化活动；同时，全面梳理村落内如道路旁、街角口、门前地等零碎空间，赋予新的功能和文化形象，让游客处处感受窑瓷文化与特色，并可供村民日常交往和休闲之用（图 5.1.8）。

（a）尧头入口处及入口广场　（b）尧头中心广场　（c）尧头休憩活动广场

图 5.1.8　尧头村公共空间更新

③以彰显特色为目的的残次品再利用

村落资源条件和游客兴趣成为乡村旅游发展的驱动力，也是乡村空间重塑的机会。在村落环境建设目标引导下，村民将堆砌多年的陶瓷残次品重新发挥作用，巧妙地利用匣钵、缸、瓮和罐等废弃材料塑造空间。如当地“罐罐墙”就是利用规格相对一致的陶罐残次品堆砌成院墙、护坡墙等，也有将陶罐作为容器种植花草果蔬等的（表 5.1.4）。

尧头村废弃产品再利用环境类型与利用手法　　**表 5.1.4**

废弃产品类型	应用环境类型	应用具体空间要素	利用手法
窑砖、匣钵、陶腹	建筑	门楼、院墙、屋顶	 砖 + 匣钵 　砖 + 瓷器 　砖 + 陶罐 　瓷器装饰
匣钵、陶罐、瓮等			
壶、碗、瓶、陶罐等			

续表

废弃产品类型	应用环境类型	应用具体空间要素	利用手法
碎陶片、碎瓷、匣钵等	道路	铺装	碎瓷 + 青砖　碎瓷 + 匣钵
匣钵、陶腹、陶罐等		护坡	匣钵材料护坡　耐火砖材料护坡
生产器具、陶瓷器物	景观节点	小品	节点小品和装饰

3. 窑瓷生产村手工艺历史与场景再塑

（1）历史上尧头村的陶瓷生产流程与空间环境

目前，尧头村大批量生产加工陶瓷的景象已不存在，但仍有一些老窑工将烧陶制瓷的传统植入日常，这份坚守不仅保留了尧头村陶瓷制作的技艺，也传承了陶瓷制作的文化与历史。多数村民祖辈传承制作技艺，如专门烧制瓮、碗、油罐、狮子罐、油川子、酒圪塔、醋圪塔等日常生活器皿（图 5.1.9）。有专门烧制砂器的，如砂壶、砂瓢、砂锅等日用器皿，砂器制作使用当地的坩土作为原料，工艺流程包括采料、粉碎、筛料、搅拌、制坯、晾晒、焙烤、上釉、出炉等步骤，每个步骤都紧密相连，其中以制坯造型最为关键，所烧制的砂器体薄而坚固，导热均匀，使用它们煎炖食品或药物不会导致变质、变色或变味，因此在省内外都具有稳定持续的销售市场。

（2）游客干预下的窑瓷生产村场景再塑

为了促进游客对传统手工艺及其产业历史文化的认知、理解和认可，《澄城县旅游发展总体规划》结合尧头旅游资源特点与发展现状设计了陶瓷文化体验建设项目，主要包括耙泥体验区、制陶体验馆、烧制观光馆和矿井体验馆，具体体现为将工艺场景体验融入旅游，以此探索尧头窑体验式旅游的升级路径，具体体现为：

①传统手工作坊内外空间环境更新

为提高游客参与度，尧头村对一些保存状况较好且交通便利的传统手工作坊进行了内部空间的修复和外部环境的整修，同时利用村内闲置地建设了新的手工作坊

（a）作坊内部功能划分
（b）周铁怀在制作粗瓷碗
（c）周铁怀师傅作坊内部环境（外视角）
（d）周铁怀师傅作坊及其附属空间
（e）周铁怀师傅作坊内部环境（内视角）

图 5.1.9　尧头村手工作坊空间环境与布局示意图

（图 5.1.10），一方面将历史遗留的作坊作为参观内容，使游客能够步入其中感受陶瓷生产空间特色，同时也注重历史环境氛围的保护，因此主要考虑安全性、整洁度和参观流线组织等方面；另一方面新建更能满足游客需求的作坊空间环境，提供能够深入体验制陶烧瓷的工艺流程，承载游客亲手操作、交流学习等活动行为，同时在空间环境要素及舒适度方面也融合了现代旅游发展标准。

②传统生产性窑炉的修缮与更新

为更好地保护和传承传统陶瓷生产技艺，尧头村将结构功能维持较好的窑炉按照历史形制和建造方式进行了修缮，以保障其原生性和可持续性。此类窑炉作为参观物发挥着“博物”的功能。

③增加商业文旅体验空间

原本以家族运营为主的作坊正逐渐转变为由外来投资者或旅游策划者主导，联合手工艺传承人兴建运作的新型作坊，以“作坊”为载体，增设商业空间、展示空间和相关文化体验空间，从过去生产性的家族制瓷场所转变为开放空间，作坊布局也从原本围绕窑炉的分布方式转变为与村落主要道路紧密相连的形式。

④引进教育性合作

尧头村在更新改造过程中充分利用废弃的旧窑洞和建筑空间，建设了黑瓷创客园和大师工作室。这些举措吸引了知名大师进驻尧头村并开展活动。同时也与艺术类高校紧密合作，吸引年轻人了解和学习传统手工制瓷技术，为尧头村手工业技术传承注入了新的动力。

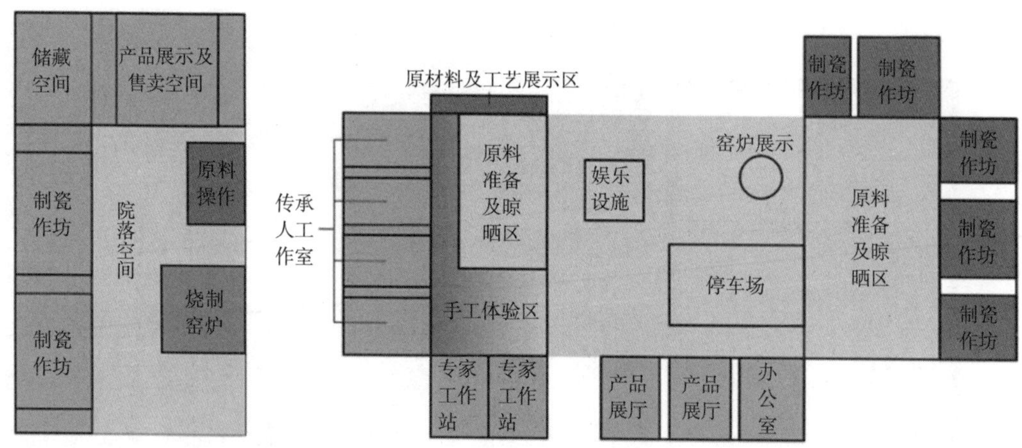

（a）传统作坊和新式作坊内部功能划分对比

（b）改造后的作坊内部生产及展示空间　　（c）改造后的产品展示空间

图 5.1.10　改造后的窑瓷生产性空间

4. 窑瓷生产村产业与聚落关系

（1）聚落整体变迁

汉唐至近现代时期，尧头村聚落的整体变迁经历了从沿河谷南岸集中分布向四周区域不断拓展的过程。20 世纪 70 年代，尧头镇因建设用地不足，其行政与商业中心东移，与此同时，尧头村手工制瓷被工业生产取代。从尧头村的村庄历史形态演

变图（图 5.1.11）中可以直观看到，聚落具有由小到大、从西向东、沟谷到平原的发展演变趋势。

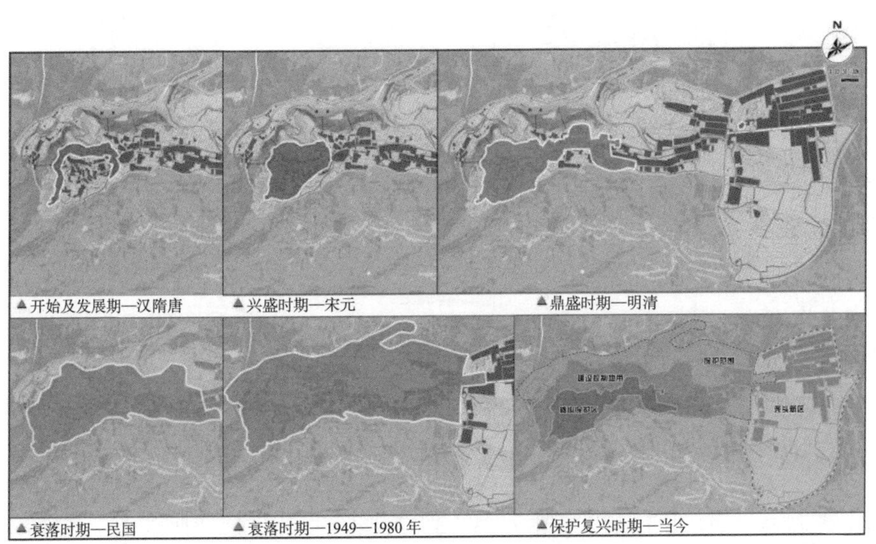

图 5.1.11　尧头村村庄历史形态演变图

（2）产业主导下的村落空间形态演变分析

在瓷窑产业影响下村落空间形态呈现出明显的特征。

在个体烧窑时期，由于各大宗族均以传统手工业为主要生产方式，因此居住空间随着手工业的生产作坊及烧造窑炉，整体呈带状布局，各个宗族居住组团空间分别靠近各自所属的生产空间，这一烧造和居住方式为村民提供了生产生活上的便利。

在产业聚集时期，随着尧头陶瓷产业合作社的成立，尧头村空间规模发生了较大变化，这一时期依旧是以带状为主要特征的村落，不同的是在这一时期村落整体平面形态属于分散型平面而非集中型。家族式生产转向集体生产也使得以宗族为组团的居住空间逐渐被打破，尧头村继续向东发展出较为独立的居住组团，在旧片区北侧山坡下发展出独立的工业组团，该组团在功能上与旧片区紧密联系，但在空间上彼此相对分离。尧头村在空间的拓展过程中带状特征越发明显，空间沿着等高线向东侧平缓地带逐渐延伸，呈现一定的轴线性特征。

如今，即传统手工业迎来复兴的时候，村庄以自身内部优势的资源禀赋为基础，以尧头村自身深厚的历史文化底蕴为突破口，以产业带动空间、用地以及业态的更新与激活。这一时期村落依然以带状为主要特征，但由于利用村落边缘闲置用地进行建设，村落一定程度向南北两侧发展（表 5.1.5）。

不同时期村落空间形态演变分析　　表 5.1.5

时期	村落平面布局	空间演变示意图	空间布局特征
个体烧窑时期 （1949 年以前）			村落布局受到地形影响，整体空间紧凑，与所处台塬地貌高度协调，呈组团形式沿塬上平坦处展开
产业聚集时期 （1949—2012 年）			带状特征显著，空间沿等高线向东侧平缓地带逐渐延伸，呈现一定的轴线性特征
传统手工业复兴时期 （2012 年至今）			带状特征依旧显著，一定程度向南北两侧发展

5.1.2　立地坡村

立地坡村位于陕西省铜川市陈炉镇，村落北接马科村，西临枣村，东抵上店村，村域面积 1.2km^2。作为千年耀州瓷产地之一，2019 年，立地坡村入选第五批国家级传统村落名录，同年被评为陕西省级历史文化名村。立地坡村具有悠久的古陶瓷烧造历史，村中明秦王府琉璃厂遗址与三圣阁为陕西省重点文物保护单位。村落特色砖窑建筑古朴别致，民俗活动、地方方言等流传至今，彰显了陈炉地区乡土文化特质。

1. 窑瓷生产村空间组织逻辑的转变

（1）基本条件

①区位

立地坡村位于陕西省铜川市印台区最南部，距离铜川市区约 20 多公里。它北距陈炉镇约 5km，西距黄堡镇约 15km。尽管村落坐落于山区，但交通便利（图 5.1.12）。

印台区立地坡村位置

图 5.1.12　立地坡村区位分析图

②地形地貌

立地坡村地处黄土高原丘陵沟壑区南缘，南北两侧为坡地，呈阶梯状分布。境内山丘起伏落差较大，地形以山地为主，峪谷相间，台梁交错，沟壑坡度最小为 10°，最大可达 35°。底层以第四系黄土为主，石马山横贯东南部，海拔最高 1500.7m，最低 980m，瓷窑、作坊多分布于山梁或山腰的缓坡地带。北侧包括北坡、瓦窑坡、后凹，南部涉及瓷瓦坡、那坡、阳湾等不同坡地，山势陡峭，基岩露头广泛（图 5.1.13）。

图 5.1.13　立地坡村地形地貌卫星图与实拍

③气候水文

立地坡村地属暖温带大陆性气候，年平均气温 10.6℃，1 月平均气温 -3.0℃，7 月平均气温 23.0℃，冬春季干燥寒冷，夏秋季凉爽湿润。年平均总降水量 582.5cm，降水集中于 7—9 月，雨热同季。立地坡村平均海拔 1320m，紫外线较为强烈，昼夜温差大，干旱、连阴雨、滑坡等自然灾害频繁，对作物影响较大。立地坡镇及周围地处石马山区，境内多山，无大河流经，但该地区植被覆盖好，地下水丰富，山中多泉水。

④土壤与植被

立地坡地处山区，较为偏僻，元代建镇以前，人口稀少，植被茂密，为金代和元初烧瓷提供了充足的燃料。当地及周边广大地区还蕴藏着丰富的煤炭。据民国版《同官县志》的县内土壤分布图，立地村盛产煤、石灰岩等矿产资源，土壤以陶土为主，高岭土、耐火黏土等瓷土及釉药原料储量充足。《同官县志·矿物志》中还记载有古同官“煤称上品，实冠南北”，“同官煤田所产均属烟煤，碳分多，灰分少，发热力大，原料颇佳，惟稍有硫火之嫌耳。”这里的同官煤田即如今的铜川矿区，它为元、明、清三代用煤烧瓷提供了充足的燃料。

村落周围植被以依附地势的片状自然森林与人工农耕梯田为主，植被覆盖率较高。尽管村落境内无河流水系流经，但因其植被覆盖良好，地下水资源较为丰富，且周围山中多自然泉水，便于村民使用。由此一来，得天独厚的自然资源优势为立地坡村陶

业发展提供了坚实的物质基础（图 5.1.14）。

⑤窑址分布特征

立地坡窑是陈炉地区最南边的一个窑场，其范围包括今立地坡、东山、枣村、马家科四个行政村，窑场以立地坡村为中心，向周边呈辐射状分布，大体分布在东西长约 5 公里、南北宽约 4 公里的范围内（图 5.1.15）。每个行政村周围又分布着面积大小不同的陶瓷烧造区，这些小烧造区多因地域或自然村而设，并且较为分散，其面积从数千至数万平方米不等。

立地坡村早期整体尺度下的空间组织逻辑主要围绕与制瓷相关生产资料的种类、分布和储量等特征展开。从生产资料的资源特征看，村落周围山体的大量陶土资源，南侧丰富的树木，村内丰富的地下水资源，均为制陶业的发展提供了先天条件。从区位与交通特征来看，立地坡村北侧的官道有利于瓷器的运输与人员来往。这使得立地坡村成为当地陶瓷、琉璃和煤炭产业的重要交易中心。

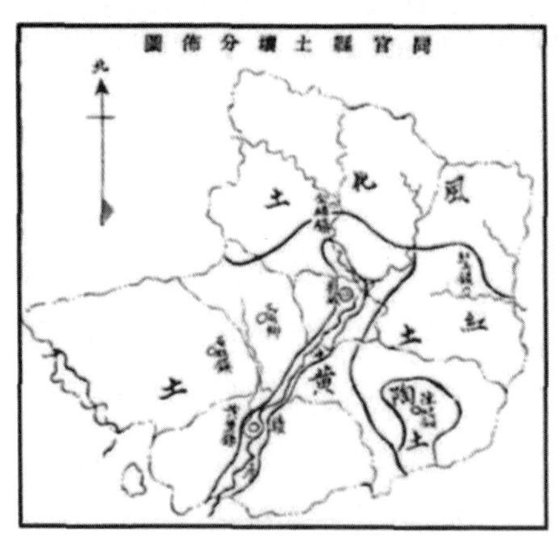

图 5.1.14　铜川土壤分布情况
（图片来源：民国版《同官县志》）

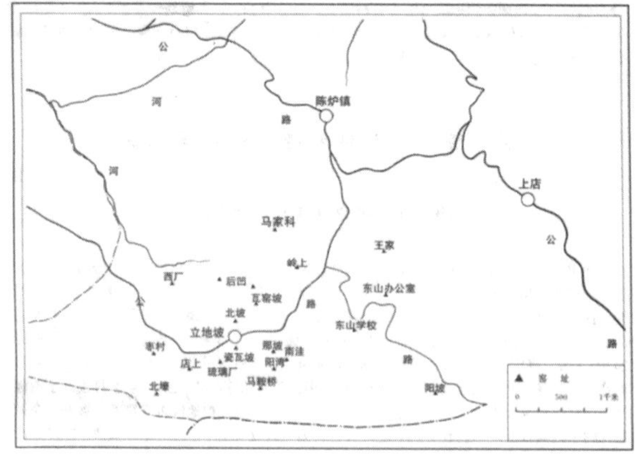

图 5.1.15　立地坡窑址分布图
（图片来源：《立地坡 · 上店耀州窑址》）

（2）手工业生产模式与空间组织逻辑

耀州窑博物馆、陕西省考古研究所和铜川市考古研究所在 2002—2004 年对立地坡古瓷窑遗址分阶段展开了深入细致的调查，将立地坡窑分为 18 个陶瓷烧造区，其中立地坡村分布有 9 个陶瓷烧造区（图 5.1.16）。

受立地坡村手工业生产模式的影响，立地坡村“三生”空间沿东西狭长山岭，呈块状分布。生产空间历史演变趋势为以主干道为中心，呈辐射状向山区推进，且生产用地多为阶梯状。生活空间紧靠生产空间沿着主干道分布。生态空间零星分布于立地坡村四周且主要分布于西侧。

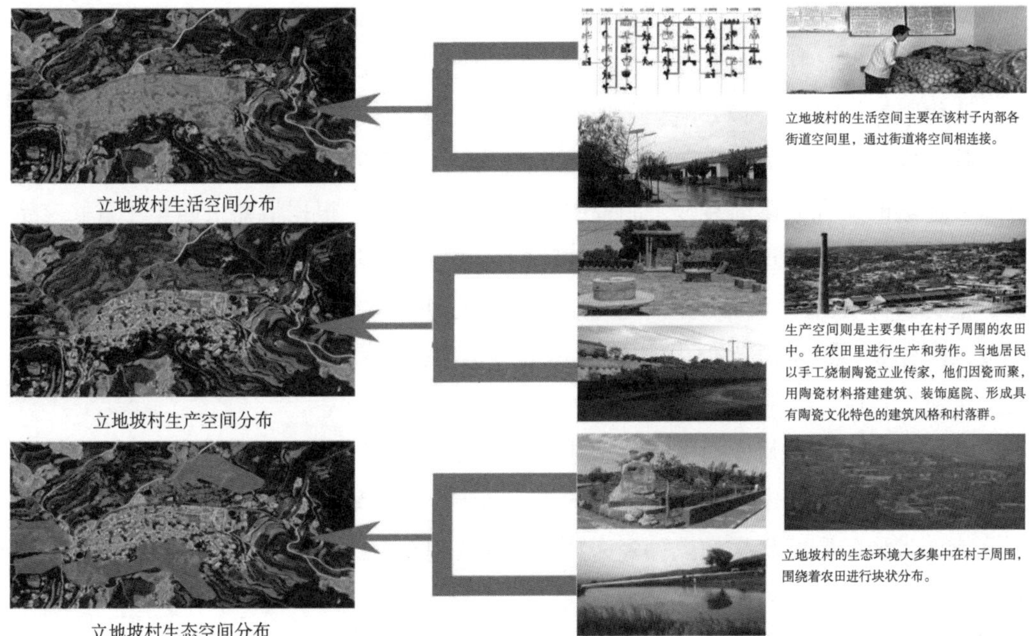

图 5.1.16　立地坡村生产、生活、生态空间分布

（3）游客干预下的空间组织逻辑的转变

随着社会与经济的发展，立地坡村的制瓷业也经历了逐渐衰落的过程。当前立地坡村传统瓷窑大多数已经荒废，甚至有些炉窑由于无人使用、年久失修，已经坍塌与山体融为一体，难以辨识。

在乡村旅游的热潮中，立地坡村为了满足游客旅游所需，建设了入口门楼、停车场等旅游服务空间，并修缮了村落道路及公共空间，创造了很多的游客活动场所，在此过程中将陶瓷元素尽可能地融入建筑界面装饰和环境景观营造中，如利用陶瓷碎片铺装街巷地面，陶器作为容器种植花卉等。

2. 窑瓷生产村产品生产与环境营造

（1）立地坡陶瓷烧制历史与产品类型

参考《同官县志》和铜川陶瓷的发展情况，推测该村的历史大致可追溯到距今一千多年前的宋代。元代立地坡以烧制大器闻名，“陶业巨肇”陈宗升所烧制的盆被誉为“天下第一盆”。明朝洪武年间，立地坡有杨氏中兴窑。皇室特别赐予此地建立琉璃厂，使其成为中国西北地区唯一的官办窑场。明嘉靖十七年，《重修立地坡琉璃厂敕赐崇仁寺下院宝山禅林碑》首次正式记录了立地坡的地名。明嘉靖四十一年，《秦王府宝山寺蘸立记》将立地坡署名为“耀州同官永受里立地坡”，当时立地坡隶属于“里”的行政单位。明万历年间的《同官县志》记载：“陈炉、立地两镇山产煤炭……

并陶诸瓷器以贸易”，显示立地坡已经升为一个镇，以陶瓷业闻名。在明代中晚期的同官县，立地坡是其中四大集镇之一。到了清代，该地已经有一千多户人口。

清代康乾年间，立地坡镇已经拥有光郎窑、坚久窑、坚刚窑等几家瓷窑。清嘉庆时期，陈、寻、张三家联合经营昌盛窑。然而，关中大地震对当地地下水源造成了影响，导致立地坡的陶瓷业逐渐衰败，制瓷中心逐步迁往陈炉。根据清嘉庆四年《重修玄帝庙碑》的记载，当时正式废除了立地坡镇的行政单位。随后，立地坡被划归为陈炉镇的一个村级行政单位。1958 年当地开始烧制耐火砖、碗、盆等器具。1965 年，村中试图复兴陶瓷业，设立瓷窑，但未能成功，只有少数家庭在家中作坊中继续烧制瓷器。“文化大革命”之后，零星的作坊也不复存在。

立地坡村作为耀州瓷的重要传承地，制瓷历史已有千年之久，同村落历史发展相交叠，可概括为起于宋、盛于明、衰于清、没于今。立地窑所烧制的耀州瓷主要以色泽青幽的青瓷和质感光亮的黑釉瓷为特色，主要包括餐具、寝具、化妆用具以及供奉器等。

（2）游客干预下的窑瓷生产村环境营造

①以瓷窑精神为主导的祠庙重修

立地坡村因陶瓷产业的兴盛而繁荣发展，形成了超越血缘关系的业缘和地缘纽带，以会社作为核心管理机构，依据制陶行业的规范建立了礼俗秩序和相应的空间结构。会社在当地承担着管理陶瓷生产、调解纠纷、组织生产活动、收取税收以及决策等职责，根据村民的回忆，该建制一直延续到 20 世纪 70 年代。会社的负责人被称为会首，通常由当地有名望的家族成员担任。立地坡村会社长期以来鼓励教育，促进制瓷产业的发展，并集资修建庙宇，因此留下了许多建筑遗址，见证了立地坡长久以来的瓷窑精神与记忆（图 5.1.17）。

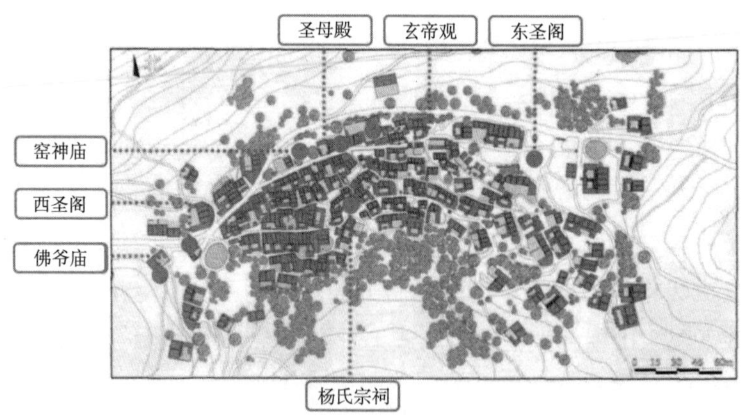

图 5.1.17　立地坡村宗祠与庙宇分布示意图

立地坡村的历史记载和现存建筑表明，该地区的民间信仰丰富多样，包括尧神、道教、佛教、儒教以及对祖先的崇拜。其中，对窑神的崇拜在当地以制陶为主的产业属性下尤为普遍。《新修立地窑神庙记》中记载，立地坡村早期祭祀的窑神包括炎帝、雷公和老君。康熙年间，村庄还继承了黄堡地区对民间窑神柏林的祭祀传统。炎帝因其名字中蕴含着火的意象，被尊为火神；雷公则是“范土为型”制陶术的创始人；而老君则是太上老君，因其炼丹建炉的传说而被尊为窑神。由于制陶和烧瓷需要开山取土，土地神也同样受到民众的崇拜。人们会在自家墙面上开凿神龛来供奉土地神，这被称为“进门一老仙，四季保平安”。通过这些历史记载和建筑遗存（表 5.1.6），我们可以看出立地坡村在民间信仰方面的丰富多元性，以及其与制陶产业紧密相连的关系。

立地坡村宗祠、庙宇历史环境与重修演变示意 表 5.1.6

祠庙名称	历史环境	更新后的环境	营建历史
东圣阁			始建于明万历二十三年，最早名为东洞子，供奉关圣人、孙真人及三霄菩萨，护佑窑工陶人平安吉祥
窑神庙			始建于崇祯十二年，用于祭祀窑神。主体建筑已坍塌，保留《新修立地窑神庙碑记》与《重修立地窑神庙碑记》两块碑文
玄帝观	（无旧照）		始建于明代，属道教寺院，奉水神玄帝，保佑村民不受火患。民国时期村中将正殿改造为小学，现为村委会
圣母殿	（无旧照）		始建年代不详，于明崇祯、清光绪年间重修，目前已被废弃
杨氏宗祠			始建年代不详，是杨氏族人为纪念先祖而修筑。近年建筑的屋顶、门窗、墙面被翻修为仿古建筑，风貌变化较大

旅游发展促使这些历史遗迹成为立地坡村重要的参观景点，如东圣阁作为游客进入立地坡村的第一个节点空间，其建筑下方的拱洞给人们营造了恍若隔世之感。将历史建筑空间放置在入口轴线的关键位置，可以很好地将其融入游客的整体游览体验，东圣阁从过去的村民祭拜精神场所转变为游客的特殊体验场所。

②以使用需求为目标的公共空间更新

立地坡村中原有仅满足村民日常所需的公共空间，在旅游介入后逐渐演变为旅游规划中的重要景点和节点（图 5.1.18）。

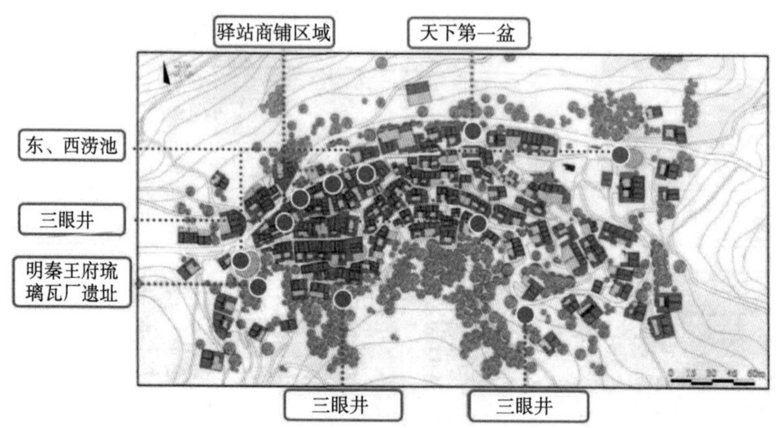

图 5.1.18　立地坡公共空间分布示意图

位于立地坡村西南侧的三眼井是村落“立地八景”之一，据说是在宋金时代由姓潘的村民开凿而成。这口井深 10m、井洞直径 1.2m，井盖用砂石制成，上面有三个孔洞，每个孔洞直径约为 0.4m，呈三角形排列，可供三人同时吊水而互不干涉。而三孔之间还有一个井洞中轴视孔，用于放置水绳，以确保在雨雪天气下仍能保持水绳的干燥。古时候，在井旁还设有水渠，将水引入陶瓷生产的窑场，方便制陶。三眼井从古至今常年不旱不涝，一直为全村居民的日常生活所依赖。村民们取水的同时也在此闲谈休憩，使三眼井成为村中不可或缺的公共休闲空间。近年来，村民为保护三眼井的历史遗迹，建造了一座仿古亭子，所形成的空间整体便作为重要的旅游活动节点（图 5.1.19）。

由于立地坡村自然水资源匮乏，村民依据地形和水文条件挖掘了东涝池和西涝池，以储存雨水、防止洪水泛滥，并在满足生活用水需求的同时，注重补充风水，调节村落的小气候，保护地下水源。东涝池和西涝池位于村落的东侧和西侧，过去为古代来往的驮队和骡马提供了饮水之所，同时也是村中信息交换的场所。如今，涝池周围修建了安全围栏，增设了休憩座椅、游船等设施，成为村落重要的旅游活动空间（图 5.1.20）。

图 5.1.19　三眼井

图 5.1.20　东、西涝池

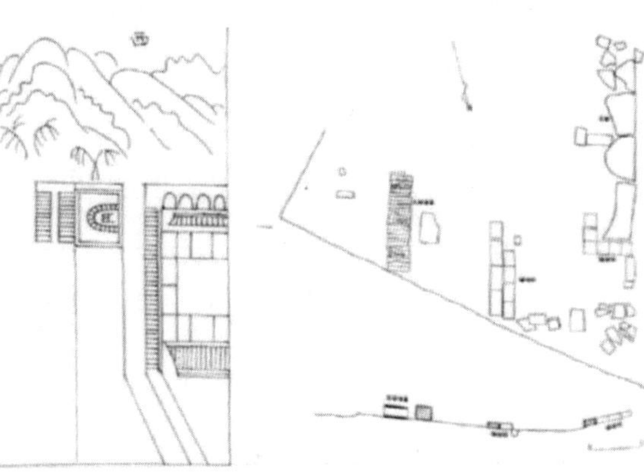

图 5.1.21　明秦王府琉璃瓦厂遗址现状与布局

此外，村落中的历史遗迹由原来生产性空间转变为游览性空间，如明秦王府琉璃瓦厂（图 5.1.21）。同时，为适应乡村旅游发展以历史文化为主题进行了“空间生产”，如采用传统技艺修建的大门、以历史遗物作为主题雕塑的广场空间，以及为满足旅游服务要求配置的停车场等（图 5.1.22）。

（a）吉祥门 - 赋以春明景和之意

（b）农耕文化展区

（c）“天下第一盆”

（d）立地坡村入口

（e）立地坡村停车场

（f）私家瓷窑遗址

图 5.1.22　立地坡村游客介入后公共空间现状实拍

③以可持续性为导向的废旧产品再利用

立地坡村充分利用陶瓷器具进行装饰，展现了耀州瓷的魅力和村落本土建造理念。首先是地铺装饰。村民巧妙地利用废弃的陶罐或陶罐碎片，采用平铺、侧铺、阵列、拼花等朴素的手法，将它们组合成院落地面的图案，提升了院落环境。碎瓷地铺的图案可以分为几类：第一类是文字形，通过组合形成如“福”“平安”等吉祥符号；第二类是不规则形，即将不同颜色的碎瓷随意搭配铺设，没有明确的图案；第三类是几何图形，如铜钱状、菱形、半圆形等，形态丰富，色彩多样（表 5.1.7）。

立地坡村废弃产品再利用环境类型与利用手法　　表 5.1.7

废弃产品类型	应用具体空间环境	利用手法
废弃的陶罐或陶罐碎片	地面	碎瓷铺地
瓷碗、瓷缸、碎瓷片等陶瓷器具	墙面	墙面装饰

续表

废弃产品类型	应用具体空间环境	利用手法
陶瓷制品和生产工具	宅前后院等	  生活辅助

其次是墙面装饰。除了利用陶罐作为女儿墙与院墙，村民还通过嵌入、叠放的方式将瓷碗、瓷缸、碎瓷片等陶瓷器具与墙面、柱子边缘相结合，形成独特的组合装饰。不同颜色的陶瓷制品与红砖相互搭配，创造出独特的色彩和韵律。此外，村中还广泛运用陶瓷制品和生产工具作为其他装饰元素，如花盆、水缸、排水口、菜园围栏等具备实用功能的物件。这些装饰既美化了村落的环境，也方便了村民的日常生活，为村庄注入了活力。

通过利用陶瓷器具进行装饰，立地坡村展现了耀州瓷的魅力，并体现了本土建造理念。地铺、墙面和其他装饰元素的运用，为村庄营造了独特的环境氛围，展现了当地居民对陶瓷文化的深厚传承和创造力。

3. 瓷窑生产村手工艺历史与场景再塑

（1）历史上立地坡村的陶瓷生产流程与空间环境

立地坡村的制瓷技术是北方民间制瓷技艺的杰出代表之一。村民精湛高超的手工技艺使得每一个日常器皿都充满了艺术美感。陶瓷器物蕴含着村民的精神和审美追求，在村落中展现出独特的文化魅力，成为宝贵的非物质文化遗产。

制瓷工艺主要包括原料开采与加工、泥料制备、塑模成型与装饰、釉料加工与施釉、装烧成品五大流程，共涵盖了 17 道工序。这些工艺流程与耀州精细复杂的工艺特点一脉相承（图 5.1.23）。

在立地坡村的制瓷工艺中，装饰手法以刻花最为精妙，同时还运用贴花、绘画等其他六种手法，每种手法均各具特色。耀州瓷器纹饰通常由植物、人物、动物以及边饰等四类艺术符号组合而成，这些纹饰代表了人们对美好吉祥事物的主观艺术表达，突显了传统的寓意性表现方式。这些纹饰图案饱满而富有张力，形成了紧凑有序的画面组织，带来极致的美感，代表了人们对美好吉祥事物的主观艺术表达。

（2）游客干预下的窑瓷生产村场景再塑

近年来铜川市政府投资打造立地坡村为美丽乡村示范村，对村落基础配套设施进行了更新与建设，借助乡村旅游发展对村落旅游资源进行梳理和塑造，提升了道路广

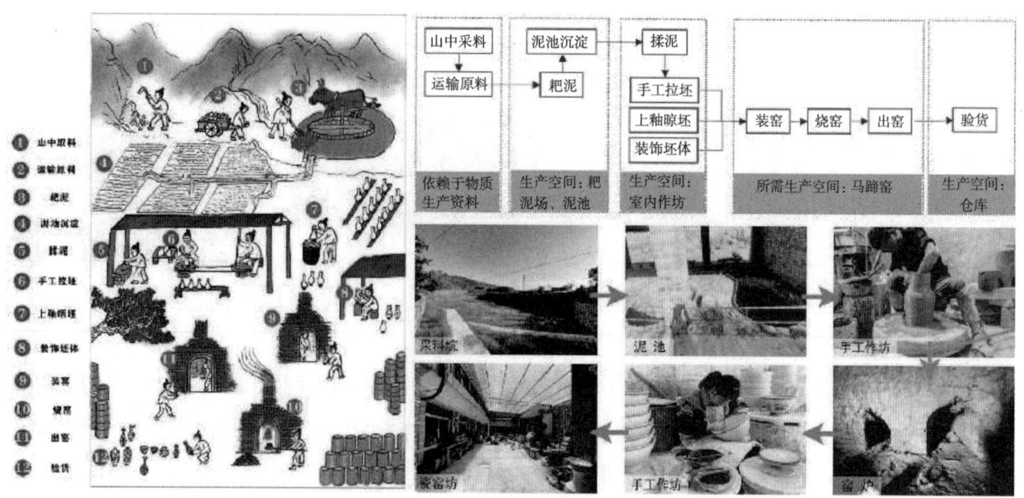

图 5.1.23　立地坡村陶瓷生产流程与空间环境示意图

场以及门户空间环境品质，以旅游产品的方式塑造村落的历史场景和村民的生活场景。

4. 窑瓷生产村产业与聚落关系

（1）聚落整体变迁分析

立地坡村遵循传统“天人合一”思想，在纵横交错的沟壑地理结构上布置宅院，以体现对山地地形的依存和适应。从水平空间来看，村庄沿着北侧官道持续延伸扩展，形成一个东西长约 650m、南北宽约 70m 的带状布局。整体而言，该布局呈现为一个眼镜的形象，其中东西涝池类似于眼镜的镜框，玄帝观类似于镜架，东、西圣阁则象征着眼镜的右、左镜脚。立地坡村是一个多姓氏混居的村庄，各个姓氏内部独立发展，但又相互协调，因此在整个带状布局内形成了明显的街巷划分（图 5.1.24）。

（2）产业主导下的村落“社会—空间”分析

立地坡村的陶瓷产业最初是以家庭为单位进行自产自销。明代，由于家庭经济情况、劳动力的变化以及工匠技能的差异化，许多作坊解体重组，形成分社、分行、分地域和分器物种类烧瓷的格局。这四大类别分别是“瓷户”“窑户”“行户”和“贩户”。它们之间相互合作，互不干扰，以专业化的方式进行生产和经营。这种以户为单位的生产形式一直延续到中华人民共和国成立初期。其中，“瓷户”是负责制作瓷坯的家庭。他们采集土壤带回家中，经过风化和沉淀形成瓷泥，然后在“窑户”的作坊中制作成瓷器，并在干燥后上釉或彩绘，装满窑炉后进行烧制。“窑户”是作坊和瓷窑的负责人，有的窑炉属于一家独有，有的窑炉则是几家共同使用。窑主负责购买烧窑所需的煤炭，而瓷户负责监督烧制过程。烧制完成的瓷器由“瓷户”和“窑户”平均分配。成品瓷器由“行户”全部购买，然后批发给“贩户”，再运往外地进行销售。“贩户”既有当地人也有外地人。

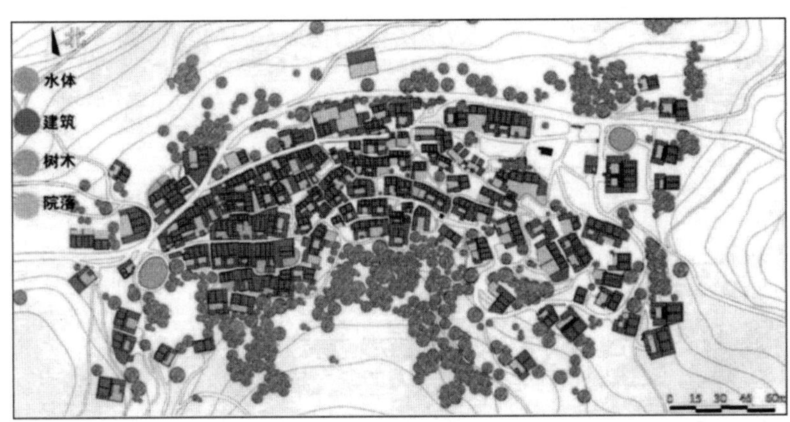

（a）平面布局

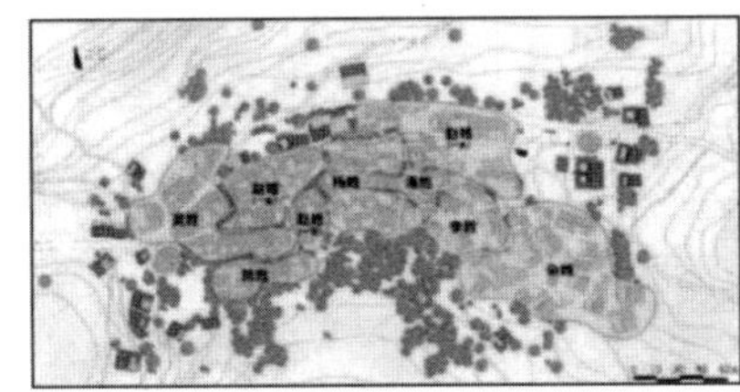
（b）村落内部宗族分布

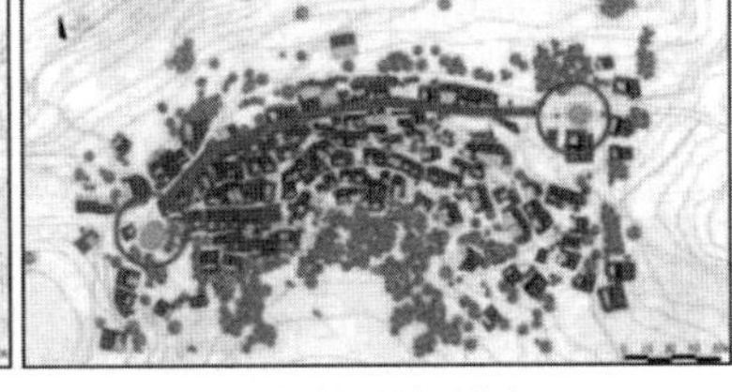
（c）眼镜形平面意象

图 5.1.24 立地坡村落整体空间布局

通过这种分工合作的方式，立地坡村的陶瓷产业形成了一个稳定的生产和销售体系。

据记载，明代初年立地坡村的陶瓷制作居民有 100 多户，他们在崖壁上建造瓷砖筑成的洞穴居所，绵延长达 5 里，在这一时期，民居建筑完全按照生产需求进行建造，居所围绕用于生产的作坊和窑炉。至此，村落形成以生产作坊和窑炉为中心的生产与生活一体化的空间布局。

5.2 驻守与分离：空间基因传承

居民日常生活中各类活动和生活习惯，无意之中创造并丰富了传统村落的日常生活空间功能。随着社会发展和技术的不断进步，村落居民的生活观念和生活方式不断变化，以往生活空间大多已经不能满足现代居民的日常需求，这就需要日常生活空间在种类、形式上进行创新转变。

在了解关中村落现状特征的基础上，可通过分析居民的生活行为方式和行为需求的阶段变化，明确村落不同阶段的空间特征、格局及主要活动，并根据演替特征，对关中传统村落进行日常生活空间的分类，为一直处于变化中的日常生活空间，凝练保留至今的“空间基因”（图 5.2.1）。

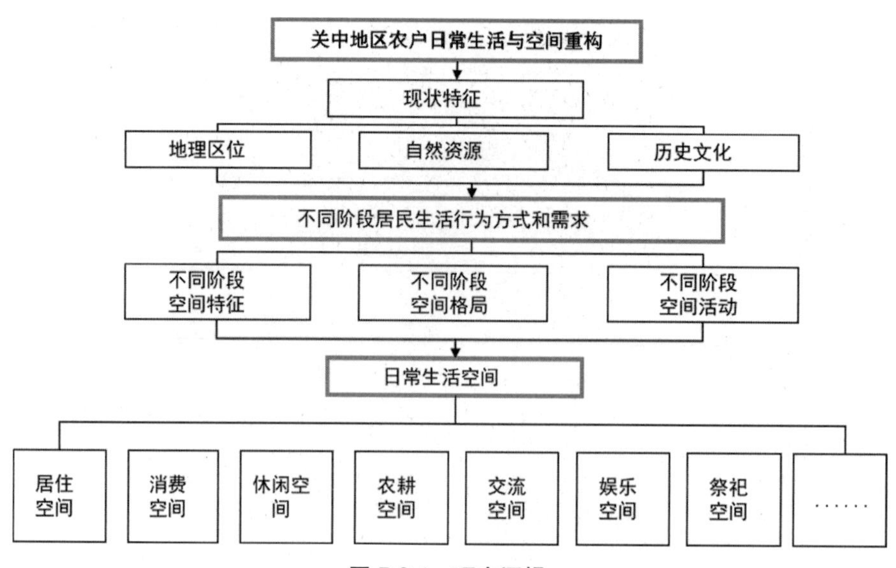

图 5.2.1　研究逻辑

5.2.1　灵泉村

灵泉村位于渭南市合阳县方镇东 3km 外，占地面积 3.9km^2，人口总数为 1930 人。

1. 基本条件

（1）地理区位

位于陕西省渭南市合阳县的灵泉村坐落在黄河西塬上，距离合阳县城约 15km（图 5.2.2）。该村位于合阳至洽川的二级旅游专线上，在洽川国家风景区中发挥着重要的作用。2013 年，灵泉村入选中国第二批传统村落。

灵泉村传统村落选址符合“天人合一”和“藏风聚气”的思想。它坐落在黄河西部台地上，山沟环绕三面，一侧是水沟，依托福山、庐山和寿山的生态环境以及特殊的地貌形态，创造了丰富的空间层次（图 5.2.3）。

图 5.2.2　灵泉村区位图

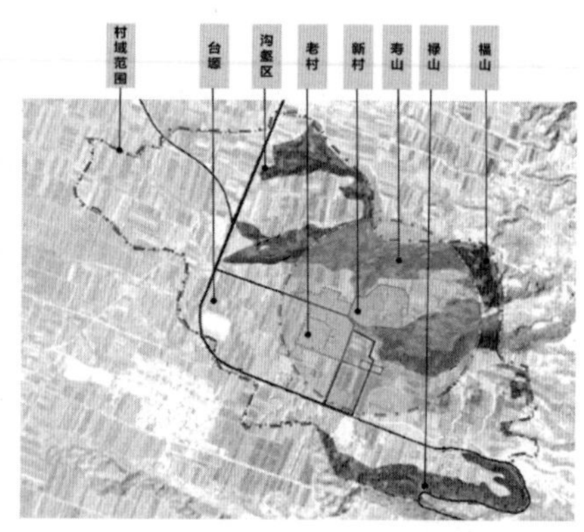

图 5.2.3　灵泉村山水格局

（2）自然条件

①地形地貌

灵泉村地处黄河西岸的渭北高原东北部、关中平原与台地边缘的交界处，海拔550—600m。村庄周围山谷环绕，地势险峻，南北两条深沟在村东汇合，并延伸至黄河方向。西部是一片平坦的黄土台地，形成了典型的半岛式高原地形。新居和西边的老村落相连，在广阔的平地上展现着村庄的独特风貌（图 5.2.4）。

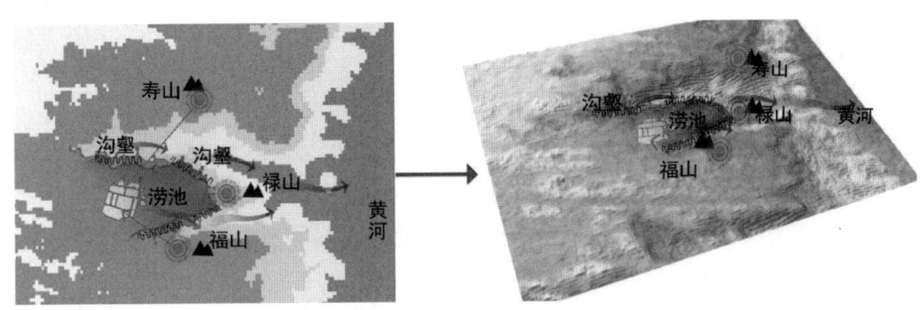

图 5.2.4　灵泉村地形地貌

②气候水文

灵泉村位于大昭河和徐水河交汇的盆地中，水系对位于半干旱地区的灵泉村而言有着重要作用。其所在的合阳县拥有紧密的河网结构，主要由黄河、金水河、大昭河、大禹河、徐水河等组成。独特的水文特征可以弥补该地区降水量较少和气候干旱的问题（图 5.2.5）。

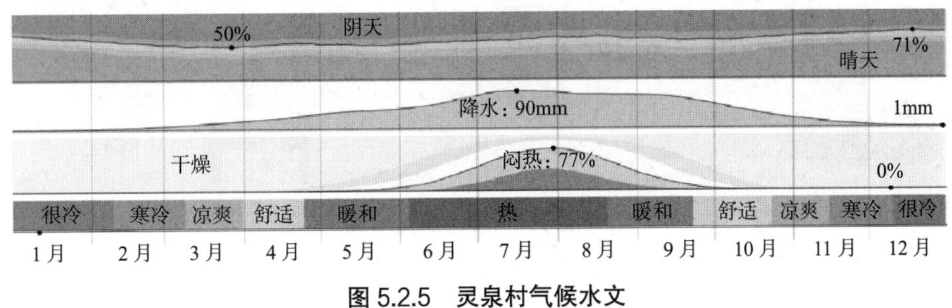

图 5.2.5　灵泉村气候水文

③土壤植被方面

灵泉村生态单元内的主要土壤类型是垆土和黄土，其土质具有养分含量高、土壤疏松透气，且保持养分程度高的优点，适合农业种植。村内的农作物主要包括小麦、花椒、玉米、桃树等。村内原生植物多为木本植物和草本植物，多分布在北边、南边和东边的山沟地区，其中木本植物主要有杨槐、银杏、白榆、雪松、侧柏、塔柏、山楂、

毛白杨、旱柳、龙爪槐，草本植物主要有蒲公英、草木西、白头翁、苦参、柴胡、白茅、黄高、马池兰、麻黄、连翘、野菊等，其他植物包括地衣、苔藓、浮萍、木耳等。另外，灵泉村现存500年以上的古树两棵。

（3）历史文化

①历史沿革

据记载，灵泉村的历史可以追溯到汉代，大约有2200多年的历史。最早居住在这个村落的是王氏和支氏两姓。明代时，党氏从山西洪洞迁徙至此，并开始建造宅院和从事农业生产。清代，受晋商影响，当地居民开始南下经商，回到村落后开始大修宅院，其中包括福山古建筑群。此时，全国各地都有党姓家族的商号，灵泉村也成了当地有名的商业村庄。此后村落在战乱中多次遭受破坏，建筑被损毁，居民流离失所，商业活动无法进行，村落规模急剧缩减，由此进入衰落阶段[1]。直到20世纪70年代末以后，村落人口才逐渐增多。许多村民从老村迁出，建设新村，村落规模逐渐扩大。与此同时，灵泉村的居民不再外出经商，农业和外出务工成为主要的经济来源。进入21世纪以来，随着城镇化进程的加快，传统的农村生活方式发生了巨大变化，村内劳动力外流，灵泉村开始出现明显的空心化和老龄化现象（图5.2.6）。

图5.2.6　灵泉村历史沿革

②文化遗产

灵泉村的非物质文化景观由庙会、表演（社火表演、跳戏、提线木偶）、传统手工工艺（剪纸、刺绣、面花）、地方习俗（宗族文化、家风家训、人生礼仪）以及传统饮食等构成（表5.2.1）。

[1]　王炜．陕西合阳灵泉村村落形态结构演变初探[D]. 西安建筑科技大学，2006.

灵泉村文化遗产　　表 5.2.1

类别	活动形式	活动展示
庙会	福山上有供祭祀朝拜的三教建筑群，每年农历七月十一前后三天都会在村东的福山门口举办庙会，活动当天会吸引许多游客、周边居民、信徒前来祈福，福山门前广场会举办戏曲、锣鼓表演、农产品展销等活动	
社火表演	社火表演是关中地区每年元宵节的主要表演活动，是地方民众庆祝丰年、天神崇拜、祈福思想的产物。社火表演分为游演阶段和场地表演阶段两种形式：①游演阶段是由表演队伍沿着村里的主要道路经过每家每户；②场地表演主要是集中在某个场地，在搭建好的舞台上进行表演	
跳戏	“中国戏剧的活化石”，受地方风俗的影响逐渐发展而来，表演形式和内容极具地方特色。提线木偶戏堪称“中华一绝”	
面花	面花是当地具有代表性的民间艺术产品。面花在合阳又叫“花馍”“花馒头”，是被当地人广泛用来庆祝春节、婚礼、满月等节日的礼馍。五颜六色的馒头造型组合成的花馍兼具观赏、祝福和食用的功能，久负盛名	
宗族文化	灵泉村的宗祠就是宗族文化的产物。村内居民也会通过祭拜祖先、迎接神仙等仪式活动来祈祷家族及村落的繁荣昌盛	
家风家训	灵泉村是由党姓氏族迁徙至此，后受山西商人影响，纷纷南下经商而发家致富、兴建宅院。灵泉村的繁盛都是依靠着村内名人的经商而崛起	
特色饮食	䦆面是陕西省渭南市合阳县独有的地方特色面食，是当地人极其喜欢的饭食	

2. 聚落空间格局演变

灵泉古村落空间形态发展经历了三山山水格局确立、村—庙—寨格局形成和新村建立三个主要阶段。

（1）初期发源：三山山水格局确定

早期居民在聚落营建中相信山水灵气的风水观念，以村落周边三处较高的小土

山分别代表福、禄、寿三神，将其作为聚落环境营造中至关重要的要素，初步形成以福、禄、寿三山为重心的山水空间格局。

无论修建祠堂、戏台等公共建筑还是居民私家宅院，都试图从位置关系和空间朝向上与三山建立联系，由此形成一种融合自然山水和人文信仰的独特空间基调。

（2）中期更新：村—庙—寨格局的形成

宋代至明清时期，灵泉村逐渐发展成为一个道教文化氛围浓郁的村落，建立了多座庙宇和道观，其中最重要的是修建于唐代的灵泉观。灵泉观作为灵泉村的主要道教寺庙，是当地居民信仰和朝圣的中心。此外，村庄周边还建有其他的庙宇和宗祠，形成了具有信仰空间网络的“村—庙—寨”空间格局。

（3）后期稳定：现代新村的建立

随着社会的发展和时代变迁，为了适应现代化的需求和提升居民的生活质量，灵泉村进行了村庄规划和改造，建立了新村，改善和更新了道路、民居、公共设施。这一阶段的建设注重保护传统文化和历史遗产，同时也注重提升居民的生活条件、发展村庄经济。

在新村建设阶段，新村的住宅建筑多为现代化砖混结构的楼房，村落空间中也规划了便于生活服务的商业建筑和公共活动空间以及绿化景观等。在此过程中，不仅融入了现代化住区发展理念，同时也注重保留和弘扬传统文化元素，在交往空间模式、宅院形制以及建筑材料和装饰中依然可以看出对老村基因的传承。

灵泉村不同阶段对比 **表 5.2.2**

类别		初期发源阶段	中期更新阶段	后期稳定阶段
时间		368—1595 年	1662—1908 年	1928 年至今
空间特征	面空间	在村落东南方位的半岛状土山上修建了福山古建筑群，同时将村落东北方位、西北方位的黄土原命名为禄山、寿山，形成“三山环抱”风水格局	沿村落建筑夯土城墙，形成棋盘状三横两纵格局	在村落西北方另辟新村，形成老村—新村格局
	线空间	街巷结构单一，仅以通行为主，没有出现明显分级。村落形态初具雏形	街巷网络随着村落向东、北发展，开始出现东西向主向，并扩展出了支巷，村落形态定形	新村道路以东西、南北向横平竖直，呈现为棋盘状
	点空间	开发窑居建筑	村落东侧平地修筑寨、堡	传统公共建筑及少量的明清时期的建筑宅院

续表

<table>
<tr><th colspan="2">类别</th><th>初期发源阶段</th><th>中期更新阶段</th><th>后期稳定阶段</th></tr>
<tr><th colspan="2">时间</th><th>368—1595 年</th><th>1662—1908 年</th><th>1928 年至今</th></tr>
<tr><td rowspan="3">空间格局</td><td>生产空间</td><td></td><td></td><td></td></tr>
<tr><td>生活空间</td><td></td><td></td><td></td></tr>
<tr><td>生态空间</td><td></td><td></td><td></td></tr>
<tr><td rowspan="3">空间活动</td><td>生产性活动</td><td colspan="3">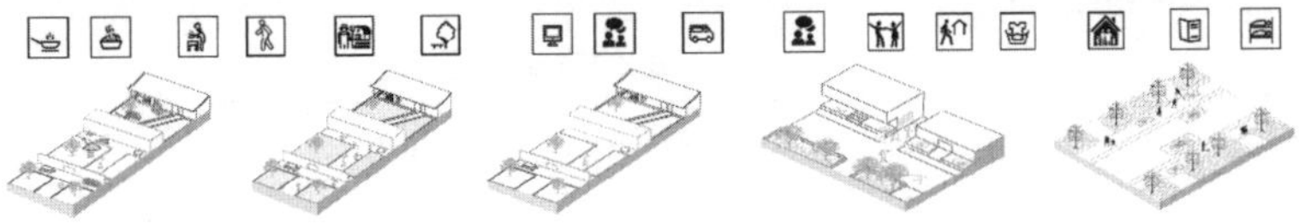</td></tr>
<tr><td>生活性活动</td><td colspan="3">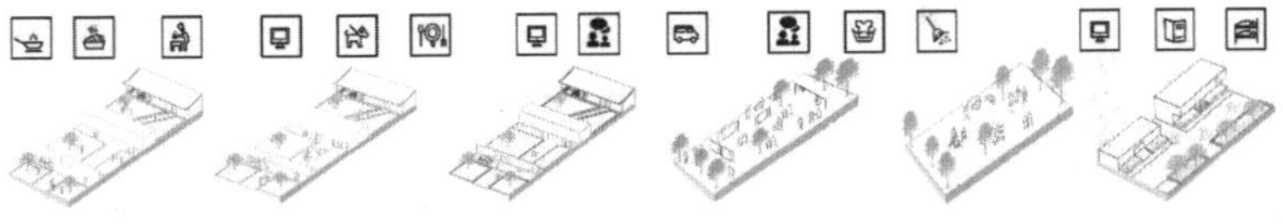</td></tr>
<tr><td>生态性活动</td><td colspan="3">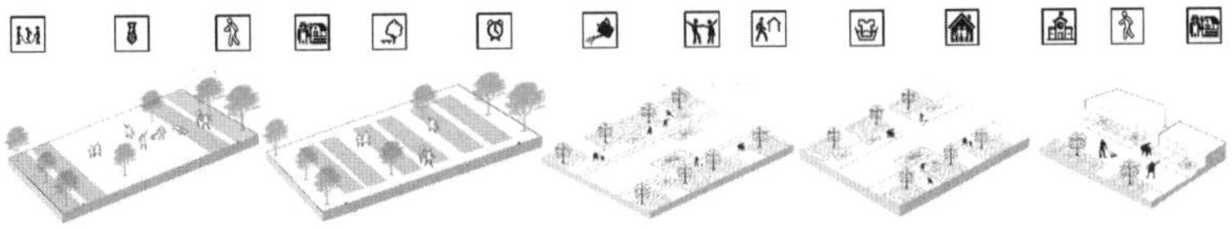</td></tr>
</table>

3. 空间基因传承

空间基因的传承是在村民价值认同和日积月累的生活中逐渐实现的。根据居民日常生活特点，可将村落空间划分为居住空间、休闲空间、生产空间、祭祀空间、植物空间、水系空间六类，针对各类空间分析空间基因传承的具体表现（表 5.2.3）。

日常生活空间类别 **表 5.2.3**

空间分类	表现形式	特征
居住空间基因	整体环境	包括村落的选址和村落平面形态、空间布局、街巷结构、公共空间
	居民住宅等	多为院落布局的传统民居，少数为沿街巷的独栋住宅
休闲空间基因	街巷、广场、社区活动中心等	室内外兼具，灵活自由
生产空间基因	农田	生产景观通过村民简单地种植形成，依然呈现出原始的风貌特征，无美观性和观赏性
祭祀空间基因	公共建筑等	来源于主体性公共建筑，且均受到习俗、宗教、信仰等非物质基因的强烈影响
植物空间基因	乔灌草	在一些风俗观念指导下，基于实用性形成一定的种植规律
水系空间基因	涝池、井台和沟渠	指向水体形态、用途和景观特性三大方面
注：空间功能具有复合化特征		

（1）居住空间

村落中居住空间主要分为居民日常生活的公共空间环境和居民宅院空间环境，其中公共空间环境主要包括村落的选址、村落平面形态、空间布局、街巷格局等，民居宅院空间环境主要包括建筑形态、院落布局、屋面形态、材料构造、细部装饰等（表 5.2.4）。

居住空间基因 **表 5.2.4**

类别	表现形式	提取基因	提取结果
居住空间	整体环境	村落选址	村落选址于黄河西岸的黄土塬上，三面环山环深沟
		村落形态	仿城池礼制式的方形形态
		空间布局	面状聚集
	居民住宅	建筑形态	具有地方特色的三合院、四合院
		院落布局	中轴对称，空间狭长
		细部装饰	单坡为主，“四水归一”，坡向院内
			以青砖、黄土、青瓦、木椽为主
			砖雕、石雕、木雕
			屋顶部分为脊饰、脊兽、瓦饰
			墙身部分山墙、硬山墀头、窗下墙
			门楼、照壁

灵泉村新村的选址既延续了对自然山水思想的考虑，也尊重了与老村的空间关系，将老村视为保护对象。新村传承了老村的整体空间特征。老村村落呈现为较为方

正的空间形态，在风水观念中，方正的布局形态被认为是稳定和有利的，能够营造出良好秩序与和谐的环境。受家族宗法礼制和地形条件影响，空间布局呈现为家族聚居，具有向心性和封闭性特征，即以家族为中心，整个村落向内聚集，家族成员通常会聚集在一起，形成一个家族集体居住的区域。整个村落道路结构采用“四横三纵”形式，形成良好的交通系统，并将村落划分成六大组团，便于村民组织管理（图 5.2.7、图 5.2.8）。

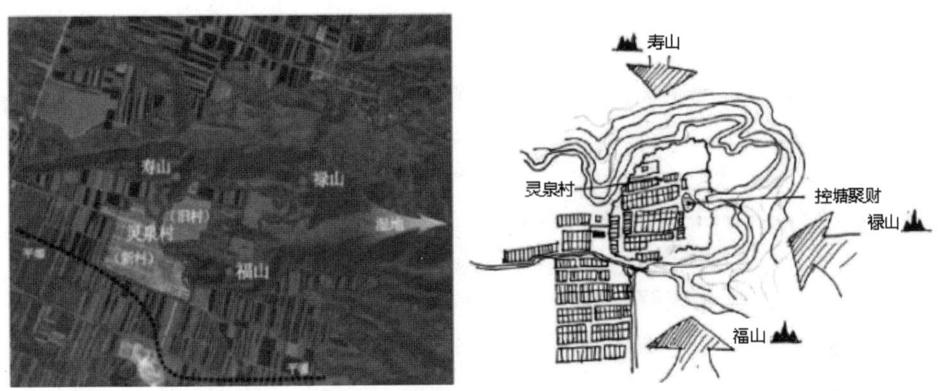

图 5.2.7　村落周边环境及山水格局

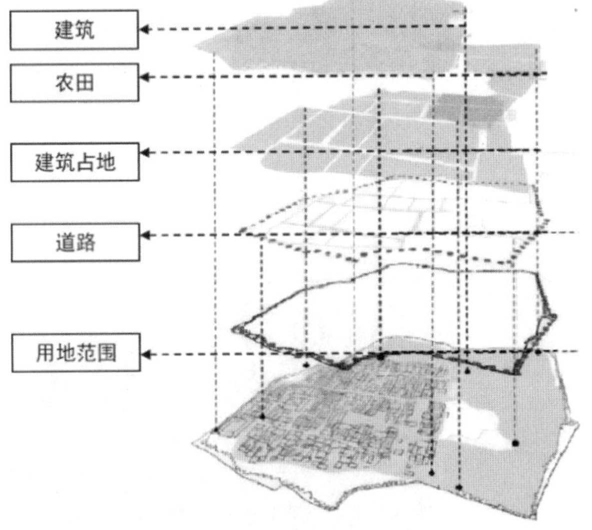

图 5.2.8　灵泉村现状布局形态

灵泉村拥有相对完整的城墙体系，体现了村落的封闭性和边界感。城墙环绕整个老村一周，长约 3km，形成了村落的边界和防御系统。这种城墙体系在传统村落中比

较罕见，它不仅具有实用功能，还象征着村落的独立性和集体荣誉感。党祠、南祠、三义庙、财神庙、娘娘庙、马王庙、魁星楼、观音庙和关帝庙等公共建筑主要分布于住区外围形成圈层关系，以此规范和引导村民生活空间不同活动类型和区域，体现了空间系统观念和空间规划意识（图 5.2.9）。

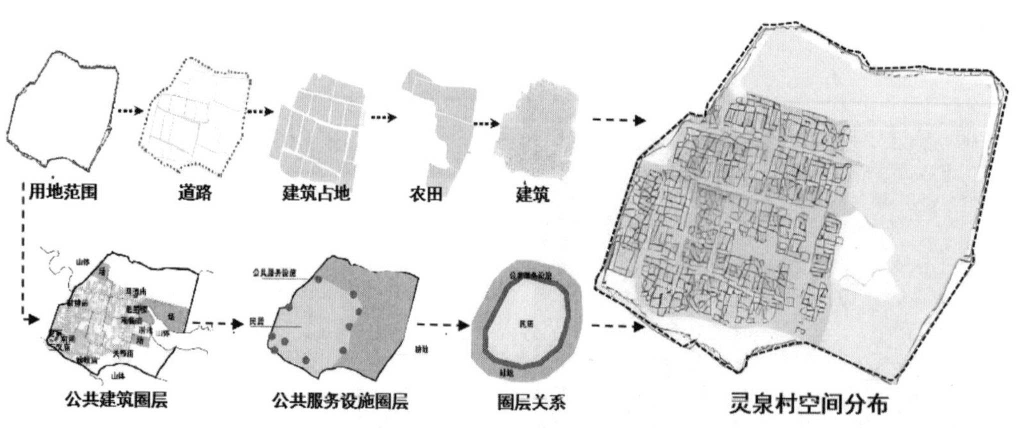

图 5.2.9　灵泉村公共空间布局分析

村民按照当时各户的经济条件和建筑规格将灵泉村现存宅院划分为“四大家”、“八小家”和“二十四匀户”。其中“四大家”是村子中经济条件最好、人丁最为兴旺的家庭，其宅院建筑规模体量最大、建筑用材较好、工匠工艺细致；“八小家”具有相对较好的宅院建筑；“二十四匀户”则是指村中的普通院落。灵泉村的建筑形式普遍采用以院落为中心、四面围合房屋、中轴对称的四合院形制，具有关中地区传统民居的典型特征（图 5.2.10）。

图 5.2.10　灵泉村传统建筑风貌图

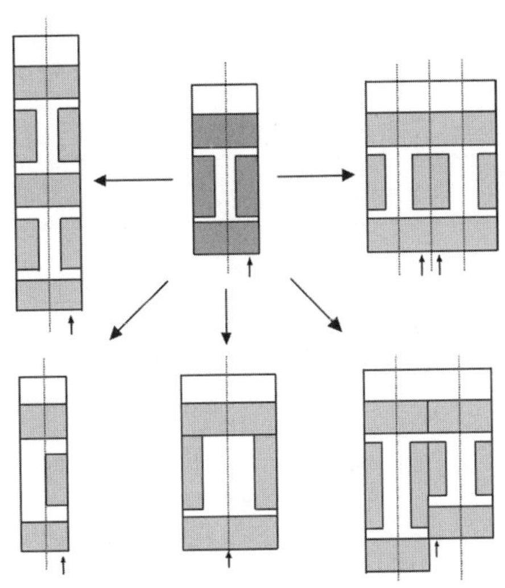

图 5.2.11　灵泉村院落布局结构图

现存较好的传统民居院落大多建于清代，空间形式多样，通常是上房居上，厦房（厢房）分布在两侧，门房与上房相对，形成四个房屋围合的格局，中间则是砖铺的庭院。当地人称四合院为“四合头”。四合院的宽度一般为 8—10m，院子的进深多在 20m 以上，有个别院落进深达到 30 多米，基本形成长宽比约为 3∶1 的狭长封闭空间。规格较高的民居建筑通常是青砖砌筑墙体，木材作为支柱和屋顶支撑。村内大部分建筑墙体都是中间部分用黄土夯实，下半部分用砖砌筑，这种构造方式既可节约成本，又可以提供一定的抗水侵蚀能力。这让古村呈现出一种自然、真实、质朴的气息，也反映了传统农耕社会注重实用性和耐久性的建筑营造智慧（图 5.2.11、图 5.2.12）。

图 5.2.12　灵泉村建筑材料

（2）休闲空间

传统村落中历史空间节点和遗留的生活器具等是乡村旅游建设中的重要资源，在空间基因的挖掘和传播中具有较大的价值。目前灵泉村所形成的村民休闲空间主要是

广场空间、街巷空间及设施空间（表 5.2.5）。

休闲空间基因 表 5.2.5

基因类别	提取指标	提取结果
休闲空间基因	公共广场	以集散、商业、民俗活动及戏曲表演等公共活动为主要功能的活动场地
	公共街巷	满足村民日常的生产生活需要，形成交通型、生活型和通过型三种级别的道路空间，“三横两纵”的路网结构，空间尺度舒适宜人
	公共设施	生活类小品形态：上马石、拴马桩、饮水槽、石碾、抱鼓石 生产类小品形态：推车、锄头、车轮、井盖
		材质：石材、木材
		色彩：石材、木材等材料原色
		文化特质：展现关中浓郁的农耕文化

灵泉村的入口广场空间是一个具有代表性的公共空间。它以戏台为依托，与附近的党氏祠堂建筑相连接，是村民聚集、庆典仪式、售卖交易及戏曲表演等多种活动的发生地，是村民认知地图中的重要地点及场所，占据了村落空间的核心位置。涝池是另一个重要的公共空间，位于村落的西侧，面积约 1000 ㎡，曾经是村民日常生产生活的必需之地。它不仅是村民挑水、洗涤、灌溉的生产生活空间，更是一个社交聚集、休闲交流的重要场所。

村落从南向北依次有四条主要的巷道，分别是南巷、前巷、后巷和后地巷，由西至东依次为支家巷、西巷和井巷。对于村民来说，这些街巷与其说是交通孔道，不如说是日常必要活动的承载空间，如在家门口区域端碗吃饭、道旁种植果蔬、堆放柴火农具等。街巷历史上多为青砖铺地，也有石板路、石子路和土路。这些都是历史文化和村民集体记忆的重要载体（图 5.2.13 ~ 图 5.2.16）。

图 5.2.13 村落公共空间（入口广场及涝池）

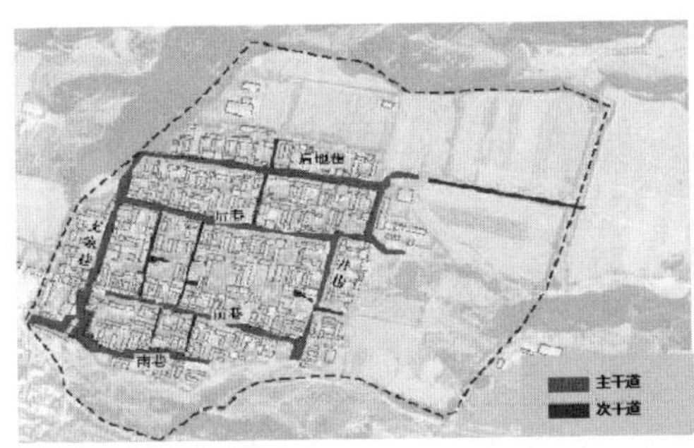

图 5.2.14　灵泉村传统街巷

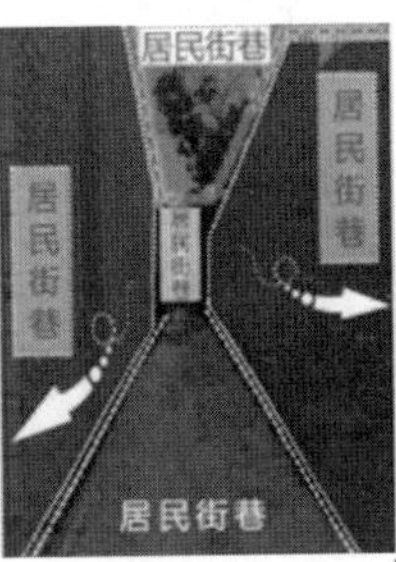

图 5.2.15　街道空间尺度分析

灵泉村历史上遗留的生活用具主要包括磨盘、石碾、拴马桩、辘轳、瓮和上马石等，它们承载着村民的劳作和生活记忆，也反映了农耕社会的生产生活方式。此外，村中还有犁耙、锄头、镰刀、推车、水车和平板车等曾经用于农田耕作、收割、运输和灌溉等生产活动的农具。如今，这些展示品和装饰物作为空间基因中的点式要素仍在乡土文化表达中发挥重要作用（图 5.2.17）。

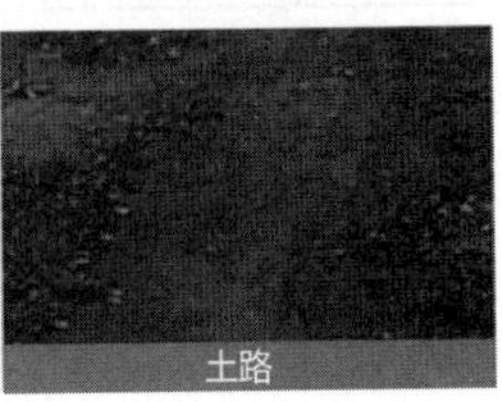

图 5.2.16　街道铺装

（3）生产空间

灵泉村主要种植花椒、小麦和桃子等，其中花椒约有 1200 余亩，小麦约有 400 余亩，玉米约有 400 余亩，桃子种植面积约为 100 亩，形成了村落农业景观基础。农田种植形式比较简单，没有刻意景观化包装设计，保持着原始耕种的农业风貌特征（图 5.2.18）。

图 5.2.17　公共设施

图 5.2.18　灵泉村农业景观（左：花椒　中：桃林　右：小麦）

（4）祭祀空间

“天人合一”的哲学观、“藏风聚气”的理念、儒家思想、宗族意识影响了灵泉村的文化基因，并物化为村庄布局、建筑装饰、生产活动等。精神文化及信仰通过祭祀祈愿活动来完成，主要发生在宗族祠堂、戏台、庙堂等场所。

祭祀空间基因　表 5.2.6

基因类别	景观因子	提取指标	提取结果
祭祀空间基因	非物质文化	传统习俗	庙会习俗——福山寺庙建筑群；表演习俗——三义庙（戏台）
		宗教文化	祖先崇拜——民居建筑的上房、党氏祠堂建筑、南祠堂村落布局以祠堂为中心展开
		祖先信仰	神灵信仰——娘娘庙、马王庙、观音庙，人物信仰——关帝庙、三义庙，城墙记载历史人物征战沙场的事迹
	主体性公共建筑	布局位置	村落周边、主要道路两边、村落中心位置
		建筑类型	三义庙（戏台）、古城墙、党氏祖祠、南祠堂、娘娘庙、关帝庙、财神庙、马王庙，以灰色、土黄色为主

灵泉村有庙会习俗，每年举行两个重要的庙会：一是佛山庙会，通常在农历七月十一日前后三天举行，村民们前往祭拜佛山神灵；一是正月初一庙会，这一天周边村民在天未明时都争相前往福山大雄宝殿烧头炉香。此外，还有独特的表演艺术和节日

庆典，其中包括起源于汉代的线偶戏和当地传统跳戏。多集中于祠堂门口和 村落入口举行的社火活动，通常包括舞狮、舞龙、踩高跷等，旨在庆祝节日和吉祥祈福。

灵泉村是一个典型的以宗族为基础发展起来的村落，最早由党姓和王姓两个宗族组成。祠堂在灵泉村扮演着重要的角色，它是村庄宗族活动的核心场所，族亲们常常在此讨论村中重大事务。每年清明和冬至，村民们都将在祠堂祭祀祖先。祠堂也是举办婚丧寿喜等庆典活动的场所。因此，祠堂既是宗族活动的聚会场所，也是展示村民传统生活习俗的重要空间（图 5.2.19）。

灵泉村中原有观音庙、三义庙、马王庙、财神庙、关帝庙、娘娘庙以及龙王庙等（图 5.2.20），庙宇围绕村落呈环状布局，给人一种神灵庇护的心理感受。灵泉村历史上建有党氏祠堂、南祠堂、积述祠等 11 处。目前只有三义庙、观音庙、党氏祠堂和南祠堂，以及井房和福山上的一组完整庙宇建筑群保存完好。这些庙宇和祠堂不仅是宗族信仰的象征，也是村落文化和历史的见证。它们展示了村民对神灵和宗族祖先的敬畏与敬意，也是村庄文化传统的重要组成部分（图 5.2.21，表 5.2.7）。

图 5.2.19　灵泉村祭拜场所

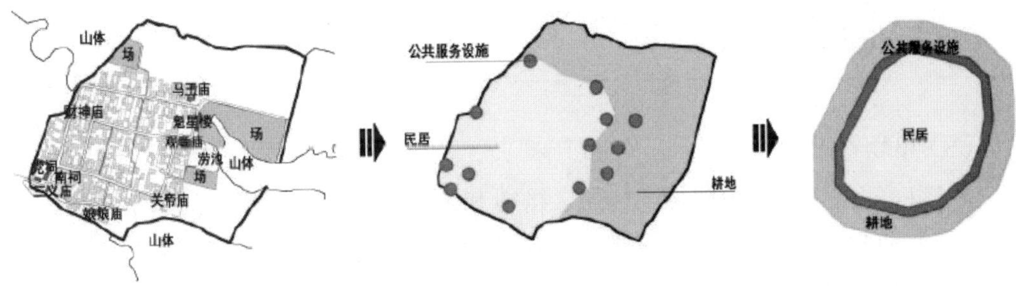

图 5.2.20　灵泉村公共建筑布局

图 5.2.21　灵泉村祠堂建筑分布图

建筑类型　　表 5.2.7

建筑	图例	概况
党氏宗祠堂		党氏宗祠堂保留最为完善。因党氏祖先由西迁徙而来，故总祠堂的入口朝东，面向黄河，村民面西祭拜祖宗，有“修祠东向，山峙河横”
南祠堂		南祠堂位于村口，现为民俗博物馆，里面陈列着灵泉村人旧时的家居用具
三义庙		三义庙，现为村中的戏台。面阔四间，有雕刻精美的十王子进宝石刻栏杆，破坏较多。三义庙体现了灵泉村的商业文化
观音庙		观音庙当年紧挨戏台，现为民居。据说当时这里的戏台是附近村落中最为豪华气派的。观音庙布局与民居类似，是窄长的二进院落

（5）植物空间

村落中的基调树种为槐树、杨树、构树和苦楝，另外还有成片的经济作物，包括柿子树、桃树、杏树、梨树。庭院多种月季、蔬菜、枣树、石榴树等。门户空间多种植柿树、石榴、枣树以及蜡梅、玉簪、月季、牡丹（图 5.2.22，表 5.2.8）。

图 5.2.22 植物类型

植物景观基因特征 表 5.2.8

种类	名称	在村落中的园林用途	种类	名称	在村落中的园林用途
乔木类	槐树	在村落中多用作行道树、庭荫树，于戏台广场孤植为点景树；或在庙宇旁边栽植，村中古树为五百年的国槐	乔木类	臭椿	种于房前屋后、行道树、防护林
	榆树	行道树、庭荫树、在村落周边的防护林地		泡桐	行道树、庭荫树
	构树	多种于后院、池塘边或成片林地		柿树	行道树、房前屋后、村落周边防护林
	杨树	屋后绿化、行道树、涝池边、田间地头	灌木及花草类	蜀葵	院内门前花坛装饰或巷道两边绿化
	枣树	多种植于庭院内、村落周边防护林地		石榴	种于庭院中，寓意多子多孙；村内巷道绿化
	核桃	多种于房前屋后，兼具观赏和实用价值		木槿	丛植做花坛装饰或巷道两边绿化
	柳树	门前、涝池边		月季	庭院中最常见的花卉植物，有的盆栽于室内

（6）水系空间

村落的水系基因主要为涝池、井台和沟渠，其空间作用主要体现在水体形态、用途和景观特性三大方面（表 5.2.9）。

水系基因　　表 5.2.9

基因类别	景观因子	提取指标	提取结果
水系基因	涝池井台沟渠	水体形态	点状：井台
			面状：涝池
			线状：沟渠
		用途	井台：提供生活用水
			涝池：提供生产用水及生活洗漱、牲畜饮水
			沟渠：民居排水及农田灌溉
		景观特性	井台：作为乡村生活景观记忆点，功能性大于观赏性，村落中常以此为中心形成生活广场
			涝池：静态水面，形成倒影，是村落中向心的静态空间，调节小气候
			沟渠：流动水景观

涝池位于村落的东南处，最初修建于康熙十八年，后在道光十八年进行了重修。周围采用石条砌筑，其边缘即为村子的东南角城墙（图 5.2.23）。村落现存三口古井，分别是东井、西井和后井。其中，东井具有砖石砌筑的井房和井台。井房设有门，上方嵌有一块石碑，上书“道通四海”。井房内壁的神龛两边悬挂着对联，内容为“景如德水千秋涌，神佑灵泉万代流”。井口周围用石条围砌，井架和辘轳支架保存完好，形制基本完整。

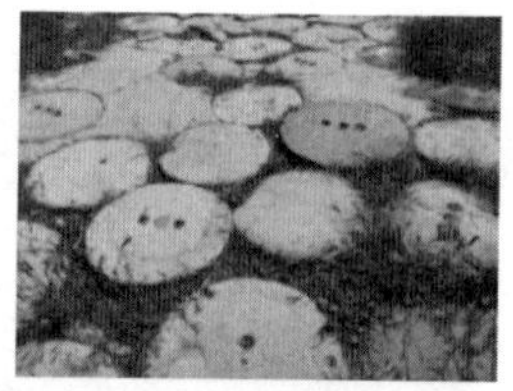

图 5.2.23　涝池景观

5.2.2　清水村

清水村依山傍水，民风淳朴，祠有祠训，家有家规，门有牌匾，碑有碑文，具有深厚的历史文化底蕴。2014 年入选第三批国家级传统村落。

1. 清水村基本条件

（1）地理区位

清水村位于陕西省渭南市韩城市芝阳镇，地处关中北部的黄土台塬区。村落东距镇区约 3km，距西禹高速芝川下线口约 7km。村落地理位置独特，西依梁山，东带黄河（图 5.2.24）。

图 5.2.24　清水村地理区位

（2）自然资源

清水村位于韩城市的山川结合部，西北部是梁山山脉，南部与龙亭塬相接，东边沿着河流向下延伸约 10km 即为黄河。清水村西侧临水，三面环山，整体地势北高南低、西高东低。这种地形条件使清水村拥有独特的自然景观和地理环境，山水相映，风光宜人。村庄的布局和建筑充分利用山水资源，形成了独特的人文景观和村落风貌（图 5.2.25）。

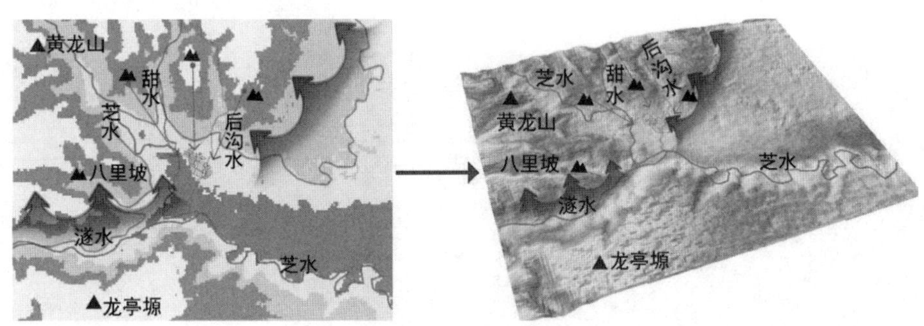

图 5.2.25　清水村地形地貌

清水村地处芝水河畔，依山势而建，周围环绕着沟壑和河流。这使得清水村具备了优越的防御条件，因此在古代被视为要塞。古时的清水村建有东、西、南、北四个洞门，既作为村落边界存在，又具备防御功能（图 5.2.26）。

图 5.2.26 清水村全貌

清水村位于温暖带半干旱区域，属于大陆性季风气候。这里四季分明，气候温和，光照充足，降水量较多。年平均气温为 13.5℃，平均年降水量为 559.7mm，无霜期长达 208d，日照时数为 2436h，这些气候条件有利于农业生产的发展。然而，雨量在清水村分布不均，大部分降雨集中在 7 月、8 月和 9 月。春季和夏季容易发生干旱，夏季则常伴有阵雨，降雨强度较大。村落西南方有芝水河，西边有甜水沟，南边有遂水。甜水沟和遂水汇入芝水，然后向东流入黄河。此外，还有一些季节性水流，如后沟水、泉子沟水、北沟水和哨沟水等（图 5.2.27）。

图 5.2.27 清水村田园风光

（3）历史文化

①历史沿革

清水村在宋代已经形成聚落，并在北宋时期吸引了不少冶铁人家。这些冶铁人家所铸造的犁铧质量优良，工艺精细，在当地和周边地区享有盛誉。然而，真正的发展阶段出现在元代。据《清水村薛氏家族谱》记载，1340 年，薛姓祖先从林皋迁徙到清水村安家落户。在薛家的带领下，清水村逐渐建立和发展起来。他们以精美的犁铧闻名于外，因此被称为“铧薛”，名声遍及全国。在明代，清水村依靠独特的手工业经济而繁荣和兴盛。当时村内涌现出许多手工作坊、店铺、商铺和药铺，村中文教之风昌盛，成为韩城市少有的富裕和有名望的村落。然而，随着明末清水村手工业的衰落，转而依靠农业发展经济，清水村逐渐没落。尽管清水村经历了起起落落，但其丰富的历史背景和独特的民居建筑仍然使其成为一处具有特色和历史价值的地方。

②文化遗产

清水村留下了许多文物遗迹。村落北大门整体结构完好，古民居主要分布在村中央，民居建筑朴实，生活氛围浓厚。著名的文化遗迹有薛祠、狐仙楼、古戏台、古照碑和古庙宇等 14 处，还有保存完好的明清四合院 20 多家。四合院建筑雕梁画栋，错落有致，环廊围绕，深邃神秘。许多家庭的厅堂上悬挂着祝寿牌、祭祀牌、医师牌、功德碑，字迹苍劲有力，流畅优雅。古人精心雕刻的门额题字、宅院里外的照壁、精美的石雕和木雕等，都展现出民居的深厚内涵和独特魅力。

锣鼓、剪纸、戏曲等是清水村重要的非物质文化遗产。锣鼓是清水村传统乐器，常用于庆祝喜事、迎接重要客人等场合。剪纸是一种传统的民间艺术形式。在清水村，剪纸艺术被广泛传承和发展，村民们常常用剪纸装饰自己的家居，营造生活空间的艺术氛围（图 5.2.28）。

图 5.2.28　清水村锣鼓、剪纸、戏曲

2. 空间演变

清水村聚落空间形成和演变受到地理环境、产业特征、人口迁徙和经济发展等多方面因素的影响（图 5.2.29）。

（1）村落形成阶段：以水而建形成聚居点

清水村的形成与韩城地区丰富的铁矿资源有关。北宋时期，韩城北部山区的冶户川一带聚集了许多善于冶铁的人家，形成了清水村聚落。

村西沟内有一甜水泉，水质清澈，并流经村落，这也是村名“清水”的由来。当时的清水村处于半封闭状态，以半自给自足的方式生活，经济交易仅限于小范围内。

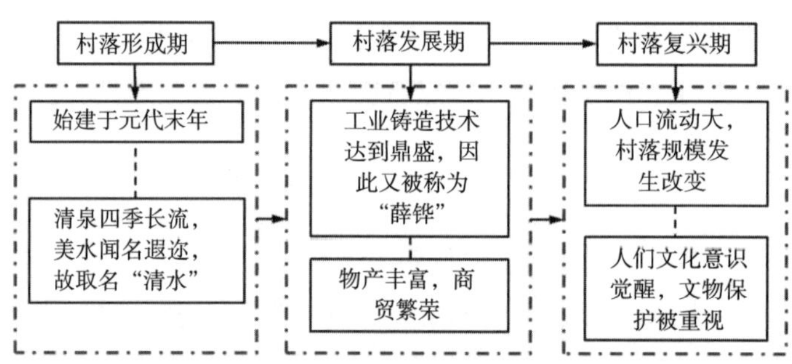

图 5.2.29　清水村历史发展沿革

（2）村落发展阶段：四合院建筑形式出现

1340 年薛姓大户迁入清水村（图 5.2.30），并建立了炉院。清水村的工业铸造技术达到鼎盛，尤其在铸造犁铧方面声名显赫。炉院、铁匠铺等工作场所能铸造犁铧、香炉、马镫、鏊鎏等物品，制作狮头、照碑、旗杆等工艺品和工具。村内手工作坊林立，手工业的繁荣发展使清水村物产丰富，商贸繁荣，为村庄发展和营建奠定了坚实基础，这一时期清水村出现了以四合院建筑为主的民居。

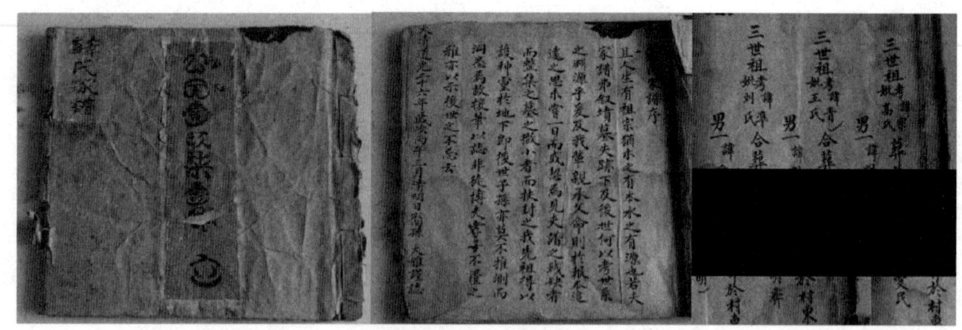

图 5.2.30　薛氏族谱

（3）村落兴盛阶段：“手艺”聚落规模拓宽

明代是清水村的鼎盛时期，铸造业达到了巅峰状态。清水村所铸造的农具犁铧畅销省内外。据《韩城市文物志》记载，清水村的铁匠铺遗址位于芝村北部，占地约 40000m^2，也就是现在所称的“炉院”。明万历年间，清水村制作了山西解州关帝庙铁狮子、五台山铁香炉等传世作品，展示了精湛的铸铁工艺。冶铁和手工业的发展推动了村落的演变，村落经济水平迅速提升，人口增加并持续扩大规模。

（4）村落复兴阶段：新定居点和聚落形成

明末至今，清水村经历了多个阶段的发展变迁。最初，清水村位于禹门地区，与闯王李自成有着密切的联系。据考证，李自成率领的军队曾在清水村铸造马镫和兵器等，后政府采取了封锁和销毁的措施，关闭了村中的铸铁作坊。从此清水村的铸铁业逐渐衰落，至今已无人能熟练铸造铁器。目前，清水村的经济主要依赖农业生产，主要种植花椒和苹果（表 5.2.10）。

不同阶段清水村对比　　　　表 5.2.10

类别		形成阶段	发展阶段	兴盛阶段	复兴阶段
时间		北宋时期	元明时期	清代	
空间特征	面空间	选择在水源丰富的地点，河流两侧的居住点	村内设有“炉院”，薛姓聚居并善铸犁铧	文教之风昌盛，药铺兴隆众多	开发拓展新的聚落科技，耕地不断开垦
	线空间	韩城北部山区的全长近百里的河谷	街道轴线基本形成	形成“丁”字形的主巷道与次巷道	存在分户析村、新的聚落轴线
	点空间	选择在环水靠山之处，沟壑作为屏障	存在炉院、铁匠铺、贴浦沅	存在铸铁作坊、铁匠铺、炉院、手工作坊、店铺、商铺	存在古宅、公共广场
空间格局	生产空间	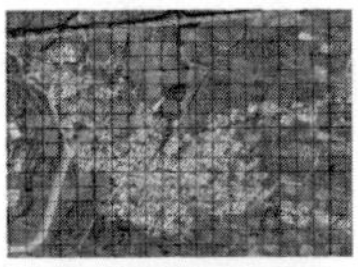	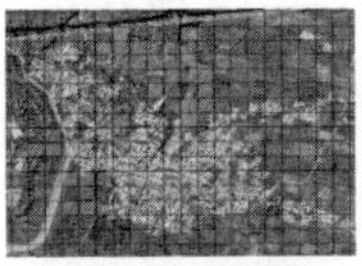	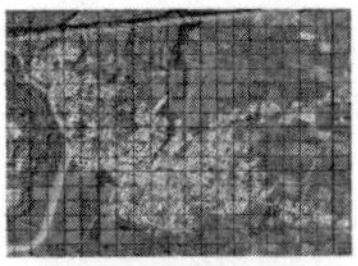	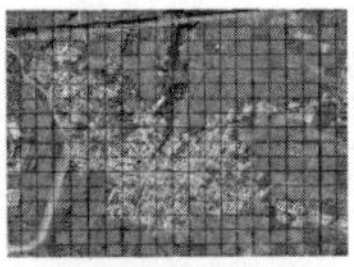
	生活空间	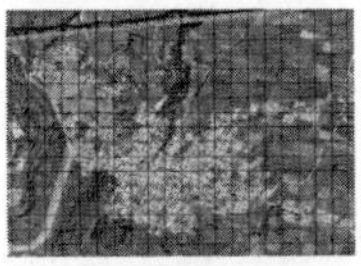	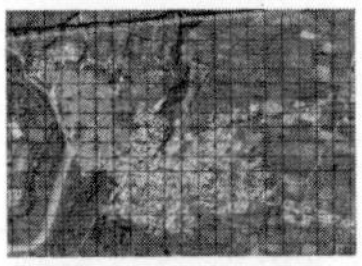	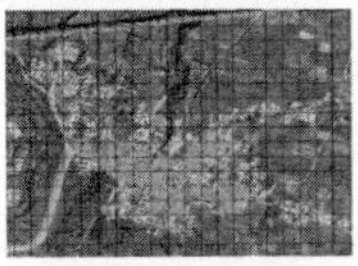	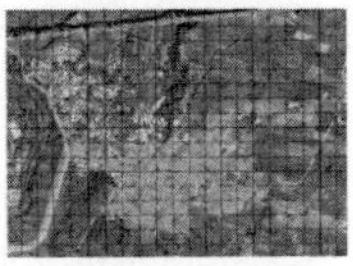
	生态空间	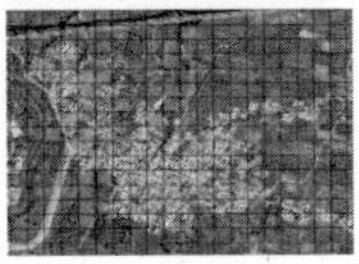	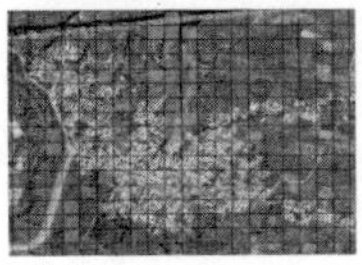	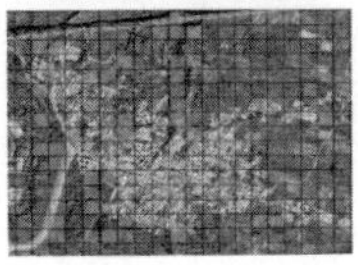	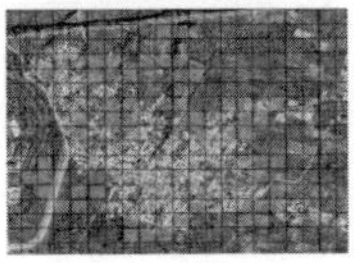

续表

类别		形成阶段	发展阶段	兴盛阶段	复兴阶段
时间		北宋时期	元明时期	清代	
空间活动	生产性活动				
	生活性活动				
	生态性活动				

3. 清水村空间基因

依据村落居民的日常生活行为特征，村落空间可划分为居住空间、休闲空间、祭祀空间、植物空间及水系空间五类（表 5.2.11）。

日常生活空间类别 **表 5.2.11**

空间分类	表现形式	特征
居住空间基因	整体环境	—
	居民住宅等	
休闲空间基因	街巷、广场、社区活动中心等	
祭祀空间基因	非物质文化	包括山水文化、耕读文化、宗族文化、民俗文化等丰富的传统文化遗产
	公共建筑	薛文学宅、亦陋巷兄弟连宅等保存较为完整，建筑特征鲜明，具有较高价值
注：空间功能具有复合化特征		

（1）居住空间

主要从村落的选址、村落平面形态、空间布局、街巷格局等宏观角度，以及民居宅院的建筑形态、院落布局、屋面形态、材料构造、细部装饰等方面进行分析（表 5.2.12）。

居住空间基因　　表 5.2.12

类别	表现形式	提取基因	提取结果
居住空间	整体环境	村落选址	清水村选址于山地、平原的交界地带，北依北顶塬，南临芝水河，依山面水，“负阴抱阳”
		村落格局	以祠堂为中心：村落的聚居多是建立在亲缘、地缘的基础上
		营建尺度	清水村的建设尺度与中国传统城镇的理想尺度相吻合
		景观轴线	清水村有两条主要的景观轴线
	居民住宅	建筑功能布局	清水古村四合院的形制与基本功能基本一致
		建筑艺术表现	装饰较为简单，气质更为粗犷
		传统建筑分类	三种类型：建议历史建筑、传统风貌建筑、其他建筑
		建筑细节装饰	讲究工笔画般的精雕细琢

①村落选址

村落选择在山地和平原的交界地带，北依北顶塬，南临芝水河，形成了依山面水的地理格局。这样的选址符合传统的地理观念，即“负阴抱阳”“高勿近阜，而水用足；低勿近水，而沟防省”。村落的西、南、北三面环绕着塬（如西岭、龙亭塬、北顶塬和蜗牛咀），有藏风聚气之妙。东西南三面有东沟、西沟（甜水河）、南沟和芝水河。村民还引西沟水入村，清泉沿着东西向的主巷道（中巷）流经村落，与自然水系形成了完整的水系网络。这样的山水格局形成了“三塬环抱，四水绕村”的景观（图 5.2.31），形成了清水村特有的空间形态和视觉印象。

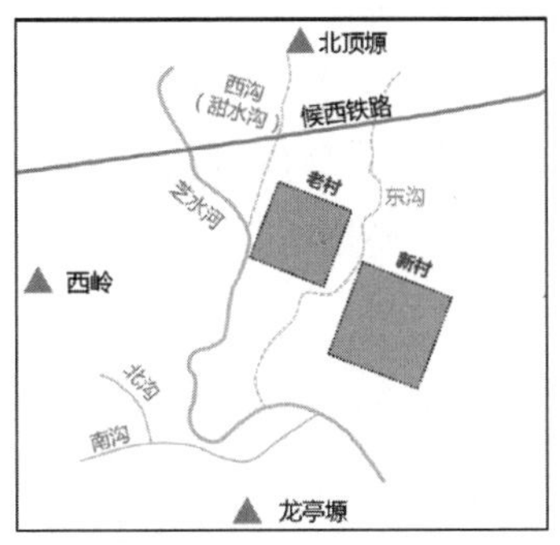

图 5.2.31　清水村山水格局示意图

②村落格局

主要表现在三方面：一是以祠堂为中心，由于清水村建立在薛氏宗族的基础上，家族祠堂在村落布局中占据重要地位，因此空间结构上形成民居建筑围绕祠堂布局的形式；二是村落北高南低形成四级台地，每级台地之间有约 5m 的高差，民宅建造在不同的台地上，使得村落的空间环境变得错落有致；三是防御性的内向封闭整体形态，考虑到村落地势相对较低，为了增强防御能力，清水村在南、西、北三个方向的高地上修建了古寨堡。同时在村内修建了东、南、西、北四个门洞，进一步加强了村落的防守能力（图 5.2.32）。

图 5.2.32　清水村村落格局

③营建尺度

以薛家祠堂为中心向周边扩展，包括三级尺度范围：方圆 240m 内，这是适合步行的舒适区域，为古村主要范围，包含主要景点；800m 内，这是肉眼能够辨识的最大尺度，涉及西南寨堡与北寨堡南部，属于村落防御范围；1280m 内，1280m 是视觉上能感知人存在的极限尺度，这一范围包含了周边所有可见台塬及水系（图 5.2.33）。

④景观轴线

清水村的景观轴线对于村落的布局和空间格局起着重要的作用。南北向主轴线连接龙亭塬和蜗牛凸高点，贯穿整个古村落，同时与芝阳塬和西岭的连线交汇处形成村落的中心，也是薛家祠堂所在的地方 。这个主轴线的确定体现了中国古代村落布局中轴线的重要性。另一条东西向轴线则是顺应地形的等高线形成的，确定了清水村东西向主街的走向。这条轴线两侧分布着北顶塬和龙亭塬，呈对称延伸的形态。

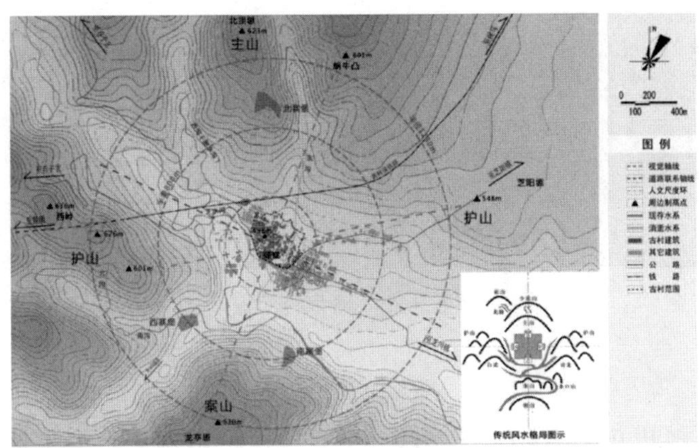

图 5.2.33 清水村营建尺度示意图

这两条主要的景观轴线与山塬和水系相互关联，形成了村落选址、布局和空间格局的统一与依托。

⑤建筑功能布局

清水古村的传统四合院是重要的历史文化遗产（图 5.2.34）。四合院建筑中厢房的屋顶采用单坡形式，并向院内倾斜，形成关中地区“房屋半边盖”的典型特征。

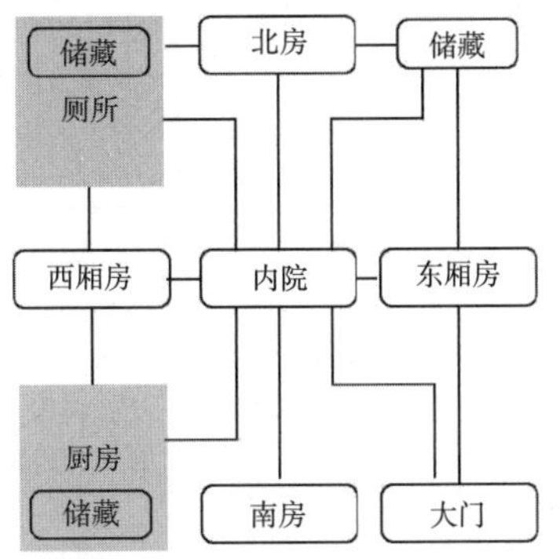

图 5.2.34 清水村四合院平面功能布局

⑥建筑艺术表现

在清水村的民居建筑中，大门是建筑装饰的重点，门两侧的对联、门墩下的抱鼓石、照壁上雕刻的图案及家训等都展现了地域性文化及村民的价值观念。如，门楣经常会刻有“耕读”“耕读第”等相关的题字（图 5.2.35），反映了关中人追求耕读并重的生活态度，以及对知识和教育的重视。清水村的古民居建筑装饰注重木雕、砖雕和石雕（“三绝”）。砖雕常见于屋脊砖、门墩以及宅院内外的照壁处；木雕多用于门窗、家具等部位；石雕则主要用于柱石、柱础等地方。

图 5.2.35　清水村门楣

⑦传统建筑

结合清水村现状及《历史文化名城名镇名村保护条例》中关于传统建筑的分类，可以将清水村建筑按历史年代和建筑风貌可以分为以下三种类型：建议历史建筑、传统风貌建筑、其他建筑（表 5.2.13）。

清水村传统建筑分类　　表 5.2.13

建筑类型	说明	分布概况	代表照片
建议历史建筑	能够代表清水村的地域特色，传统风貌保存较好，且建筑及其历史环境、格局保存完整，具有一定历史、文化价值的传统建筑，建议申报为历史建筑。其建筑面积占总建筑总面积的 18.36%	集中分布在古村中部和东部，上头巷两侧及中巷南侧	
传统风貌建筑	即除去建议历史建筑，村中其他具有传统风貌的关中民居建筑，其建筑面积占总建筑面积的 60.97%	一部分分布于古村西侧，一部分分散于古村内，与传统风貌建筑穿插分布	
其他建筑	包括风貌协调建筑与不协调建筑。 风貌协调建筑：与传统风貌相协调、保存较好的建筑，一般为 20 世纪 50-70 年代所建，建筑屋顶形式为坡屋顶，墙体材料为红砖。其建筑面积占总建筑面积的 12.40%。 风貌不协调建筑：与传统风貌建筑在形式、体量、色彩、材质及整体空间环境等方面不协调的现代建筑，一般为平屋顶，建筑材质为瓷砖等现代材料。其建筑面积占总建筑面积的 8.27%	主要沿芝东路两侧分布	

（2）公共空间

村落公共空间主要包括广场空间、街巷空间和设施空间（表 5.2.14）。

公共空间基因　　表 5.2.14

基因类别	提取指标	提取结果
公共空间基因	主要节点	集散、商业、民俗活动及戏曲表演等公共活动的活动场地
	公共街巷	满足村民日常的生产生活需要，形成交通型、生活型和通过型三种级别的道路空间
	公共设施	生活类小品形态：上马石、拴马桩、饮水槽、石碾、抱鼓石 生产类小品形态：推车、锄头、车轮、井盖
		材质：石材、木材

村庄东南高地上曾经生长着一棵约 200 多年的古柏，已成为村民精神上对家园世界的认知要素，古柏超越了本身物理价值而与周边环境共构为场所精神。狐仙楼位于清水村二组孙仲民家院内，原始建筑是一个三层楼房，也发挥着公共空间节点的作用。此外，清水村村口空间、戏台广场等从古至今一直在历代村民公共生活和社会交往中扮演着重要角色，成为集体空间记忆的一部分（图 5.2.36）。

图 5.2.36　狐仙楼（左）、东村口（中）、戏台广场（右）

清水村内部四级台地和道路布局空间形态独特。道路的设置充分顺应地形的自然坡度，道路与地形协调。道路骨架由四条主要巷道组成，包括东咀巷、中巷、西巷和上头巷，巷道分别连接四座拱门。主巷道和次巷道交叉口大多呈“T”字形，为半封闭的空间结构，在满足古代安全防御需要的同时，也形成了舒适的交往空间（图 5.2.37、图 5.2.38）。

传统村落历史环境要素也体现在构成村落特征的环境或设施要素方面，如塔桥亭阁、井泉沟渠、壕沟寨墙、堤坝涵洞、石阶铺地、码头驳岸、碑幢刻石、庭院园林、古树名木，以及传统产业遗存，用于生产、消防、防盗、防御等的特殊设施。

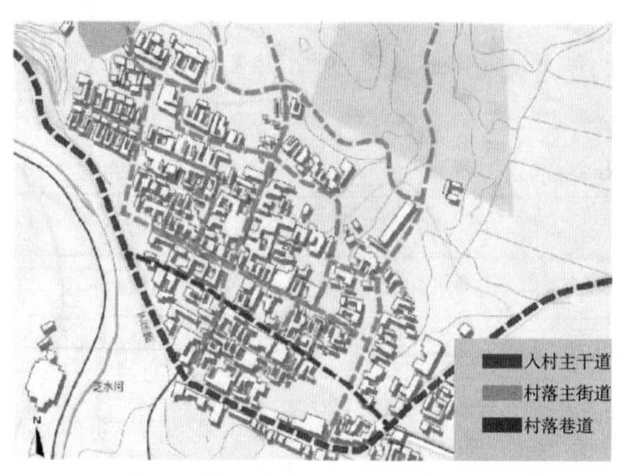

图 5.2.37　清水村街巷格局

图 5.2.38　北拱门

（3）祭祀祈愿空间

村落的祭祀活动行为主要发生于公共空间环境，环境—行为的相互作用受历史文化规约和客观环境条件综合影响（表 5.2.15）。其中非物质文化要素包括人居环境的风水文化，价值观念的耕读文化，社会关系的宗族文化和民俗文化等，这些文化的实现均物化于具体环境空间中。如“耕读”文化通常体现于宅院大门或堂屋门额。

祭祀空间基因　　表 5.2.15

基因类别	景观因子	提取指标	提取结果
祭祀空间基因	非物质文化	传统习俗	耕读并重的田园诗般美好境界和少有的功利色彩，反映了主人追求的生活状态
		祖先信仰	典型的单姓式“薛”姓村落
		民俗文化	围绕农事展开，以土地、农业为基础
	主体性公共建筑	建筑类型	村落周边、主要道路两边、村落中心位置

与此类似，民俗文化虽然以非物质文化形式延续（表 5.2.16），但实际上具有强烈的空间特征，在村民的活动行为和认知地图中，民俗文化恰恰是以空间为载体的符号或事件形象。

民俗文化类别　　表 5.2.16

	分类	具体内容
民俗文化	口头传说	华佗庙传说、狐仙楼传说、和尚庙传说
	民俗活动节庆	古会、清明祭祖、祠堂祭祖、二月二、七月七、春节、清明、端午节、中秋、重阳

续表

	分类	具体内容
民俗文化	历史人物	布政使、岁进士、名医薛化兰、薛和昉
	民间艺术	蒲剧、韩城秧歌、韩城行鼓、韩城蒸食面花、韩城剪纸、韩城土织布
	民间文学	韩城古门楣题字

（4）建筑文化

布政使连廊院兴盛于清嘉庆年间。院落内部有三面走廊，每个走廊尽头都建有过洞，方便雨天出入。上房的顶部用一根木柱支撑，屋顶上有18扇精美的雕花木门。明柱由周长1.4m、高3.8m的松木制成，柱顶石周长1.7m，分上、中、下三部分，上部为圆鼓形，中下部为八棱体，下面点缀精美的兽形雕刻。上房两侧刻有家训："志欲光前惟是诗书教子，心存裕后莫如勤俭持家。"正房的正中央悬挂着嘉庆年间的寿匾，上面写着"古稀同庆"，还有一块同族堂孙为布政司理问送的"五福骈臻"牌匾。东西厢房是两层木楼房，上层高七尺，下层高八尺。这座清水村中最宏大、最精美的院落至今保存完好（图5.2.39）。

图5.2.39　薛文学宅

薛氏祠堂形制为合院式（图5.2.40）。祠堂正门位于基地中轴线上，与外影壁相对，建筑屋檐、屋脊、墀头、柱础等重要部位利用木雕、砖雕及石雕艺术形式展现建筑等级及宗族文化，技艺精美，图案饱满。

义陋巷的两个相连院落具有相似的风格。进入大门后，可以看到借山墙式的影壁上的"福"字砖雕。大门楼、门墩、上马石、门楼以及四座房屋的木门窗都雕刻着精美的图案，展现了院落主人的精神追求，并代表了地方建筑文化（图5.2.41）。

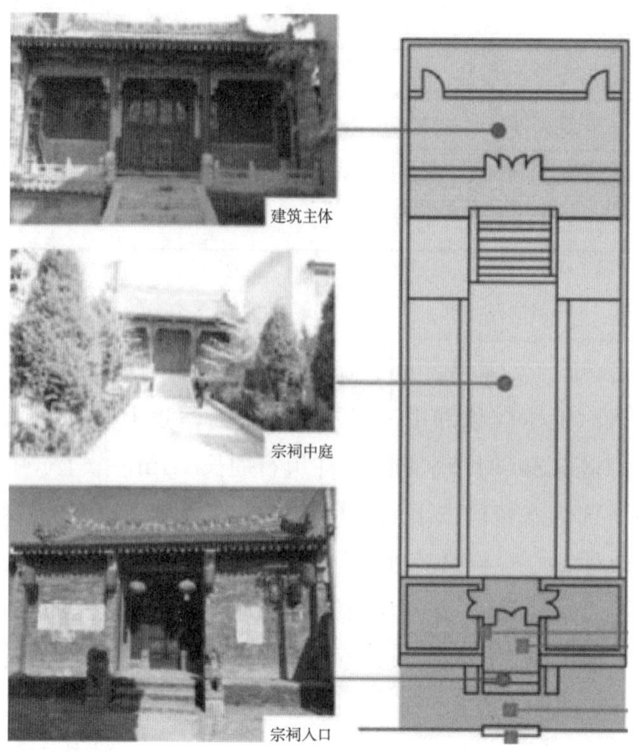

图 5.2.40 薛氏祠堂建筑

图 5.2.41 亦陋巷兄弟连宅（左：亦陋巷入口 中：北院宅门 右：院落内部）

5.3 寄托与回归：乡村空间历史记忆重塑

乡村空间存在的文化符号是村民共同记忆的产物，可分为物质文化形式与非物质文化形式。在传统村落旅游业发展的过程中，为满足游客介入后对乡村空间的好奇心，营造体验感，各村落的景观空间都会在不同程度上传承和转译空间的历史记忆。

根据村民与村落建设的融合关系，乡村空间历史记忆的重塑方式可分为两种：第一种是融入式，指本土村民与村落生活紧密联系，村民行为活动完全融入村落。这种方式可以视为展示性演绎，实时体现村落从古至今演变而来的各类生活习惯与传统形式，如袁家村。第二种是托管式。村落内部已经没有或者很少有本地村民，第三方接管村落运维，通过搜集和梳理村落的历史资料和特色资源，以特色化、多样化的形式重塑与再现空间历史记忆以吸引游客，如南堡寨村。

5.3.1　袁家村

袁家村是第二批中国传统村落、第一批全国乡村旅游重点村、国家 AAAA 级旅游景区，坐落于关中平原的中心地带，位于陕西省礼泉县烟霞镇北部、昭陵九嵕山脚下。袁家村交通便利，属于“西安 - 咸阳”半小时经济圈，距离西安市很近，且沿途旅游专车、客车等流量较大，地理位置优越，周围有昭陵博物馆、唐肃宗建陵石窟等文物古迹，基本成为大旅游目的地。秉承绿色、环保、生态经营理念的袁家村，被誉为“中国最具人气的乡村旅游胜地”、中国“互联网 +”乡村旅游典范，是中国较为成功的乡村旅游胜地。

袁家村自然人文资源丰富，旅游发展潜力巨大（图 5.3.1）。袁家村有着中国传统的风水格局，背靠山脉，四周是田，整个村庄呈面状、网状，房屋的总体布局均坐北朝南沿街而建[4]。

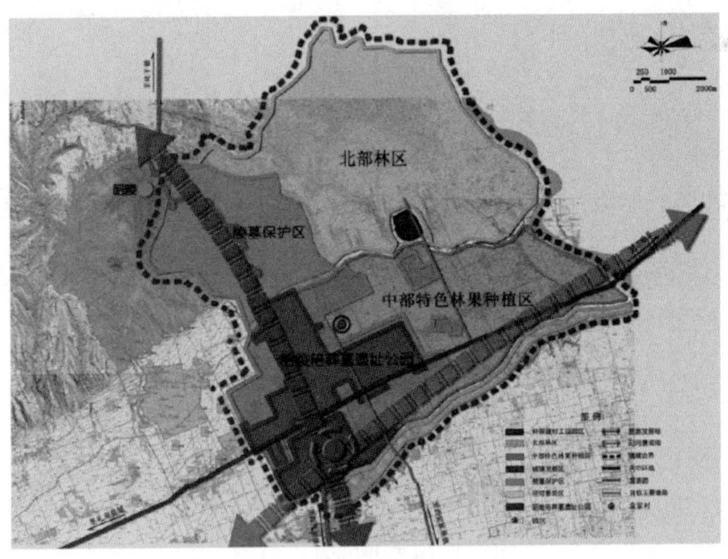

图 5.3.1　袁家村空间发展图

2007 年，袁家村的总占地面积 0.0693km^2，伴随着旅游开发，袁家村的景观有了极大的变化，整体村落空间由村口一条主路及沿路的两排房屋、宝宁寺和公交站发展成酒吧街、康庄老街、小吃街等特色空间，村落总占地面积持续扩展。2014 年的用地面积相较于 2007 年时扩展了约 3.3 倍，约为 0.2274km^2，整体空间向南北扩展。随后开辟了书院街和回民街，打造了袁家村旅游集散中心。2020 年是 2014 年的 2.59 倍，整体用地面积约为 0.5884km^2。从 GIS 中查看袁家村各年份的整体空间形态，可发现整体空间用地东西向也开始快速增加，中心向四周扩散趋势明显（图 5.3.2）。

（a）2007 年袁家村鸟瞰图

（b）2014 年袁家村鸟瞰图

（c）2020 年袁家村鸟瞰图

（d）2022 年袁家村鸟瞰图

图 5.3.2　袁家村整体空间形态演变鸟瞰图

1. 原有历史记忆

（1）公共空间

村落中村口空间、街巷空间、广场空间是日常使用率最高、人流量最大的公共空间。袁家村有多个出入口空间，包括城墙、路口转折、众多牌坊、石碑等空间环境要素均为重要的历史记忆点。街巷空间整体布局灵活多变，主要干道串联过街楼、宗祠、寺庙、牌坊等历史记忆点。广场空间承载村民日常健身、娱乐、集会等活动，是乡村历史记忆和文化传承的重要载体；戏楼观音庙、秦琼墓、祈福亭等标志性建筑是主要的历史记忆点（表 5.3.1）。

公共空间类型及历史记忆点 **表 5.3.1**

空间类型	空间形态	历史记忆点
村口空间	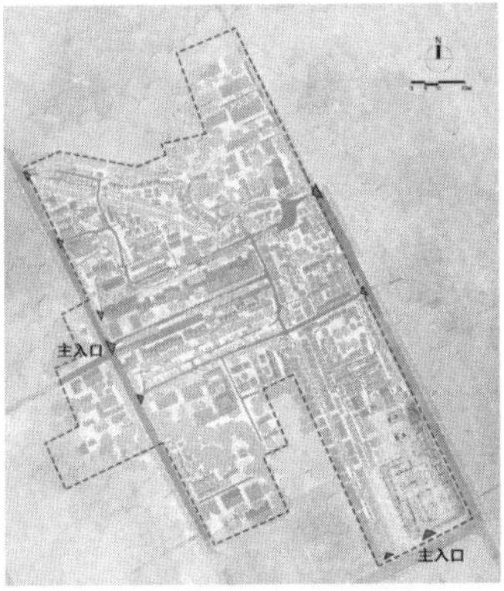	村落入口从前是村民的必经之地，现在是游客的必经之地，连接的功能性空间使空间序列呈“起承转合”形态，也是村民和游客产生空间感知反应的重要区域。 路口、城墙、牌坊、石碑均为主要历史记忆点
街巷空间	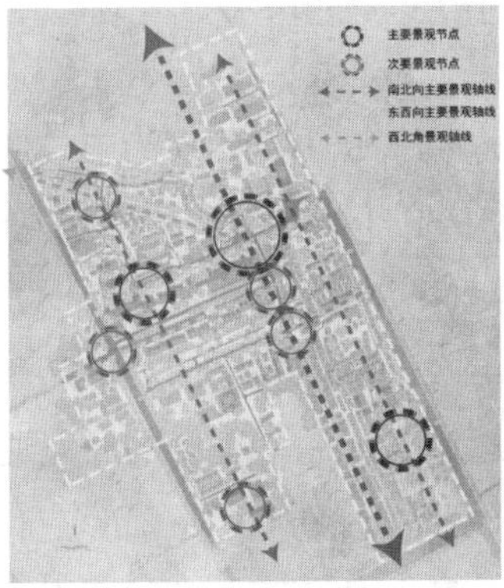	整体街巷布局具有一定的有机生长特性，各街巷的尺度、形态及相互关系灵活多变。主体街巷空间营造具有良好的起、承、转、合关系，通过与各种功能及活动类型的相互复合，使得整体区域更加具有人味、人气、人性。 主要干道、过街楼、宗祠、寺庙、牌坊均为主要历史记忆点
广场空间	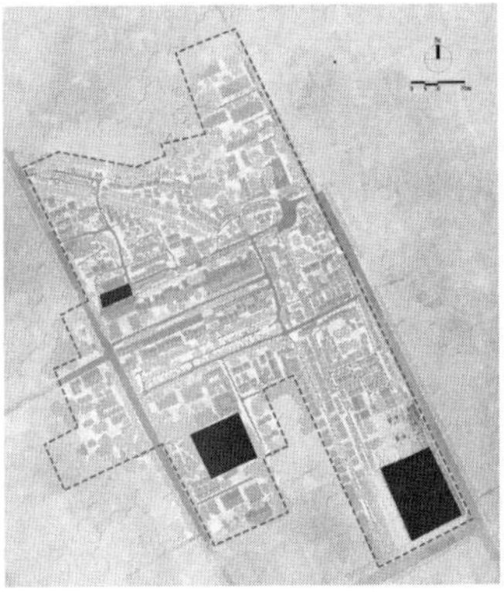	广场空间是旅游型传统村落景观空间内部结构中具有扩展性的中心节点空间，它一般具有尺度较大、视野开阔的特点，是村落空间活动聚集的地方，也是村民和游客逗留、公共活动和交往的中心。 戏楼、观音庙、秦琼墓、祈福亭均为主要历史记忆点

（2）院落空间

①院落形制

独院式是袁家村常见的院落形制，特点是建筑围绕用地外沿布置，形成封闭性较强的“口”字形平面。院落用地平面宽多为8—10m，进深约20m，庭院多为窄长形，庭院开间尺寸一般为3m左右，进深尺寸由厦房的开间数决定，且开间与进深比常为1∶3至1∶4，院落的平面形态总体来说占地面积少，基面得到了充分利用。在院落的建筑布置上，正房通常坐北朝南，开间常为3m左右，进深为5—7m，部分也有加大中开间的做法（图5.3.3）。

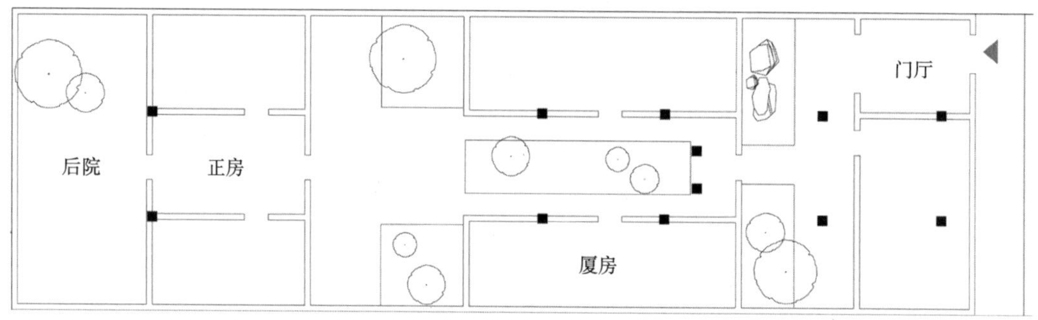

图5.3.3　袁家村民居独院式平面图

关中地区民居院落巧妙地将礼制风俗融入建筑布局中，体现为建筑北高南低、东高西低。具体而言，厅房的高度优于门房，东厢房高于西厢房，而厢房则略低于门房。庭院的地平面高差自低到高分别为门前照壁、门房、厅房，形成逐层上升的结构。整个院落的空间布局等级明确，具有丰富的空间层次。院内的正房朝北朝南，通常建于较高的台基上，分为“一明两暗”或“三间两过道”形制。正房的开间通面阔分为三间和小五间两种，其中小五间的正房开间较为狭窄，柱间距约在2m左右。较宏伟的四合院中的正房通常设有前檐廊，冬天可避寒，夏天可纳凉，空间感丰富。厢房位于中轴线两侧，也称为厦房，是关中民居建筑的主要特色之一。厦房的屋顶常为单坡形式，向内倾斜，即“房子半边盖”。厦房的开间通常较正房小，为2m左右，进深在2.1—3.0m。在用地范围内，厦房的进深受到用地多少的限制，可为一至多间，东边的厢房通常高于西边，符合东尊西卑的等级制度。在功能上，东西厢房各自独立，可用于居住和做饭就餐，但彼此之间不相通。门房的设计多种多样，有些将临街面中间作为门房，有些则利用小五间的边端作为门房。小五间的布局中，一侧梢间可作为入口通道，另一侧梢间可设为卫生间或库房，中间三间中，最中间的一间设有火炕，另外两间作为客人休息室。门楼在民居建筑中艺术性与文化性表现力最强，因此各户门楼建筑的形态差异也较大（图 5.3.4）。

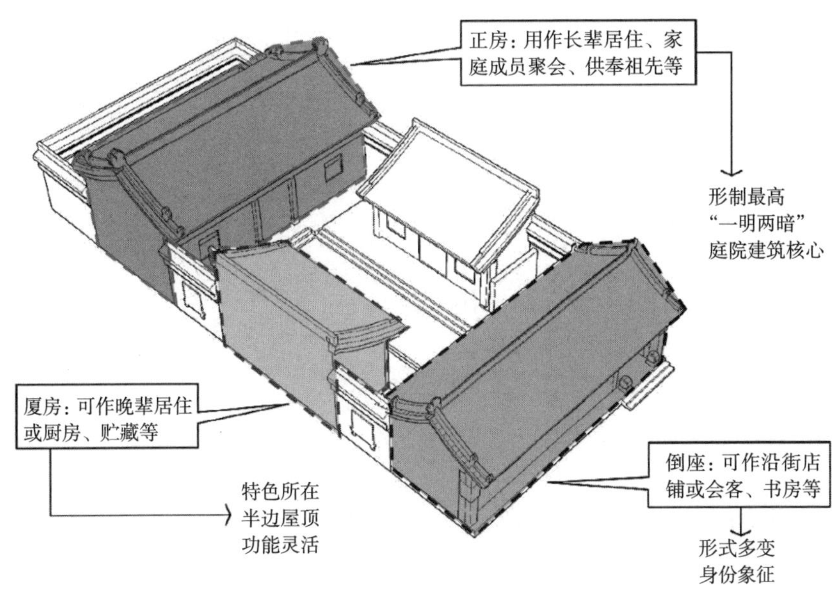

图 5.3.4　民居独院式模型

②建筑布局形式

按建筑围合院落的形式划分，袁家村的院落形态可分为七种主要类型（表 5.3.2）。一是由建筑四面围合形成的“口”字形院落。二是由建筑三面围合形成的“U”形院落，有一个面对外开放，这在一定程度上使得院落内外环境融合度高。三是由三座建筑沿纵深方向平行排布形成的“三”字形院落。四是由两座建筑沿纵深方向一头一尾平行排布形成的“＝”形院落。五是由建筑沿相邻的两边围合形成的“L”形院落，一侧围合感和私密性较强，另一侧则开放性高。六是由一座建筑及三面围墙围合形成的“一”字形院落，通常这种单座建筑位于院落主轴线的尾端，前部作为共享院落。七是混合型院落，即将以上的任意两种进行组合所形成的院落形式，通常规模较大、功能较复杂。

以围合形式划分的袁家村院落分类整理　　　　**表 5.3.2**

类型	原型示意	主要特征	实例图示
“口”字形		关中院落的最基本原型，具有狭长、较封闭、私密性强的特点	

续表

类型	原型示意	主要特征	实例图示
“U”字形		将一侧建筑去掉，空出更大的院落空间，增强与外部环境的交流	
“三”字形		院落具有较强的等级秩序感，同时院落层次的丰富促使房间具有更好的通风效果	
“=”字形		院落的开放性更强，内院空间更大，但私密性较弱	
“L”字形		院落中建筑与内院空间区分明确，私密生活区与公共活动区既统一又有所区分	
“一”字形		院落的开放性极强，打破了传统关中院落封闭私密的状态，使其成为半公共性的场所	
混合型		适用于规模较大的院落，内院空间与建筑布局更加灵活，符合多种功能的复杂需求	

③大门形式

在袁家村的建筑构成中，有很多小尺度店铺，对这些以小型普通民居住宅为原型的单体建筑而言，入户空间的设计无疑是建筑立面最重要的组成部分。在入口处设立的门多为随墙门，形式多样，有较窄的单扇门，也有较宽的多扇门，有传统民居式样的老门，也有现代风格的新门。其中，传统风格的门多以砖、石、木雕进行装饰，工艺精美，成为建筑立面的点睛之笔；而现代风格的门则以简洁的门框作为装饰，搭配具有现代属性的材质玻璃，形成独具个性的立面效果。规模较大的宅院，入口空间常采用形制较高的门楼形式，造型优美，雕工讲究，以体现宅院户主的身份与地位（表 5.3.3）。

以围合形式划分的袁家村院落分类 **表 5.3.3**

临街建筑“门”的处理		
传统型：单扇门	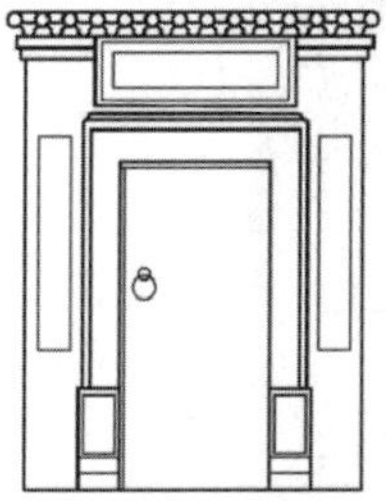	 
传统型：多扇门		
现代型：简约风格		 
现代型：门窗一体		 

④地面铺装

村落历史空间地面铺装材料相对单一，材料以石板、青砖、素土夯实为主，在同一空间中材质较为统一。而随着旅游服务空间营造，地面铺装在公共空间做出较大的

变化，主要体现在不同区域采用差异明显的材质，同一区域利用不同材质，铺装材料和形式也丰富多样（表 5.3.4）。

材质说明　　表 5.3.4

地段	剖面示意图	街景图示	地面材质
康庄老街段	❶❷ ❸ ❶ ①建筑平台 ②地上水槽 ③街巷地面		主要采用做旧的青石条砖，砖块尺度较大，烘托出安静闲适的空间氛围
戏台茶楼段	❶ ❷ ❸ ❹ ①建筑平台 ②街巷（步行） ③街巷（休息） ④地上水槽		采用尺度较小的做旧青砖铺装，而后又采用尺度较大的青石条砖，作为区域过渡
小吃南街段	❶❷ ❸ ❹ ❶ ①建筑平台 ②地上水槽 ③街巷（步行） ④街巷（休息）		主体街巷铺装运用做旧的小方石砖，古朴自然的肌理烘托出闲适的氛围，院落入口的建筑台基采用大块较新的石材，雅致大气，室外座椅区的铺装采用横向的木条，与做旧小方石砖形成强烈对比，更突出对休憩空间的品质打造
小吃北街段	❶❷ ❸❹❸ ❶ ①建筑平台 ②街巷（休息） ③街巷（步行） ④地上水槽		大块的青石条砖进行横竖组合的灵活拼贴形成地界面的变化节奏，地上水槽也铺设在街巷较为居中的位置，起到引导作用

⑤建筑外墙

关中传统民居的外墙墙体厚度大多在 300mm 以上，墙体材料采用砖或夯土，有利于维持室内温度，以取得较好的保温隔热效果。而今，建筑外墙的立面处理方式也十分丰富，对于康庄老街的商铺而言，大部分建筑的外墙处理以整墙的连扇木门或木质门窗组合为主，一些作坊的外墙则开设小型高窗，窗户形状包括圆形、方形、多边形等多种形式；对于小吃南街的店铺而言，建筑立面处理以可拆卸的木质门板为主，白天营业的时候建筑立面全部开放；对于小吃北街的老字号店铺而言，建筑立面以雕饰精美的木质门窗组合为主，凸显建筑的大气端庄；对于酒吧文化街的商铺而言，立面设计则更多地采用了当代建筑的处理手法，通过将玻璃与木框、铁艺等混搭以及各具特色的门牌设计，充分展示建筑的功能属性与格特征（图 5.3.5、图 5.3.6）。

图 5.3.5　建筑外墙

图 5.3.6　建筑立面墙体的不同处理

（3）小品空间

景观小品既作为乡村风俗与特色的环境要素之一，也成为激发游客兴趣的环境空间主体。袁家村的景观小品大多取材于与传统乡村民俗生活密切相关的元素，如古井、石磨和秋千，具有浓厚地方特色（表 5.3.5）。

民俗文化类别 **表 5.3.5**

小品类型	小品	图示
石刻艺术品	拴马桩：过去是乡绅大户等殷实富裕之家拴系骡马的实用条石，上有雕刻，以装点建筑、彰显身份，被赋予了避邪镇宅的意义	
	石雕：又称雕刻，指用各种可塑材料或可雕、可刻的硬质材料创造具有一定空间的可视、可触的艺术形象，反映社会生活、表达艺术家的审美感受、审美情感、审美理想的艺术	
	石狮子：是中国传统文化中常见的辟邪物品，以石材为原材料雕塑成狮子的形象，具有一定的艺术价值和观赏价值	
农具器物	石磨：用人力或畜力把粮食去皮或研磨成粉末的石制工具。由两块尺寸相同的短圆柱形石块和磨盘构成	
	石碾：是一种用石头和木材等制作的谷物加工工具，由碾盘（碾台）、碾砣（碾磙子、碾碌碡）、碾框、碾管芯、碾棍孔、碾棍等组成	
	耧：古代播种用的农具，由牲畜牵引，后面有人把扶，可以同时完成开沟和下种两项工作。这种农作工具是现代播种机的前身	

续表

小品类型	小品	图示
农具器物	药碾子：中医碾药用的工具，由铁制的碾槽和像车轮的碾盘组成	
	笸箩：以竹篾或柳条类枝干编成的一种盛器。其大小、方圆、深浅等形制因用途而各异。多用于晾晒食物	
	水槽：为储水蓄水所制。古代用其引流雨水，也有将水槽用来给马喂水的，还可以用来喂养家禽	
	水井：主要用于开采地下水的工程构筑物。它可以是竖向的、斜向的和不同方向组合的，但以竖向为主，可用于生活取水、灌溉，也可用于躲避隐藏或贮存一些东西等	
标语口号	宣传栏：村内进行展示、宣传、公告等内容的栏板	

续表

小品类型	小品	图示
标语口号	印刷品：张贴印刷或是手写内容的广告牌等	
	幌子：又称帷幔，一种表明商店所售物品或服务项目的标志。商店悬望子，为中国的一种商业民俗。起源甚古，最初特指酒店的布招，就是将布帘缀于竿端，悬于门前，以招引顾客	
环境设施（家具）	桌凳：在村落内散布的可供休憩的桌椅板凳	
	水塔：用来蓄水，用于储水和配水的高耸结构，用来保持和调节给水管网中的水量和水压	
	水缸：陶制品，一般在灶间和屋檐下各放一只水缸。屋檐下的水缸，下雨时通过水溜承接檐头水，汇于缸内，是生活用水的主要来源	
	吉祥钟：大唐高僧西天取经圆满归来，受皇帝嘉奖，特铸此吉祥钟，以佑华夏子民，鸿福万代，永世安康，后一直珍藏于西山寺中。辛丑之春，由高僧宽济师傅将其转赠著名作家朱西京老师陈列于此，以佑诸事顺意	

续表

小品类型	小品	图示
环境设施（家具）	马车：马拉的车子，或载人，或运货。马车的历史极为久远，它几乎与人类的文明一样漫长。一直到19世纪，马车仍然是十分重要的城市交通工具	
	秋千：游戏用具，将长绳系在架子上，下挂蹬板，人随蹬板来回摆动。起源可追溯到上古时代。因其设备简单，容易学习，故而深受人们的喜爱，很快在各地流行	
	亭：中国传统建筑，源于周代。多建于路旁，供行人休息、乘凉或观景用。亭一般为开敞性结构，没有围墙，造型轻巧，选材不拘，布设灵活	

（4）经济劳作空间

乡村劳作空间主要是农田，但在乡村旅游发展的袁家村，无论具有私密属性的民居院落还是完全开放的商业店铺，其门户空间都可作为乡村生产、加工和售卖的重要场地（表5.3.6）。

经济劳作空间类型 **表5.3.6**

空间类型	劳作空间	劳作内容	图示
室外	田间	原材料种植区为主的农田菜地，如萝卜、大白菜	
	庭院、街巷	食品原材料加工处，如粉条、辣椒、油、糍粑等	

续表

空间类型	劳作空间	劳作内容	图示
室外	庭院、街巷	手工艺工作坊，如剪纸、泥塑、弦板腔皮影等	

2. 景观空间历史记忆重塑

袁家村目前以旅游业作为主要发展方向，当地村民在村长的带领下对传统民俗文化的传承与传播有着一定程度的自觉性，例如村民积极参与饮食民俗、劳作、陕西秦腔、皮影戏、唢呐等具有当地传统特色的表演形式中，良好的人文环境氛围为袁家村重塑与再现历史文化与民风民俗打下了坚实基础。

袁家村承载历史文化记忆的空间主体主要有关中印象体验地、村史博物馆、唐保宁寺、50多户农家乐以及关中古镇区。

（1）公共空间作为承载体

袁家村的旅游发展建设主要是利用原有空间形态，对景观空间进行微修复和微更新，改变的是景观构成要素的材料、尺度、位置，活动内容的参与主体从原来的村民变成了游客，但袁家村的旅游业是村民自主发展型的，它将原有历史记忆自然而然地融入村落空间中，有利于保障参与村民的利益。

旅游开发使得袁家村的公共空间格局经历重构，呈现出“新旧”资源的“二元拼贴”状态，这两者在对立中共融、在冲突中共生。同时，半公共空间和公共空间的面积得到了扩增，有效拓展了旅游经济空间。乡土性和本土特色的公共空间的功能性质发生了显著转变，可进入性减弱，其在村民心中的象征意义也经历了变化。由此，村民的活动空间逐渐向半公共空间转移，引发乡村社会文化的演进，传统公共空间的历史文化通过多种展现形式再次呈现并经历了重塑（表5.3.7）。

（2）院落空间作为划分单元

传统村落转型发展旅游业的同时伴随着社会、经济、文化、思想观念的发展与转变，无论是村落本身还是村内人群结构都悄然变化，空间的“私有化”向“公共化”或“开放化”转变，在村落空间格局、空间功能及交通流线上也有了较大的改变。院落空间的使用主体从村民到村民和游客共生，空间功能属性从原来单一的居住转变为饮食、展示、体验、住宿等内容（表5.3.8）。

公共空间形态变化　　表 5.3.7

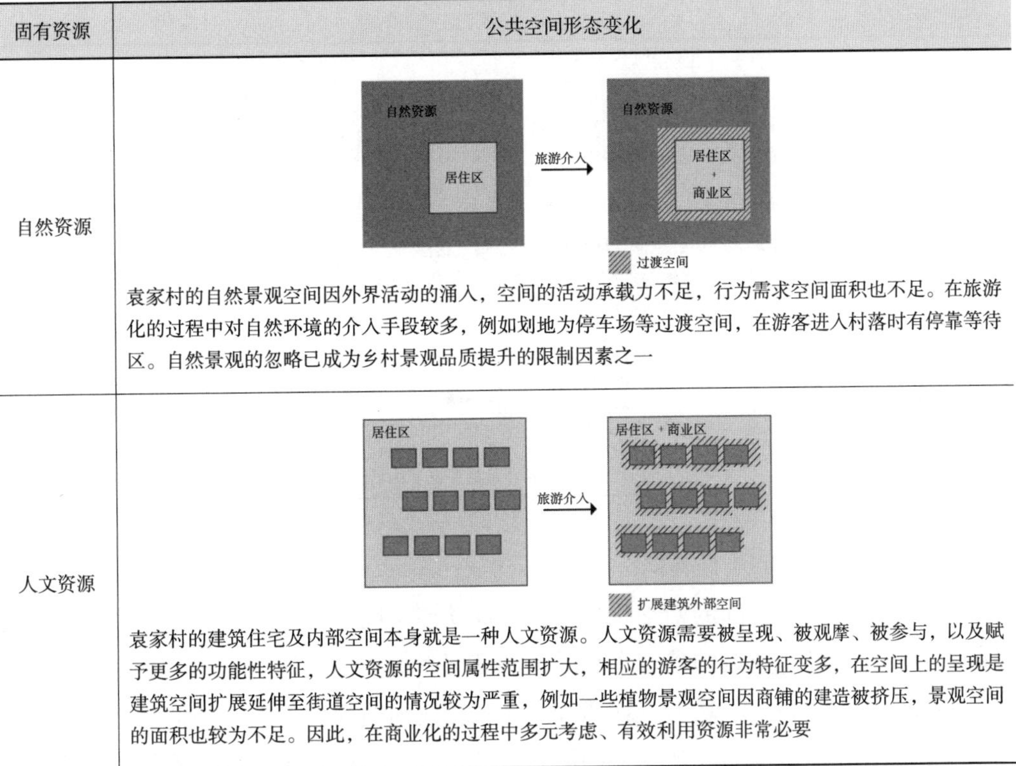

固有资源	公共空间形态变化
自然资源	袁家村的自然景观空间因外界活动的涌入，空间的活动承载力不足，行为需求空间面积也不足。在旅游化的过程中对自然环境的介入手段较多，例如划地为停车场等过渡空间，在游客进入村落时有停靠等待区。自然景观的忽略已成为乡村景观品质提升的限制因素之一
人文资源	袁家村的建筑住宅及内部空间本身就是一种人文资源。人文资源需要被呈现、被观摩、被参与，以及赋予更多的功能性特征，人文资源的空间属性范围扩大，相应的游客的行为特征变多，在空间上的呈现是建筑空间扩展延伸至街道空间的情况较为严重，例如一些植物景观空间因商铺的建造被挤压，景观空间的面积也较为不足。因此，在商业化的过程中多元考虑、有效利用资源非常必要

袁家村院落空间演变特征　　表 5.3.8

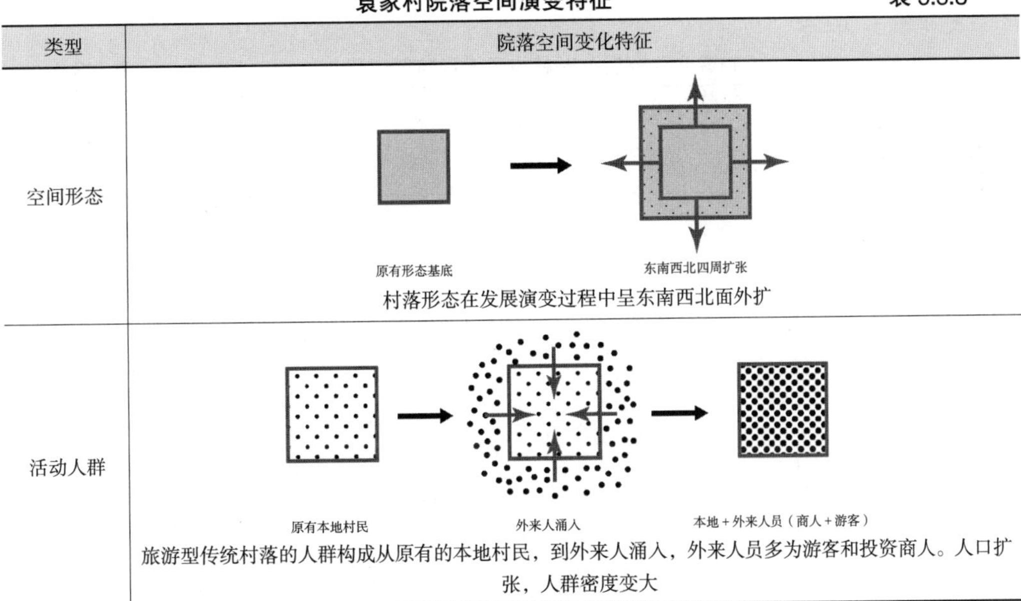

类型	院落空间变化特征
空间形态	村落形态在发展演变过程中呈东南西北面外扩
活动人群	旅游型传统村落的人群构成从原有的本地村民，到外来人涌入，外来人员多为游客和投资商人。人口扩张，人群密度变大

续表

类型	院落空间变化特征
空间功能	居住区 → 观光 居住区 体验 住宿 购物 娱乐 饮食 满足本地人需求的居住区　满足本地人需求的居住区＋满足外来人需求的旅游区 村落本身为本地人的居住空间，转型成旅游型传统村落后，村落不仅要满足本地人的居住需求，同时还要满足外来人的各类旅游活动的需求。村落功能空间变化大，居住区和旅游区共存
空间界面	原有空间形态　空间边界外延且形态丰富 局部空间形态呈向边缘外延趋势，多为沿边缘围合和散点式分布

（3）细化不同空间小品转向

随着袁家村旅游空间的精细化发展，不同功能空间环境景观属性与定位应差别明显，因此，作为环境要素的景观小品或设施就要发挥更加具体的作用。袁家村景观小品主要有保持原始造型、功能、材质和形态的传统村落遗留物件，如磨盘、石碾、拴马桩等，但在不同空间属性转变和功能细分的情况下，同一小品所发挥的作用或预设目标是不尽相同的（表 5.3.9）。

游客介入前后袁家村旅游资源特征变化　　**表 5.3.9**

村落游客介入前后 / 小品空间	袁家村	
	前	后
饮食空间	本土化：当地居民的饮食偏好和习惯	a. 商业化 b. 特色化 c. 民俗文化 吸引并服务游客
住宿空间	自居型：当地居民自家房屋自己住	a. 民宿型 b. 商铺型 c. 农家乐型 d. 外包型 e. 出租型 村民和游客同住
交通空间	村内通行以步行、电动车为主，自家车辆停在自家房屋附近	外来人群增多后，增加了集散空间、停车场区域，设置了“小火车”等代步工具
游览空间	—	a. 自助型（游客自行游览） b. 连续型（全村发展旅游）

续表

小品空间 \ 村落游客介入前后	袁家村	
	前	后
购物空间	便民型：便利村内居民日常生活消费	对外型： a. 谋利化 b. 特色化
娱乐空间	村内公共空间供村民休闲休憩娱乐	a. 参与性 b. 互动性 c. 观赏性 d. 文化性 e. 体验性 f. 引导性

整体来看，袁家村发展旅游业之前的状态和特点及旅游发展趋势呈现相似性，在游客介入村落之后，村落的旅游资源呈现多元化、特色化、游客感知更强烈等特征。

（4）生产劳作空间演绎村落生活秩序

在空间发生功能性转变的过程中，其内部组织和社会活动直接影响整个村落的空间秩序，基于人们的需求特征与传统村落文化的传承与保护需求，其功能结构在某种程度上也在不断地更新和变化。传统村落景观空间的布局模式通常以“宅”和“田”二元的空间结构来组织。旅游干预传统旅游村落空间后，其结构呈现多元化和多功能化趋势，在强调“宅”和“田”的同时，延续基本的劳作流程，增强参与感，以劳作加工“行为”要领的传授和“活动”的行为方式维持乡村文化，从“量产”到“体验”展示，同时还融入“水”“林”“产”“游”的空间要素，宅为体、田为底、水为魂、林为壁、产和游为景，营造村落空间活力点，从“宅田”的二元形态转向多元。传统村落景观空间应呈现多元、连续、整体且丰富的组织模式，“多元”指村落的空间功能和行为活动多元复合；“连续”指各功能空间、空间形态、景观视觉效果联系紧密；“整体”指空间要素系统性强、识别性高，空间稳定；“丰富”指景观的视觉丰富，以形成生产、生活、生态复合发展的空间环境（图 5.3.7）。

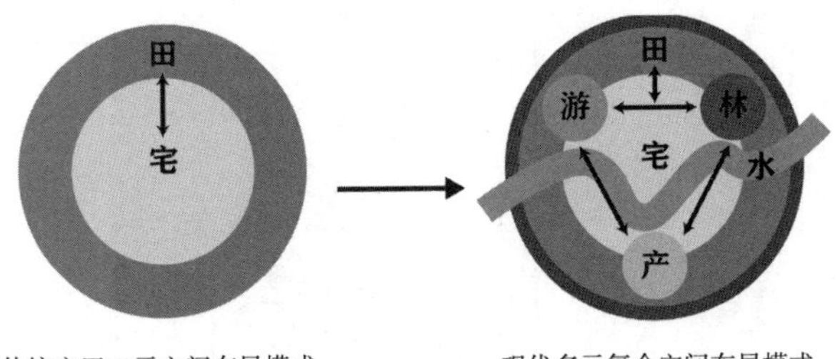

图 5.3.7　村落空间环境

5.3.2 南堡寨村

南堡寨村建于清嘉庆年间，属咸宁县杜曲社管辖，那时关中地区战乱纷纷，清政府要求在关中一带修筑堡寨，故按要求在神禾塬畔，三面环水，地势险要之处，筑建了南堡寨村，随后成为大财主、兵家必争之地。村庄四周悬崖高 30 余米，槐树、皂角树、榆树、椿树、洋槐等环绕，村中正西街道宽阔，现今仍古槐甚多、古迹林立。清道光年间先辈为祭拜药王孙思邈修筑药王庙，为供奉刘备、关羽、张飞修筑三圣宫等。

南堡寨村旅游发展建设的参与主体并非本土村民。2018 年，西安长安区委区政府引入天朗控股集团，在南堡寨村打造了唐村农业公园。南堡寨村作为唐村的核心村，占地 200 余亩，有绿地梅园、会议中心、规划展示、民宿集群、主题集市和商业配套等板块。它以“三产融合”为引领，以农文旅融合为带动，通过基础设施建设、人居环境提升、产业植入等多种途径，打造世界级的乡村文化旅游胜地和世界级的新唐风文旅生活方式体验地，努力成为中华文化寻根、传承体验地，成为梦里田园的美好生活方式体验地。2020 年，南堡寨村被国家文化和旅游部列入第二批全国乡村旅游重点村，是西安市唯一上榜的乡村。

1. 历史空间记忆

（1）公共空间与文化资源

南堡寨村的公共空间可以分为村口空间、街巷空间和广场空间，因村落的地形地势而产生独具堡寨风格的空间特征（表 5.3.10）。

公共空间的类型特征及历史记忆点　　表 5.3.10

空间类型	村口空间	街巷空间	广场空间
图示	主入口	主要流线 次要流线	

续表

空间类型	村口空间	街巷空间	广场空间
主要特征	因地势地貌原因，南堡寨村的北面有河流，主要村落入口在村落南面分布	街道的走势与狭长地形相协调，总体形态呈现出“树枝状”分布。在街巷交汇模式中，主要存在两种相交方式，即丁字型与十字型	广场空间依靠街巷空间的主要节点分布，在村落的边缘散布，呈方形围合，分布均匀
历史记忆点	路口、古槐、皂角树	主要干道、谷仓、四合院、药王庙、七星庙、二郎庙、城隍庙、魁星楼、孙氏祠堂、戏楼	耕地、水塘

南堡寨村拥有防御文化、宗教文化、民俗文化以及农耕文化等丰富的文化资源，现有的这些宝贵的文化资源曾与村落景观形成了独特的历史记忆。南堡寨除了防御性城墙之外，还有西、南两处寨门，二者连接着通往塬下的盘旋坡路。宗教文化主要体现为遗留的三圣宫、药王庙和魁星楼三处古建筑。三圣宫位于堡寨南北大街的尽头、村中正北位置，为坐北朝南的三合院，是村内重要的景观空间节点。社庙、土地庙以微缩建筑或符号建筑的方式位于村口百年古皂角树下。南堡寨村民风淳朴，文化底蕴深厚，被誉为“文化之堡”，有着丰富的社火和大戏表演传统，与秦汉唐文化传统紧密相连。村中共设有三处社火戏台，其中最宏大者位于古寨南门外，较小的两处分布于古寨东西大街，但目前三处戏台均已完全损毁（图 5.3.8）。

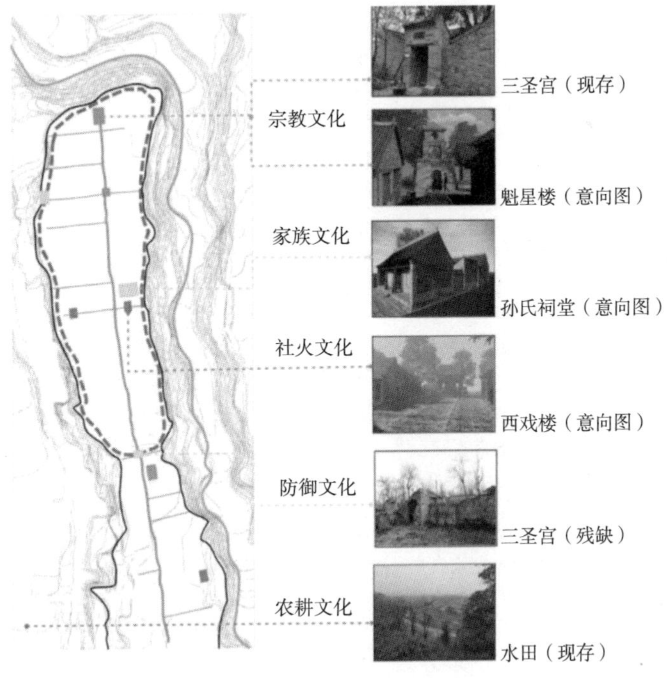

图 5.3.8　南堡寨村村落文化

（2）院落空间

①院落形制

据《堡寨物华忆长安——南堡寨史话》统计，南堡古寨四合院共有 50 院，以东西朝向为主，约 30 院；南北朝向相对较少，约 20 院。早期的南堡寨村民居形式以四合院为主，后期发展中因宅基地条件限制，又演变出窄型四合院和宽型四合院两类。之后受农村改革制度中土地重新进行分配的影响，在人口增长和院落更新中，民居院落无法形成完整的四合院形制，于是就出现了三合院，甚至单栋房屋庭院，以满足基本居住生活空间需求。

目前南堡寨村 85 个院落中，除坍塌严重的 37 个院落外，较为完整的 48 个院落，以三合院为主（图 5.3.9）。根据三合院中正房建筑平面形制的不同，可分为宽型三合院与窄型三合院两种。其中，宽型三合院正房一般为集中式布局，房屋进深多为 6.9m，中间为堂屋，贯穿整个进深，左右各分为两个房间，整个房屋跨度较大、层高较高，厢房进深一般为 3m，屋顶为单坡向院内的形式；窄型三合院正房为一明两暗式布局，进深一般为 5.6m，同样也是中间为堂屋，左右各分为一个房间，形成的院落空间狭长（表 5.3.11）。

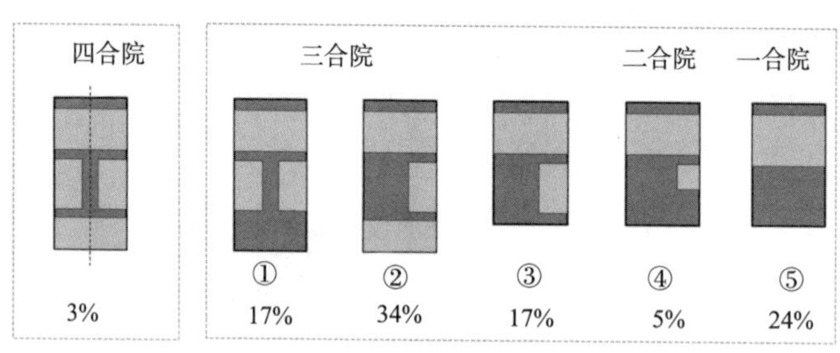

图 5.3.9　院落形制占比

院落类型 **表 5.3.11**

院落类型	平面简图	特征	轴测图
四合院		窄型四合院的厢房与院落较窄，其院落尺度较局促，宽度仅为一个人伸开双臂的宽度；宽型四合院厢房与院落相对较宽敞，院落方正，尺度适宜	
三合院（1）		宽型三合院适用于用地较宽敞的情况，其正房为集中式布局，中间为堂屋，贯穿整个进深，左右各分为两个房间，跨度较大、层高较高，屋顶多数为等坡形式，屋顶为单坡形式，坡度 30°；院落方正	

续表

院落类型	平面简图	特征	轴测图
三合院（2）		窄型三合院适用于用地较窄的情况，其正房为“一明两暗式”布局，中间为堂屋，贯穿整个进深，左右各分为一个房间，屋顶多数为等坡形式，屋顶为单坡形式，院落空间窄长	
二合院		院落组成为正房＋倒座。主要材料为夯土与土坯。正房结构为土木结构，平面形式为集中式三开间，最右侧开间为通道通向后院，厨房位于倒座	
一合院		院落规则宽敞，院落内通常仅有主房一间且正对大门，院落具有粮食日晒、植物种植和物资存放的功能	

南堡寨村传统民居的基本形制为独院式，又称为一进院落。当一进院落无法满足村民的生活需求时，需增设“进”。两进之间通过建筑相连接，可形成内院和后院两种形式。内院主要构成村民的生活空间，包括门房、厦房和正房。而后院通常包含厕所和牲畜棚。在村内，只有极少数采用两进式合院和多进合院的形式（图 5.3.10）。

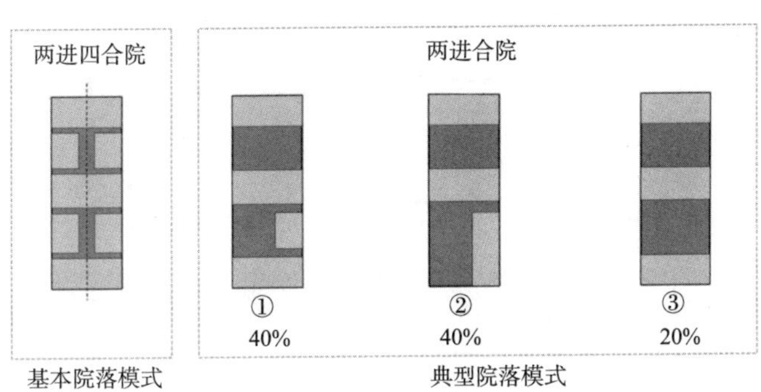

图 5.3.10　院落模式

②房屋形态

对南堡寨村众多民居院落的形式和尺度进行归纳整理，分别总结了两种正房、厢房及门户建筑的空间模式与尺度（表 5.3.12）。

房屋形态类型及特征 **表 5.3.12**

类型	平面	立面	剖面	特征
一明两暗式				“明”指堂屋，“暗”指两侧两间卧室；共有三间，部分房屋屋顶有平吊顶，起通风隔热的作用
堂屋中心式				3 间卧室、1 间厨房围绕堂屋布置，房屋上部设有较高阁楼层，用于储物和隔热，正房内有直梯，便于上下取物
一间式				一般与正房模式二集中式搭配，主要功能为厨房或储物
两间式				一般与正房模式一中的一明两暗式搭配，主要功能为厨房、储物或卧室
门道式				一般与一明两暗式正房、两间式厢房搭配
院门倒座式				
院门院墙式			—	院门院墙式民居常与集中式正房和独立一间式厢房进行搭配

正房建筑一明两暗式中，“明”指的是堂屋，“暗”指的是两侧两间卧室，共有三间，这是一种比较传统的关中民居正房模式，也称三间式；堂屋中心式，是以三间卧室、一间厨房围绕堂屋布置，因此也称集中式。厢房建筑一般为一间或两间，基本功能是厨房、储物等。倒座建筑有门道式、院门倒座式和院门院墙式三种形式。

③民居建筑材料

南堡寨村地处秦岭北麓，村落周边流经河流较多，盛产河床石，因此在村庄建设和民居建筑中常用石材，主要用于民居建筑的地基和墙体部分，以增强房屋基础的稳固性和耐久性，乡土气息浓厚。南堡寨村中，早期的墙体材料以生土或土坯为主，之后的民居墙体砌筑采用了一些青砖或红砖，与夯土材料进行搭配。民居建筑屋架、门窗等木构中以榆木、松木、杨木、桐木等材料为主，屋顶以青瓦为主。

（3）小品物件

南堡寨村在乡村旅游开发中全面搜集了村落中散落的村民生产生活工具、器物等，作为景观小品烘托乡土文化氛围和历史文化特色。物件化的点式形象呈现了明确的主题，在空间中更易发挥历史记忆点的作用（表 5.3.13）。

小品类型及样式 表 5.3.13

<table>
<tr><th>小品类型</th><th>小品</th><th>图示</th></tr>
<tr><td rowspan="2">石刻艺术品</td><td>门墩</td><td></td></tr>
<tr><td>柱础</td><td></td></tr>
<tr><td rowspan="3">农具器物</td><td>水桶</td><td></td></tr>
<tr><td>风车</td><td></td></tr>
<tr><td>马车</td><td></td></tr>
</table>

续表

小品类型	小品	图示
标语口号	印刷广告	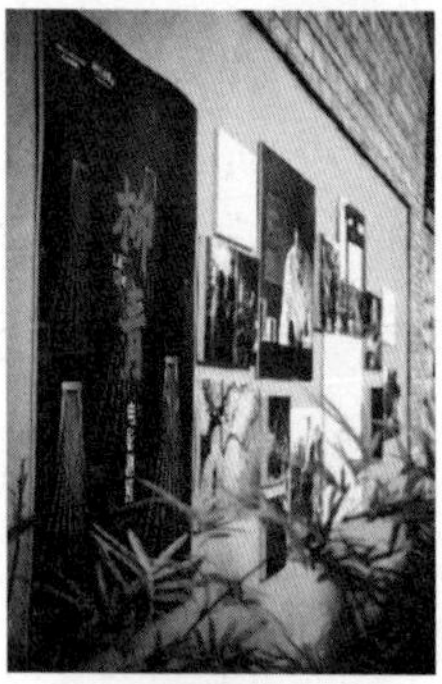
环境设施（家具）	自行车	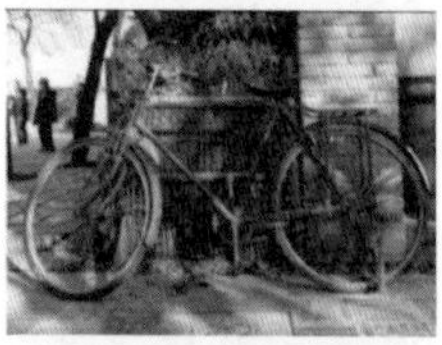
	展陈柜	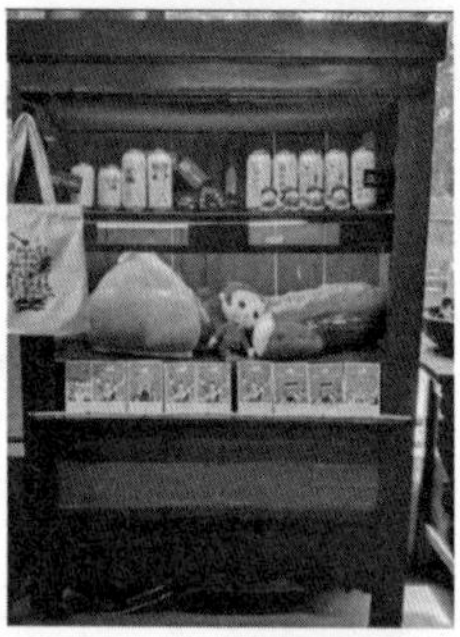
	木梯子	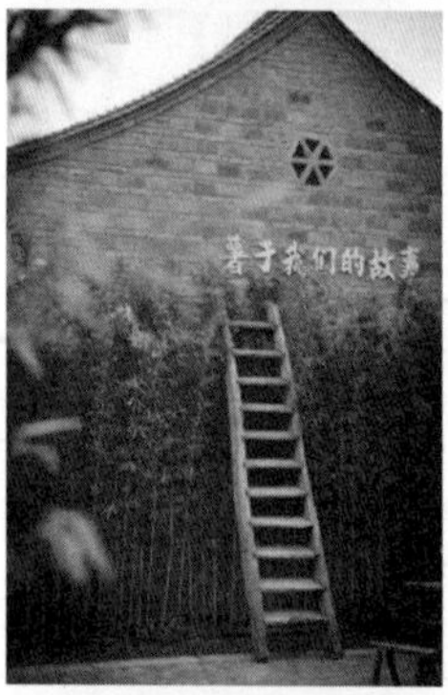
	木箱	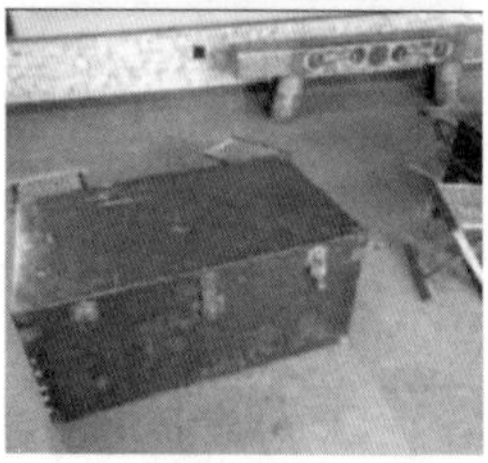

2. 景观空间重塑

南堡寨村以传统聚落和民居建筑为核心资源，以关中传统民居、民俗文化、农业文化为主题，利用良好的区位条件和自然环境优势，在关中乡村底色上形成新的乡村景观形象。

（1）公共空间作为载体

南堡寨村乡村旅游开发建立在整村搬迁、留村不留人的基础上，因而村落空间属性变化明显，无论广场、街巷还是庭院及建筑内部均可转变为公共空间。在乡村旅游建设中以古村落生活区范围的民居建筑、街巷空间展示为核心，拓展了动力乐园、主题市集、露营基地、乡野农园等活动空间，同时也增加了会议中心、游客服务中心等公共建筑，以此满足游客民宿餐饮、休闲娱乐、亲子研学、田园观光、会议培训以及乡村旅游休闲度假需求等（图 5.3.11）。

图 5.3.11　文创小店、皂角树、打谷场、稻田区

南堡寨村的公共空间已完全超出了乡村公共性特征，公共活动主体完全转变为游客，原有空间也全然成为商业服务型乡旅综合体。新空间景观以乡村、乡土、乡野为主题，如乡村图书馆、乡创大讲堂、乡创会议室、牧野博艺馆等公共空间，由此也产

生了插秧节、丰收节等农耕活动，同时也介入了咖啡、民宿、文创等功能空间，以促进景观空间内容与形象的全新塑造（图 5.3.12）。

图 5.3.12 南堡寨村公共空间现状

（2）院落作为景观空间单元

村落整体公共化改造之后，原来以院墙划界的农户空间单元也成为一个个连续的景观空间节点，经过每个院落空间主题的设定形成一系列承载不同文化活动的空间场所。景观空间类型有依托关中乡村民俗文化特色打造的展览展示及体验空间，如民艺院、小吃院等，也有适应游客环境行为及活动需求的全新服务介入式空间，如咖啡院、茶馆院等。这种以院落作为景观空间单元的形式有利于激发旅游服务项目创新，也有利于项目内容或空间形象的更新换代（图 5.3.13）。

图 5.3.13 游客参与及体验空间

（3）景观小品烘托空间氛围

旅游开发后南堡寨村景区的景观小品为呼应整体定位，多以村民过去生产生活遗留的农具、器物等作为展示物，在空间环境中发挥了三方面作用：一是乡土文化的点缀作用，如利用拴马桩、抱鼓石、磨盘等作为节点空间的装饰物；二是景观利用作用，如利用老门板作为桌面，利用老水缸作为花盆等；三是教化展示作用，如将犁、耙、推车等农具或生活用具进行陈列，以作为农业知识传递或历史回忆的媒介（表 5.3.14）。

小品类型 表 5.3.14

类型	物化形态	图示
标识型	木制标识展示	
原始型	原装木头展示	 

续表

类型	物化形态	图示
景观型	务农器物展示	

（4）生产劳作空间演绎新秩序

生产劳作空间在旅游发展中一般发挥了农业景观观光、采摘体验的作用，同时也是历史文化及农耕文化传播的活动场地。南堡寨村土地整体出让的方式，促使原有农业农田空间需要重新进行定位，在村落空间格局和运行系统中，农田再也不是原来相对单一的生产性功能，而需要发挥空间性、文化性、功能性等多重作用。南堡寨村原有生产劳作空间在乡村旅游空间体系中发挥三方面作用：一是指定农田作物种植方式和类型，维持原有农田形式、规模和位置，以此保留原始生产耕种方式，满足游客对乡村农田的固有景象认知和体验活动行为；二是转变靠近民居建筑区农田内容和形式，维持农田空间开阔性，依然发挥其可以容纳大量人群活动的特点，但土地内容发生转变，如作为露营基地，种植物变为荒野性作物或乡土植物；三是打造精品化生产空间，提供近人尺度的观赏、认知等功能，利用先进种植和管理技术实现其展示性和装饰性价值，如在村落内部原有种植空间进行精细化、小规模的种植生产（图 5.3.14）。

图 5.3.14　南堡寨村的稻田现状

5.4　住屋与博物：整体保护与空间运维

关中地区传统村落在乡村旅游发展中逐渐形成了一类具有典型特征的开发建设模

式，即以古建筑群落为基底，形成整体连片的建筑博物式乡村旅游。这种方式区别于全方位融合式乡村旅游，而是具有“叠化”意义的抽象介入。具体是以历史建筑遗产为载体，以旅游地保护与开发为导向，对传统村落进行新的空间定义（图 5.4.1）。

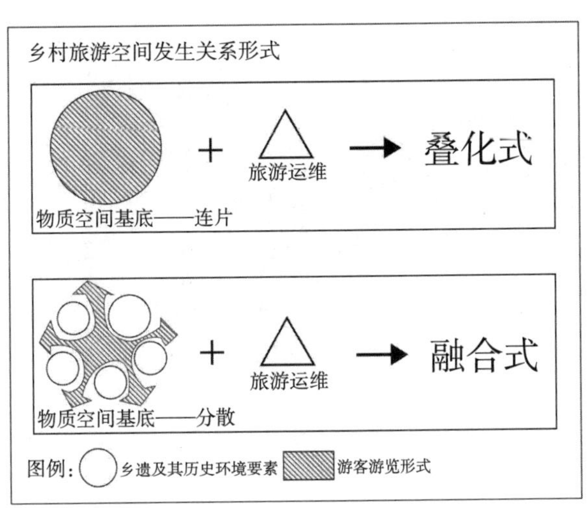

图 5.4.1　乡村旅游空间发生关系形式

这种类型的村落一般具有较高的完整性，也具有严格的保护要求。常青院士将目前我国乡村遗产保护与再生类型分为乡村博物馆综合体、乡村文旅综合体和乡村风土体验区三种，认为乡村博物馆综合体类型的整体保护需要标本性保存乡村遗产本体的精华，适应性活化乡村遗产空间和创造性重塑乡村景观的风貌。

5.4.1　党家村

党家村位于陕西省韩城市西庄镇，始建于元至顺二年（1331 年），距今已有近七百年历史，村庄位于泌水河北岸河谷地带，地处台塬沟谷之中，南北侧为宽广的台塬，沟谷南侧有泌水河穿过，形成了典型的“负阴抱阳”地形特征。山水环境得天独厚，选址向阳、避风、防尘，地势北高南低，有利于排水，村内“瓦屋千宇，不染尘埃”，体现了传统营建智慧。

党家村原名东阳湾，后因党姓始祖党恕轩在此定居而改名为党家湾（元至正二十四年，1364 年）。随着党姓支系的繁衍和村落的扩大，转称为党家村（明永乐十二年，1414 年）。明弘治八年（1495 年），党家外甥贾璋迁居于此，从此党贾成为村中两大姓氏。党贾两姓相互联姻、共同经商，村庄的经济实力逐渐增强，在清朝中叶，村落进入全盛时期。清末匪盗猖獗，为御患恤灾，清咸丰元年至三年（1851—1853 年），村民在村庄后方的崖塬顶建造了一座寨堡，名为“泌阳堡”。自此，党家村逐渐形成了

一个下村上寨、村寨合一、功能完备且具有独特特色的民居聚落（图 5.4.2）。

图 5.4.2　党家村聚落空间结构

党家村空间布局合理有序，大小巷道有主有次，公共设施如水井、碾坊、祠庙等排布各有讲究，既因需而为，又符合传统的居住文化理念。村内典型明清建筑风格的党家村民居是陕西地区四合院民居的代表，经历了近 700 年风雨，仍保存较好。

1. 聚落空间层次

党家村现村落由本村、上寨和新村三部分构成（图 5.4.3）。本村与上寨形成于明、清两代，新村系 20 世纪 80 年代，村民按照规划陆续迁至北塬上建设而成。本村与上

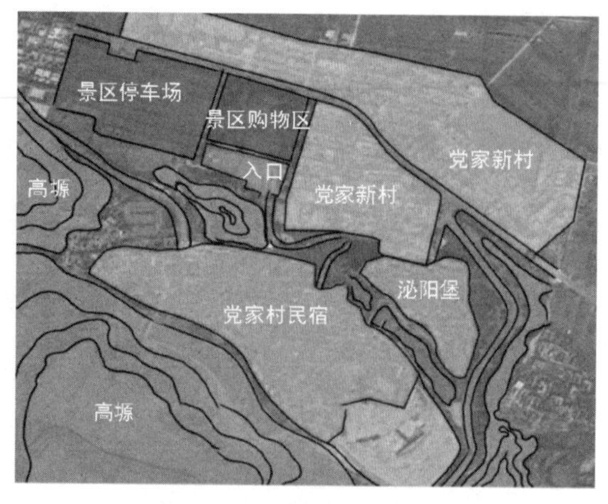

图 5.4.3　党家村村落空间

寨现存清代四合院住宅约一百二十余处。本村部分除边缘地段存在部分新建房屋外，其余基本为清代建筑。上寨的房屋全系清代所建，其中部分残破建筑形成住宅间的空地空院。

党家村是由党氏三支族与贾姓一支族形成的同族村，人口稍多的家庭会分成较小的家庭单位，根据生活与生产需要，在附近修建必要的公共设施，如饮水井、磨房、祠堂、私塾、道路等，在村落内形成较为清晰的居住小领域。如贾氏族亲集中在本村西北部，党氏二门支族位于中西部，党氏三门支族位于中东部，党氏掌门一支多居住本村南部，由族亲关系聚集的聚落空间结构便由此形成（图 5.4.4）。

宗祠对村落的空间格局有着重要影响，依据所处位置、朝向、总祠与支祠空间位置关系等，村中不同房派的成员在祠堂周围聚居，形成以祠堂为核心的组团式居住结构，这在党家村的聚落空间层次中较为明显（图 5.4.5 ~图 5.4.7）。

图 5.4.4　由族亲关系聚集的聚落空间结构

图片来源:《韩城村寨与党家村民居》

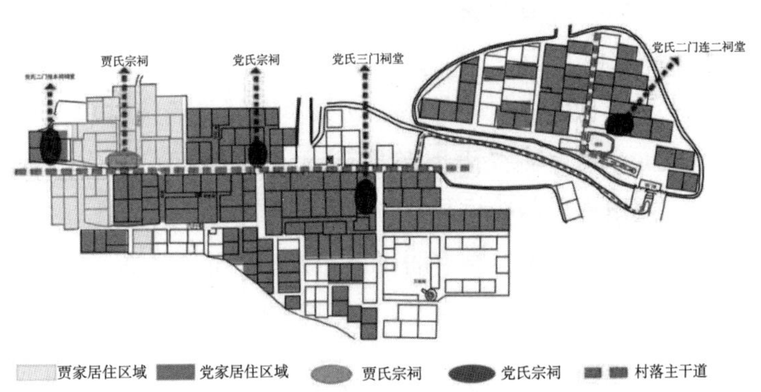

图 5.4.5　党家村现存宗祠位置图

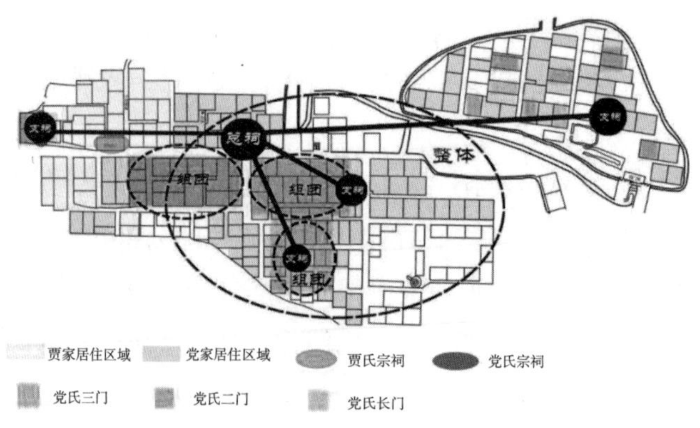

图 5.4.6　党氏祠堂与居住组团

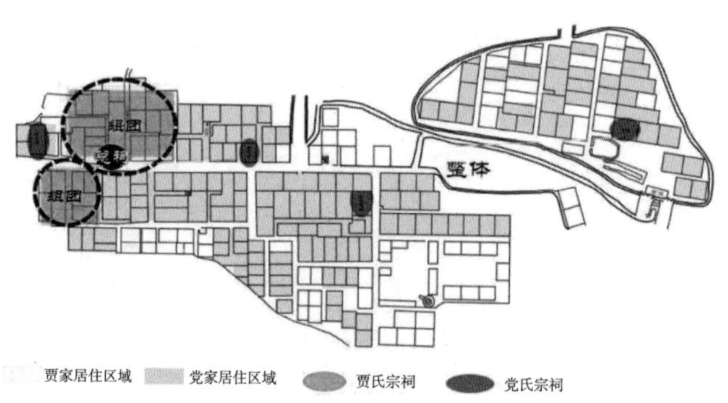

图 5.4.7　贾氏祠堂与居住组团

老村原住民逐渐迁入新村后，老村迎来了乡村旅游，民居建筑作为“展品”被重新定义，宅院在原有居住功能基础上叠加了游览参观功能，老村人口部分回流，开始进行特产售卖、开设农家乐等。

聚落空间层次还体现在空间格局、功能片区以及交通组织等方面。党家村道路层级明确，街巷营建时巷与户、巷与巷的关系处理得当，遵循“大门（院门）不冲巷口”“巷不对巷的无‘十’字街”“各户院门相互错开不相对”的原则，生活空间环境兼顾科学性、文化性和人性化。

乡村旅游的介入对作为重点保护的党家村聚落空间、建筑风貌等不会造成很大影响，但会改变聚落空间系统。主要表现在两方面：一是空间使用主体变化后空间功能改变，即村落公共空间由村民需求主导转向为游客需求主导，村民宅院居住功能转变为游客游览参观功能；二是不同于原本居民通行及交往道路系统现有游览线路组织与交通流线规划，以景点参观为目的（图 5.4.8 ~ 图 5.4.11）。

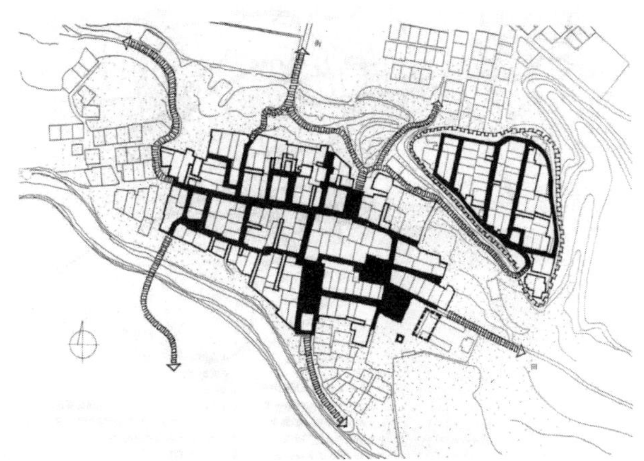

图 5.4.8　清代党家村街道路网

图片来源:《韩城村寨与党家村民居》

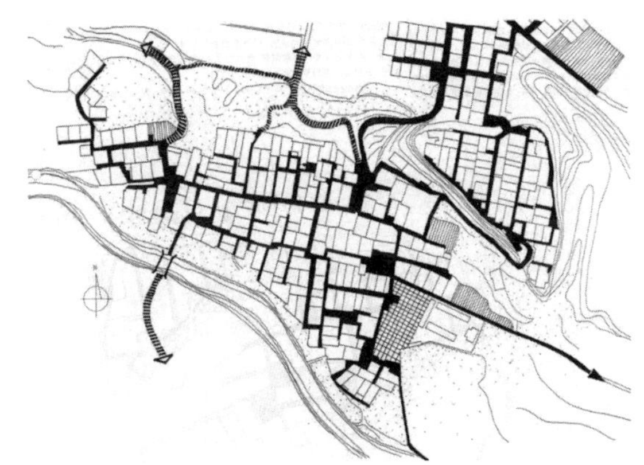

图 5.4.9　20 世纪末党家村街道路网

图片来源:《韩城村寨与党家村民居》

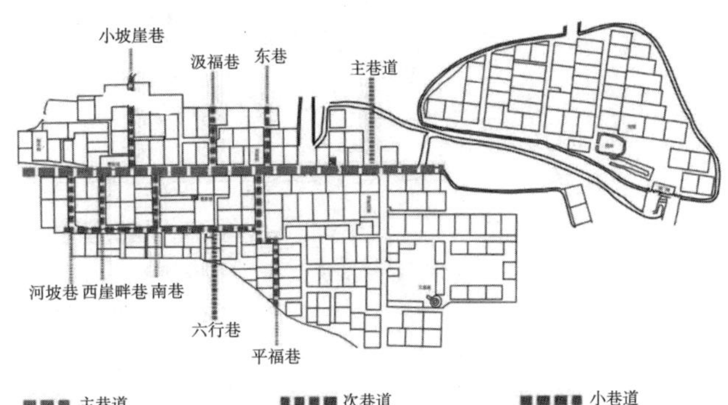

图 5.4.10　党家村现今核心交通路网分析

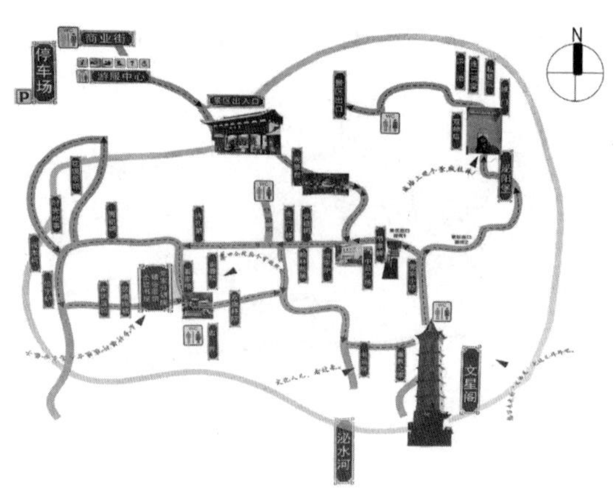

图 5.4.11　党家村景点游览线路图

2. 景观空间节点

党家村传统村落中景观空间节点一般由村落出入口、文星阁、祠堂等公共建筑构成。在旅游发展中景观空间节点多围绕旅游景点生成（图 5.4.12，图 5.4.13），如看家楼、节孝碑、党家村小学、文星阁等区域，游客兴趣点即旅游热点主导了村庄新的公共节点空间分布，原有以住居为核心的"生活圈"，转化为以游客环境行为为导向的"驻足点"。空间节点属性从原有村民使用向旅游服务转变，由此形成新的价值和意义，如看家楼从敌情瞭望转为观景台，泌阳堡从防御转为展示、参观空间，四大哨门从边界限定变为观赏打卡地，学校从教学区转变为聚集停歇空间（表 5.4.1）。

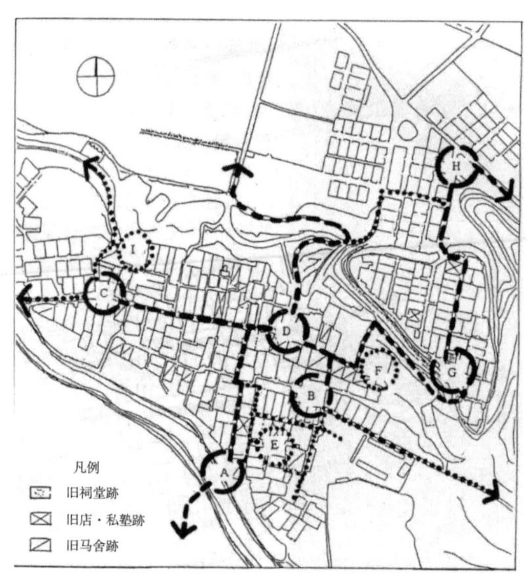

图 5.4.12　20 世纪末村落空间构成——街巷、道路广场（1999 年）

图片来源：《韩城村寨与党家村民居》

图 5.4.13　党家村内旅游景点分布现状

重要公共节点空间属性分析　　表 5.4.1

公共节点名称	现状照片	原始空间属性	现空间属性
看家楼		敌情瞭望	观景台
泌阳堡		防御	展示、参观
西哨门		边界限定	观赏

续表

公共节点名称	现状照片	原始空间属性	现空间属性
西崖畔巷哨门		边界限定	观赏
汲福巷哨门		边界限定	观赏
平福巷哨门		边界限定	观赏
学校		教学	聚集停歇
文星阁		祈福	祈福

3. 宅院空间

贾姓家族从山西迁居至此，村内宅院建筑风格因此吸收晋式民居特点，与陕西地方性建筑形式融合。另外，由于村内农商兼营，具有对外学习的机会和经济实力，因此，营建宅院时还融入了城镇四合院的形式，于是逐渐形成了融合多种风格的建筑风貌。

宅院空间形态体现了伦理秩序及家庭结构特征，首先宅院中的功能分布遵循由前及后，由长及幼秩序，依据功能类型对院落内部进行抽象的单元组合，可分为入口空间、庭院空间、廊道空间和房屋内部空间四部分（表 5.4.2）。

党家村民居空间基本特征 表 5.4.2

党家村民居空间基本特征				
空间分类	民居区域	平面图	形态还原	实景照片
入口空间	门楼	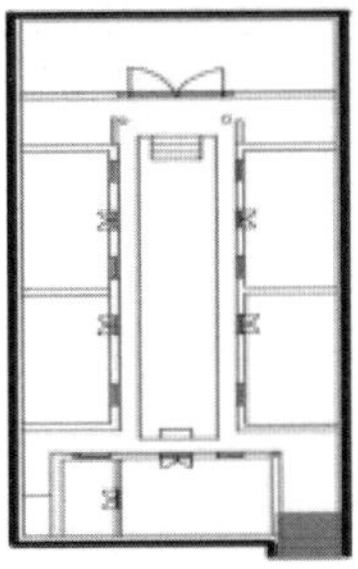		
私密空间	厅房	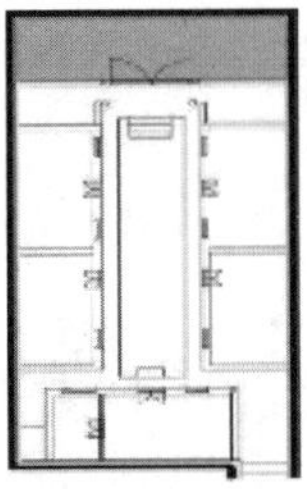	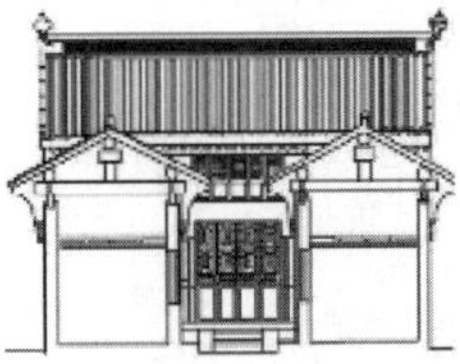	
	门房	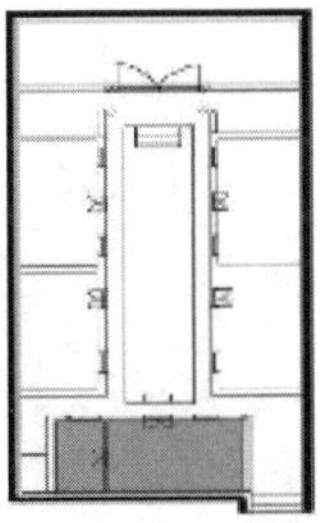	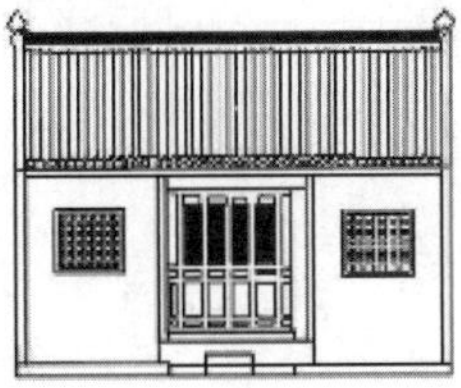	
	厢房	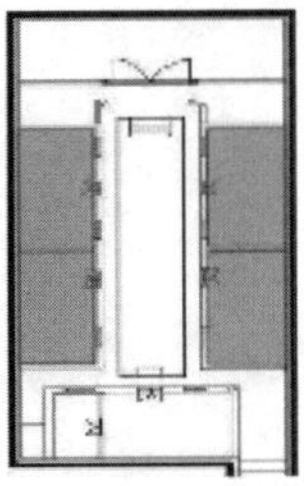	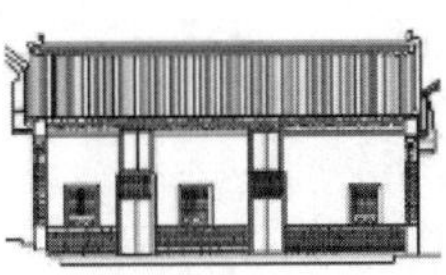	
公共空间	庭院	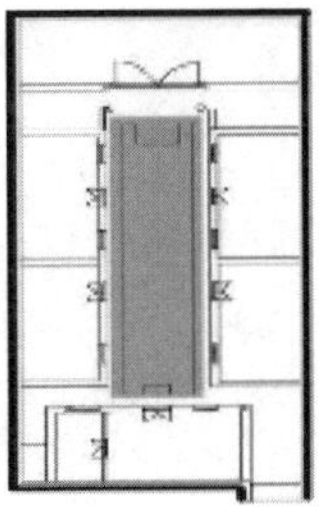	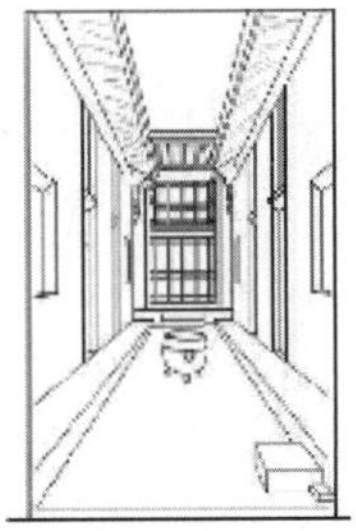	

续表

党家村民居空间基本特征				
空间分类	民居区域	平面图	形态还原	实景照片
公共空间	巷道	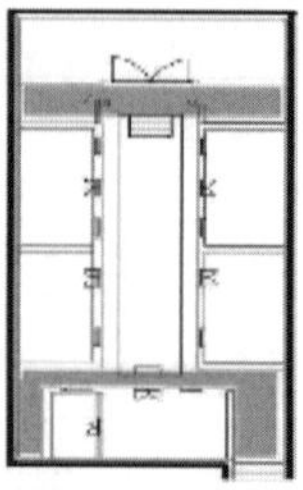		

诗里第院

农家院

走廊院

走廊院入户门前

主街农家乐门前

贾祖祠

党家分银院室内中的票币展览

婚俗展览院

图 5.4.14　旅游要素分布的宅院空间

党家村以“民居建筑博物馆”方式发展旅游，住屋作为“展品”形成新的空间序列，除去用于主人居住的局部空间外，其余空间的主次关系、先后次序、室内布置的要素均向展示性发展，同时，庭院空间的功能转变对整个宅院空间的重新组织起到架构作用。许多宅院从私有封闭空间转为公共开放空间甚至是农家乐商业空间，游客可以深入民居私宅中参观或消费，商业售卖已成为党家村宅院空间或门户空间的常态。如诗里第院通过摆放遮阳伞与长条石桌、餐桌等营造出农家小吃餐饮空间，将院落空间完全开放，院主人在室内居住，同时将建筑室内部分转为商品存储或食品加工空间；走廊院正房和东西厢房设置为家族历史、古代票币、生活物件等的陈列馆，形成流线闭合的参观流线，同时利用院落空间中摆放小卖柜，售卖当地花椒锅巴、酸奶等小食（图 5.4.14）。

党家村宅院空间功能转化和旅游服务响应大致分为庭院经济介入型、门户空间摊位型、室内空间展馆型（图 5.4.15）。

5.4.2 柏社村

柏社村位于陕西省咸阳市三原县，2013 年被列为第二批中国传统村落，2019 年入选第二批国家森林乡村名单。村落所处地区为关中北部的黄土台塬区，是典型的渭北旱原区，降水稀少，地势北高南低，黄土颗粒细密，适宜建造地坑窑：不仅集水，还天然具有防御功能。古时候的柏社是祭祀场所，因村内大量种植柏树而得名。包围在生态林中的下沉式地坑窑对地上空间破坏小，村庄体现了高效节能、绿色低碳的生态居住模式。

1. 聚落空间

柏社村的历史可追溯至一千六百余年前。从晋朝时期的“老堡子沟”聚集居住，到隋朝时期的“南堡西城”，再到唐朝时期的“南堡东城”，宋朝时，此地已成为商业贸易集中地，明清时期“北堡”更成为闻名遐迩的贸易大城镇。民国时期，大量房舍建造于城堡以外。新中国成立后，当地挖掘了大规模的地坑窑洞作为居住之地（图 5.4.15）。

改革开放后，随着居民生活方式的现代化，大量地坑窑被废弃，许多居民搬迁至地上新村，新建房屋采用常见砖瓦房建筑，地坑窑居住形式逐渐被村民遗弃。村落民居建筑形式以新式砖瓦住宅与地下窑洞两类进行区分（图 5.4.16），新式砖瓦建筑为村民居住区，地下窑洞则大量转变为“展品”，作为历史空间而“陈列”，聚落以及地坑院原有的居住生活功能已转为游览功能，形成新的空间组织架构（图 5.4.17、图 5.4.18）。

图 5.4.15　柏社村演进图

图 5.4.16　柏社村地上住宅与地坑窑分布图

图 5.4.17　柏社村文物古迹分布图

图 5.4.18　柏社村地坑窑使用属性分布图

村落地上空间密布约800余棵楸树，成为另一种聚落空间系统（图5.4.19），楸树除可以防风固土之外，还作为划定各家各户宅地范围的标记物。村内窑院“涵于地下，隐于林中”“见树不见村，见村不见屋，闻声不见人”，营造了一种静谧隐逸的意境，是生态康养、避暑度假的胜地。

柏社村地坑院分布于地下且组织较为分散，地上空间阻碍物较少，道路交通系统十分自由，道路走向以直达目的地为原则，分布似叶脉状，少量主脉道路分叉连接多个支脉通往各自的地坑院，道路密集但细小（图5.4.20），加之大量楸树遮蔽，道路隐蔽难寻，在行走过程中会在私密、半私密以及公共空间的多种空间类型中转换，形成多样的空间体验，因此村落景观层次构成饱满而丰富。

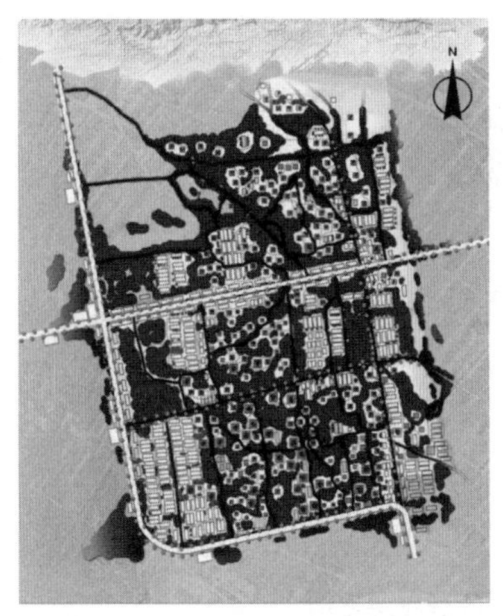

图5.4.19　柏社村植被分布图

图5.4.20　柏社村叶脉状道路路网

2. 公共节点空间层次

柏社村为典型的关中平原区集中型村落，村落中的学校、庙宇、祠堂、戏台等为公共节点空间核心，村民围绕这些空间节点集中进行各类公共活动。此外，为防止植物根系破坏窑洞黄土层，窑顶上方不会有大型植物或树木，由此，组团分布的地坑院地上便存在大片裸露空间。这一空间既是各个地坑院主人私有的窑顶空间，又是邻里街坊聚集的公共空间，同时还是村庄隐性道路系统的组成部分（图5.4.22、图5.4.23）。此外，村内街巷、古槐树、路口等作为公共节点空间，对村民活动均具有一定导向作用。

乡村旅游介入后，村落中的宗祠、广场、文物古迹作为特殊公共节点空间成为游客吸引点，依旧保留着其重要公共聚集点的属性，但因原住民大量搬迁，许多地坑院再无人居住，组团分布地坑院的地上空间公共节点功能弱化，同时，新改建的农家乐院落周围成为人群聚集节点，其周边转而成为核心公共空间。原有以村民住居为内容

的“生活圈”，转为以游客参与为支撑的“驻足点”，在重塑过程中，形成了新的服务旅游的圈层结构，许多农家乐集中打通多个院落进行内部串联，丰富院落空间内容的同时与地上公共空间联合塑造、重新组合空间结构以促成更丰富的集中展示行为，强化游客的空间印象。

图 5.4.21　柏社村公共空间的分布关系图

图 5.4.22　村内地坑窑院组团的地上空间状态

3. 宅院空间

依据窑院的组团形式，可以将柏社村的地坑院类型分为单院型、双院型、集聚型三种。单院型指独立分布的窑院，该院与其他窑院相距较远或存在分隔；双院型指两院近距离分布，一起构成地面组合空间的分布形式；集聚型则是多处窑院集中分布，形成团状聚集模式。后两种组合方式的窑院地上空间往往可生成大面积公共空间，也是柏社村最常见的窑院分布模式（图 5.4.23）。

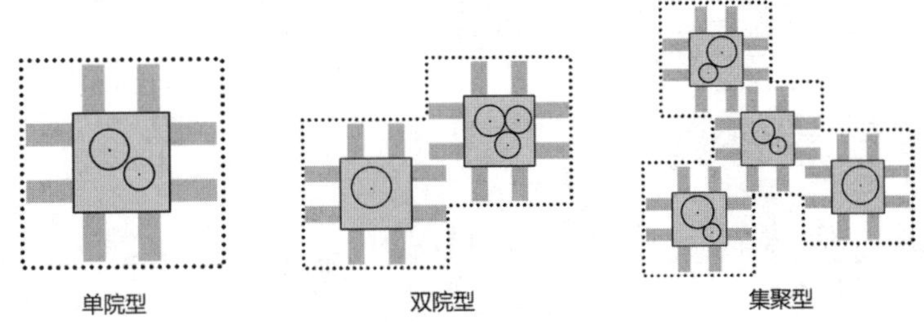

图 5.4.23　窑院围合空间布局分析图

地坑院建筑既是旅游资源中的“展品”，又是旅游活动开展的空间载体。一方面，它以其特有的民居建筑形式及其聚落空间特色吸引游客参观、游览和体验（图 5.4.24），另一方面为满足旅游服务需求，部分地坑院及窑洞转化为提供给游客休闲、餐饮及民宿等服务的功能空间。作为“展品”，需要地坑院形成新的空间序列，并根据游览需要重新组织交通流线，方正开敞的院落空间成为重要的节点空间，也成为每个地坑院景观特征外显性载体（图 5.4.25）。

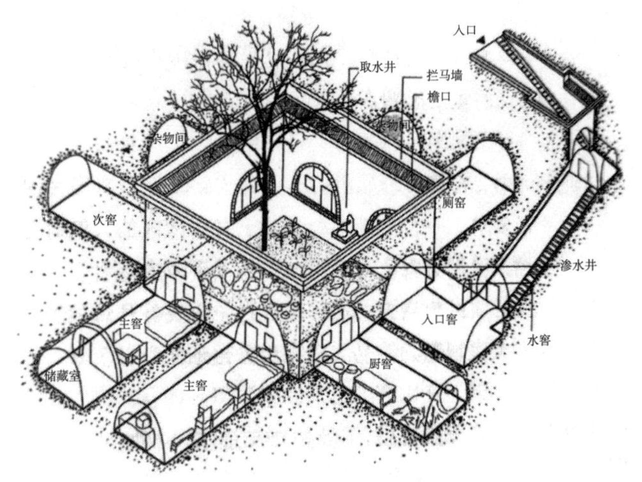

图 5.4.24　地坑窑建筑分析图

图片来源：《陕西三原县柏社村地坑窑居》

图 5.4.25　柏社村内地坑窑院落现状图

旅游发展不断对空间提出新要求。柏社村地坑院受限于庭院空间的独立性和强烈的限定感，其旅游活动内容和类型选择也受到很大影响。因此，旅游产业主导者尝试突破空间形式，将多个相距较近的院落在地下打通，从窑洞内部串联多个庭院，促成地下窑空间的丰富性和连通性（图 5.4.26）。

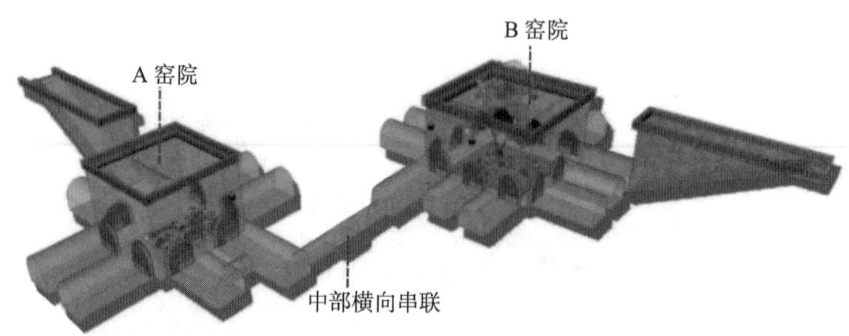

图 5.4.26　地坑窑建筑串联方式示意模型

第6章 传统村落景观空间秩序的研究路径

6.1 景观空间秩序理论模型

对乡村景观空间秩序的研究需要在多维框架体系下，综合把握系统关联并深入剖析景观空间秩序构建及演进的各层面，即立足村落在时代更迭及社会发展中的自适应，把握乡村旅游发展与村落景观空间更新的动力机制，理清乡村景观空间发展中利益主体及相关者的作用。在旅游介入乡村的“供给 - 反馈”关系、乡村旅游发展中人（村民、外来者）与村的“承载 - 构建”关系、传统村落作为乡村旅游重要资源的“保护 - 发展”关系中，通过着力于“何以是”的景观空间关联模型，注重“何以能”的空间秩序分析模型，以及景观空间发展动态模型来判断识别传统村落景观空间秩序。

6.1.1 景观空间关联模型

乡村聚落作为人地关系互动载体和农村社会的基本单元，在历史发展和制度改革中形成了独特的并具有综合性、复杂性特征的空间形态与类型。因此，乡村景观空间也便显现了乡村聚落要素共同体特性，包含生产、生活的物理性空间以及社会关系和文化建构的结构性空间，形成景观文化综合系统。当前，在乡村旅游发展的刺激下，呈现出各子系统要素多样性和不同子系统相互关联性特征，具体表现为：一是产业与景观空间关联，在乡村聚落中产业空间占据面积最大，是旅游发展的空间性基础，其关联性体现在新产业与原空间的关联、民俗活动或劳作活动的展示性、原有产业（未经旅游干预）的景观性；二是“社会 - 空间”关联，主要表现为社会组织形式的空间表征，日常生活场域的空间性表达，不同类型空间的公共性特征以及包含土地产权在内的权力空间；三是“空间 - 空间”结构或组织关联，表现在山水格局、空间结构以及景观要素等方面（图 6.1.1）。

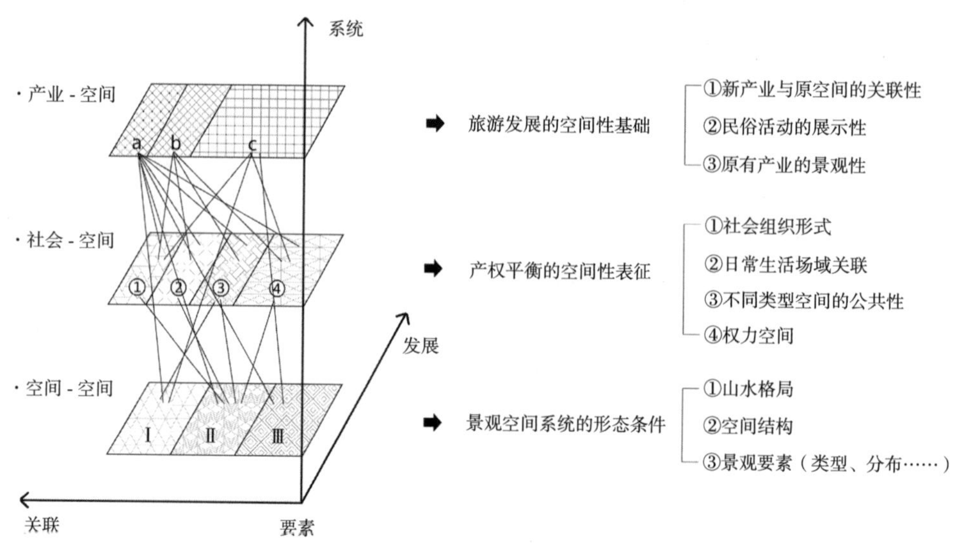

图 6.1.1　景观空间关联分析模型

6.1.2　空间秩序分析模型

空间秩序是动态过程和持续发生的空间系统表征，对其进行分析需要建立在事物发展的整体演进和具体运行基础上。在乡村旅游介入下，乡村空间的景观属性被建构，因此，乡村景观空间发生逻辑成为旅游干预要素及影响机制研究的结构框架。

村落物理空间本体的原始秩序是自然秩序，其主要表征的是聚落空间整体及其空间组构单元之间的关系，显现为以功能片区、流线组织、节点层次等作为空间关系的划分方式和操作路径，评价指标表现为用地区划、交通层次和景观组织等，在此层面重点分析空间结构基础在景观空间秩序中的显现度（图 6.1.2）。

针对旅游介入的乡村聚落空间秩序分析，主要是判断识别“人 - 地”关系、“人 - 人”关系的空间性特征，以此分析空间秩序的活力度和有效性。旅游活动促使乡村“社会 - 空间”发生巨大变化，外来游客和当地村民作为旅游活动发生的驱动，各自活动内容与行为类型、游览路径与日常轨迹以及游客兴趣点和空间聚集点构成景观空间秩序的关键要素，将其所呈现的时空行为分布、时空轨迹及环境行为定量化、可视化便可以显现景观空间秩序的稳定性及活力度。

从宏观角度分析乡村聚落空间发展与建设秩序，重点是分析村落空间在产业升级或转型过程中空间属性、空间主体等转变的影响机制和发生逻辑。主要表现于外部力量和内部结构的平衡关系，以“领域 - 地盘”“权力 - 利益”“运行 - 参与”作为具体分析对象，显现为空间的场域识别与划分、让渡与置换范围以及新的使用范围与使用方式，以此评判空间秩序在发展过程中与新产业、新主体、新内容、新关系等的融合度。

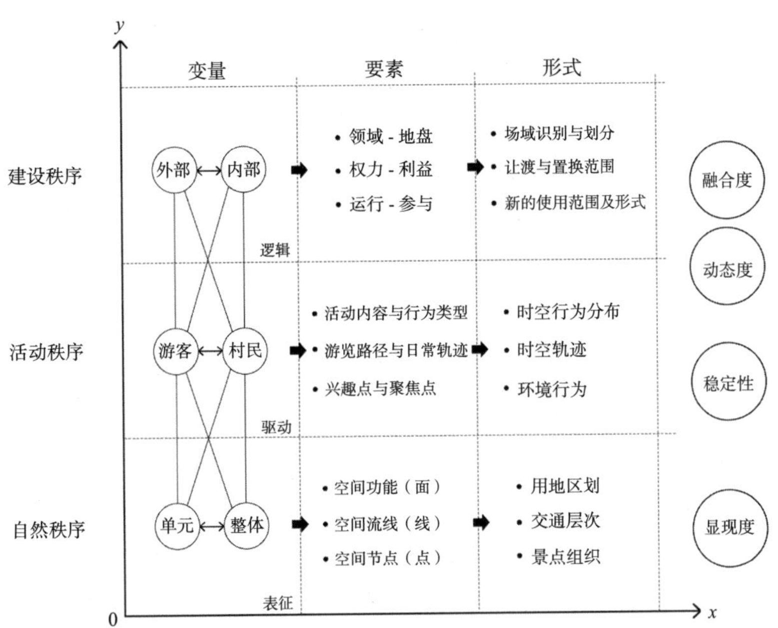

图 6.1.2　景观空间秩序分析模型

6.1.3　景观空间动态发展模型

景观空间的形成与演变是过程性的，其动态性特征是不同维度作用力影响或决定的结果。充分理解乡村景观空间的动态演变，有助于景观空间格局的保护与恢复，有利于乡村景观文化的地域性特征保持。

景观空间动态发展是多维度的、抽象的。根据乡村旅游空间发展规律，可从两个角度对乡村聚落动态发展特征进行深入分析，即空间动态性和时间动态性。首先，空间动态性体现在“人 - 村 - 旅游”相互作用关系上，表现为“人”（村民、游客及多方参与者）因生产生活和旅游产业发展构建了“村”（居住空间、生产空间、旅游服务空间），而“村”又作为人类活动的承载体，提供生活生产以及旅游活动进行的空间基础；“村”作为资源主体供给旅游发展所需，包括景观、人文、自然环境等，反过来因旅游发展而促进“村”的更新与建设，同时也作为检验“村”内核的反馈者。其次，时间动态性体现在景观空间作为历史资源、传统文化、空间记忆及作为乡村人居环境基础的保护层面。另外，需要在以“村”为核心与“人”“旅游”的相互作用机制基础上，判断时间轴线上景观空间的扩容性及作用力（图 6.1.3）。

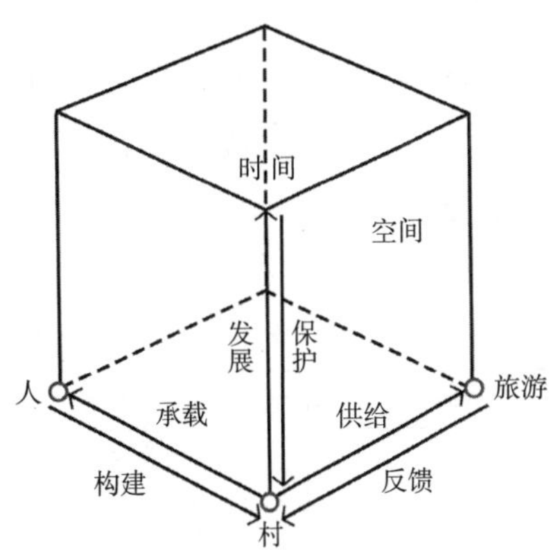

图 6.1.3　景观空间动态发展分析模型

6.2 景观空间秩序关联特征

在旅游业的冲击下，传统村落原有的空间秩序和活动秩序发生了变化。游客作为一种“外来的、主动的”人群介入传统村落空间，导致传统村落原有的景观空间秩序出现巨大变动，形成了以旅游经济和游客需求为发展导向的景观新秩序。

在这个过程中，传统村落原有的生活和生产格局逐渐转变为以旅游发展为核心的服务空间布局，在空间的宏观尺度和要素上表现为“面”的变化特征。过去基于村落日常生活路径形成的交通、道路等系统和空间逐渐转变为引导游客体验的流线。这种变化在空间的宏观尺度下表现为“线”的结构特征。与此同时，传统村落的标志物在过去是村民生活和生存的精神标志和重要功能。然而，随着游客介入，使用标志物的主体发生了变化。具有历史和文化特征的标志物成为吸引游客或引发情感共鸣的节点空间。因此，这方面的变化本质上是空间中“点”的转化。除此之外，从人居环境空间的视角看，传统村落的历史景观空间秩序包含着逻辑清晰、层级鲜明的乡土社会隐形秩序。随着社会和经济的发展，传统乡土社会秩序逐渐被瓦解，其空间秩序的无序性不断增强，直到旅游经济介入和传统村落保护意识日益增强，传统村落的景观空间秩序才得以被重视。

6.2.1 生活生产格局—服务空间布局

1. 生活生产格局

（1）空间格局的概念内涵

空间格局指的是某一区域内不同空间元素的相对位置和相互关系所形成的空间结构，包括形状、大小、分布、组合等方面。在统计学领域，空间格局包括不均匀或者均匀的点状分布、线状分布、面状分布、曲面或网络，而空间包括平面空间、球面空间与网络空间。在生态学与景观生态学领域，空间格局是生态或地理要素的空间分布与配置。从不同的视角来看，格局可以分为多种类型。表 6.2.1 中所列是几种常见的格局类型。

不同视角下的格局类型　　表 6.2.1

格局类型	概念解析
空间格局	空间格局是指某个地理区域内的各种元素之间的空间分布和关系，如城市的布局、人口分布、地形地貌等
时间格局	时间格局是指某个事物随时间推移而呈现出来的变化规律，如历史事件的演进、社会发展的阶段性变化等

续表

格局类型	概念解析
社会格局	社会格局是指社会结构和社会关系的总体形态，如社会阶层、群体关系、人际网络等
经济格局	经济格局是指某个地区或国家的经济结构和经济发展趋势，如产业结构、经济增长率、贸易关系等
地理格局	地理格局，是指地理环境时空异质性的外在表征，直接影响国土空间的光能、热能、生产力、生物多样性、生态系统、水分等重要因子分布

（2）传统村落空间格局

传统村落的营建具有自发性，今日所见的传统村落空间格局并非是自上而下精心布局的结果，而是立足于村民自下而上，在综合因素的影响下同时又具有历史偶然性逐步发展形成的。

传统村落生活生产空间格局的形成主要由四个层面主导。第一个层面是自然地理层面。自然环境造就了人们赖以生存的家园是的存在形式。俞孔坚在《理想景观探源——风水的文化意义》一书中提出了中国人理想的景观模式具有围护与屏障、界缘与依靠、隔离与胎息、豁口与走廊四个基本特征。如图 6.2.1，理想聚落是以山脉为龙脉，形成“左青龙，右白虎，前朱雀，后玄武”之势的地区。传统村落的选址尤其依赖于当地的自然地理环境，非常重视人文、自然条件，遵循“天人合一”“藏风聚气”等思想，因山就势而发展，形成了“背山面水，负阴抱阳”的山水格局。以关中地区为例，韩城市党家村、清水村，咸阳市袁家村均是“背山面水”的山水格局。

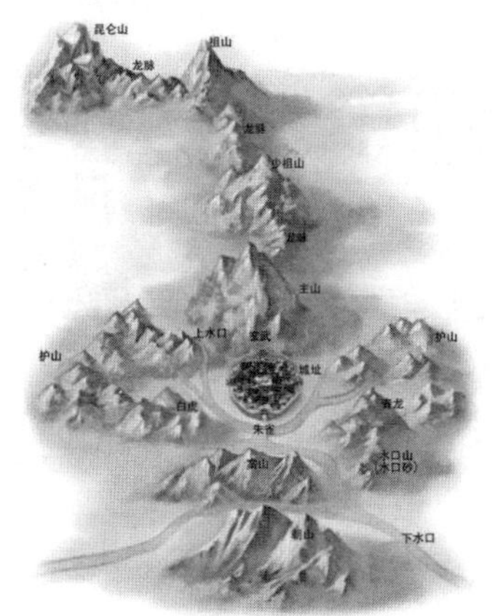

（a）理想风水宝地模式图

（b）聚落选址及水口景观图绘图 / 付大伟

图 6.2.1　理想居住模式图

第二个层面是社会伦理层面。刘沛林在《论中国古代的村落规划思想》中提出中国古代村落规划思想包含多方面的功利要求和文化理念，包括宗族礼制、宗教信仰等。

宗族思想是古代村民宗族“集体”思想意识的一部分，宗族意识对传统村落空间格局的影响通常表现在村落的整体布局上，而礼制思想则更多地体现在局部与建筑空间布局中。以安徽黄山宏村为例，宏村整体空间格局呈现为“人—居”与宗法礼制的呼应，祠堂是宏村整体村落格局的“控制者”，其与周边其他建筑呈现的是“控制—被控制”关系（图 6.2.2）。

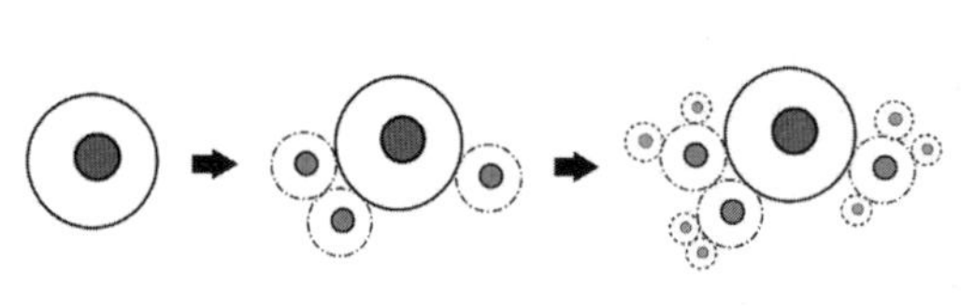

（a）宏村祠堂发展结构模式演变示意图

（b）宏村祠堂对村镇空间布局的影响

（c）宏村宗族风水场基因意象

（d）宏村宗族空间场基因意象

（e）宏村总祠面向月沼

（f）宏村总祠背山体

图 6.2.2　祠堂对宏村空间格局的影响

第三个层面是产业模式层面。产业模式的改变影响乡村的生产方式，从而影响村民的日常生活方式。随着产业发展途径的演变、产业类型的多样化以及新技术的引入，乡村的生产生活方式也经历了转变，由此引发了乡村功能空间的调整、增补或重构。因此，许多传统村落空间格局的形成与其产业模式密切相关。例如，立地坡村和尧头村丰富独特的资源基础决定了村庄的主导产业形态，而手工业的发展也会表现在村庄的空间格局、街巷系统以及建筑空间布局中。

第四个层面是民俗文化层面。村民的日常生活方式与民俗活动衍生出村落中近宅空间、街巷和广场等公共空间，它们共同组成了传统村落人与人之间交往与链接的系统空间格局。以安徽太极湖村“秋千抬阁”民俗活动为例：秋千抬阁是一种巡游模式的民俗表演活动，活动依托带状的街巷空间与面状的广场空间展开，表演路线将村落各个空间串联起来形成完整的民俗文化空间格局。

2. 服务空间布局的形成与特征

（1）空间布局

空间布局指的是在某一范围内，按照一定的规则或者设计思想，将各种不同的空间功能分配到不同的区域或者位置上，从而形成一个整体的空间结构，包括多层次、多类型的空间布局（表 6.2.2）。

空间布局的类型　　表 6.2.2

空间布局类型	概念解析
建筑空间布局	建筑空间布局是指建筑设计中对建筑内部空间的规划和组织。它涉及建筑的功能布局、空间划分和连接方式等。建筑空间布局考虑了建筑使用者的需求以及功能要求，通过合理地规划和组织内部空间，使建筑高效、舒适和美观
景观空间布局	景观空间布局，包含着内部群体的结构关系以及组织的顺序。在景观设计当中，标志性的节点，区域边界，植被、道路等要素都可以形成景观意象。景观设计的空间布局，实际上就是通过一定的手段，利用环境、路线、节点等将整个景观环境结构化
旅游空间布局	旅游空间布局涉及对土地及其负载的旅游资源和旅游设施进行区域划分，对各区进行背景分析，以确定次一级旅游区域的名称、发展主题、形象定位、旅游功能、突破方向、规划设计，以及项目选址。通过这一分析流程，可以将未来不同规划时段内旅游六要素的状态落实到恰当的区域，并以可视化方式表达空间形态

（2）游客介入下的服务空间布局

在游客介入后，传统村落从原本自发形成的聚落空间对象转变为主动规划性质的旅游景区，传统村落从以村民生存生活为核心，空间组织逻辑逐渐转变为以游客需求为核心的服务空间布局思路。基于旅游学相关研究，对于一般旅游景区而言，影响其旅游服务的空间布局因素有以下几点：

一是旅游资源分布。乡村旅游的吸引力在很大程度上取决于旅游资源的分布和布局方式。合理规划旅游资源的位置和布局，能够有效地引导游客流动，提升游客体验，促进乡村旅游的可持续发展。

二是景区区位条件。乡村旅游空间布局受城市旅游客流强度和方向的制约。景区的区位条件是乡村旅游空间布局中最重要的因素之一。乡村旅游空间布局需要综合考

虑城市旅游客流强度和方向的制约以及区位条件的影响。通过合理规划乡村旅游资源、优化景区的区位选择、提升交通便捷性，可以实现更有吸引力、便利性和可持续性的乡村旅游空间布局，提升游客体验和乡村旅游的发展潜力。

三是景区交通条件。良好的交通条件是吸引游客的重要优势，各项调查和研究都显示，旅游景区如果交通条件落后，往往会受到旅游地屏蔽现象[1]的影响，甚至无法顺利开发利用。在乡村旅游空间规划布局中，必须充分考虑交通因素，努力实现交通便利和资源集聚的目标，以提升乡村旅游的可达性和竞争力。

四是游览线路的规划与设计。游览线路的规划与设计在引导游客进行旅游活动方面起着重要作用。它通过提供便捷的基础设施、引导游客的行为和整合旅游资源，影响旅游产业的发展和整体经济效益的实现。在规划和设计旅游线路时，应充分考虑游客需求、基础设施支持和资源整合等因素，以实现更具吸引力和可持续发展的服务空间布局。

3. 生产生活格局与服务空间布局关联特征

（1）空间特征

当传统村落具备可吸引游客的自然风光资源、历史遗迹、文化内涵或是独特的感官体验时，传统村落的空间场域中自然而然形成一种保护意识。在这样的情况下，空间本身作为一种资源存在，这里的资源特指“旅游资源”。旅游资源的本质属性是吸引功能。因此，空间作为资源是传统村落发展旅游业的首要条件。一个传统村落的旅游资源吸引力越大，它的旅游热度就会越高。

（a）空间作为资源　　（b）空间作为“容器”

图 6.2.3　游客介入的空间关联特征

旅游资源不仅仅是物质存在空间实体，而且是以旅游资源为核心形成的复合型空

[1]　旅游地屏蔽现象：是指某特定区域的旅游资源，因某些限制性因素的存在，而开发利用价值大为逊色，甚至不能顺利开发的现象。

间场域，将空间视为资源、对象，可以从更广泛、宏观和整体的视野深入挖掘传统村落的潜在资源，以此作为传统村落旅游发展难以替代的驱动力。相关学者结合乡村旅游规划与研究实践，提出乡村旅游资源分类体系（表 6.2.3）。

乡村旅游资源分类体系表　　表 6.2.3

分类标准	资源类型
按乡村旅游的对象	田园型、居所型、复合型
按地理区位	城郊型、景区边缘型、边远型
按照乡村旅游特点	乡村民俗类、乡村传统农业类、乡村历史遗址和遗迹类、乡村风水或风土乡村类、乡村土特产类、乡村休闲娱乐类、乡村地文、水文景观类、乡村红色旅游类、现代新农村类、农业产业化与产业庄园类、乡村园林旅游类、乡村康体疗养类
按对资源和市场的依赖程度	市场型、资源型、中间型

传统村落旅游资源不同于一般意义上乡村旅游资源的内容。在保护的前提下，传统村落旅游资源应当是对游客具有吸引力，可以为旅游业利用，同时可以避免对传统村落保护与发展产生不利影响的传统村落历史遗迹、民居建筑、产业文化、日常生活与民俗活动等空间与文化现象。传统村落旅游资源可划分为 5 个主要类型和 16 个亚类（表 6.2.4）。

传统村落旅游资源类型划分　　表 6.2.4

类型	亚类	旅游资源特征
特色产业型	农业生产主导型	农业经济具有一定规模或种植特色农产品，成为本村经济发展的主要动力
	手工业生产主导型	手工业经济活跃并具有独特的工艺技术，有传承人并入选非物质文化遗产，能带动大部分村民参与
	特色美食主导型	以特色小吃制作与体验、饮食文化、小吃配料种植为村落支柱性产业
景观特质型	自然景观特质型	村域或视野范围内具有独特的自然生态景观，包括天然景观，如红土地、大江大湖、高山草甸、雪山湿地，也包括人为景观，如连片梯田、大面积人工花海等
	人文景观特质型	经人为建设形成人文景观的，包括传统建筑群、宗教建筑群、古道、石刻等类型
历史文化型	抗战文化型	曾是抗战战场、抗日军队驻地等，与近代抗战密切相关并保留较多遗址遗迹，有革命教育意义
	古道文化型	依托古代贸易通道兴起的各类古道（如茶马古道、南方丝绸古道）、驿站发展形成
	遗址文化型	有重要古城、古村、古墓葬等遗址，并具有科研或观光价值
	名人文化型	有重要历史文化名人，对本村影响深远，并保留与名人相关遗迹
	其他文化型	因其他特殊或罕见的文化影响而兴起的传统村落
民族文化型	单一民族聚居型	人口以某一少数民族为主要构成，且该民族特色物质资源和非物质文化得到较完整保留
	多民族混居型	由两个或两个以上的民族混合定居，能够体现民族和谐团结特征

续表

类型	亚类	旅游资源特征
民族文化型	跨界民族型	临近国境线，人口与邻国毗邻地区村落同源，文化风俗相近，民间经济社会往来密切
	其他边境民族型	临近国境线，主要受地形地貌等因素的长期影响，与邻国毗邻地区交往较弱
休闲娱乐型	民俗活动型	因传统技艺、医药、历法、体育、礼仪和节庆等非物质文化遗产而闻名的传统村落
	民间美术型	传统村落具有日常生活化的美术表达，包括剪纸、年画、皮影、风筝等

旅游资源并非一成不变的。某些事物在其存在之初并没有被视为旅游资源，但随着旅游者需求的变化，有可能转变为具有吸引力的旅游资源，反之亦然。传统村落的吸引特性不仅在于其资源的稀缺性，更在于其至今仍为人类所使用并展现出活力的遗产资源。这一特点决定了原住民及其生活在传统村落景观构成中扮演核心角色，同时也是传统村落吸引游客的重要因素。传统村落旅游是基于历史遗产的旅游形式，其突出吸引点为完整保留的村落，它以原住民生产生活状态衍生出的丰富民俗风情为支撑，并与自然景观和谐融合，形成一个与居住区相互叠置的原生态旅游目的地。

1961 年，刘易斯·芒福德在《城市发展史》中提出城市双重隐喻，即“磁体—容器”隐喻。关于城市的容器功能，芒福德指出：“城市从其起源时代开始便是一种特殊的构造，它专门用来贮存并流传人类文明的成果；这种构造致密而紧凑，足以用最小的空间容纳最多的设施。”可以看出，“容器”这一概念与传统村落公共空间本质和意义是相通的，它是被用来容纳意识、信息、观念的空间工具（图 6.2.4）。

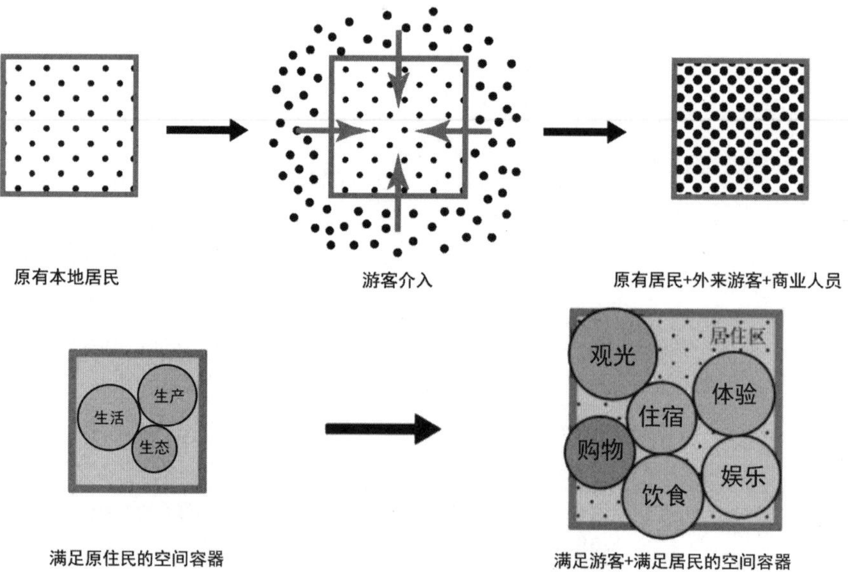

图 6.2.4　空间作为“容器”示意图

对于游客介入的传统村落公共空间“容器”而言，随着社会观念、村落发展意识的变化，原本的传统村落“容器”中盛放的内容物随之发生了变化。如今，空间作为“容器”更多承载的是游客行为和新的业态，换言之，它承载的是游客的需求与功能。空间作为“容器”表现为容器的类型、层级、数量、位置，作为旅游发展的先天条件。以党家村与礼泉县的袁家村为例，党家村建筑遗产量较大，从容器类型与容量的视角来看，党家村可容纳更高程度的建筑审美与文化性质的活动。相对而言，袁家村中建筑遗迹类型较少，但却以特色小吃为核心发展出一套以“吃带动产业”的旅游模式。这就说明空间作为“容器”，目标不在于大小，而在于承载的活动内容。

游客介入下的传统村落空间功能由于村落原有旅游资源的规模、类型、等级或其他因素的影响也大不相同，例如袁家村与莲湖村。为了满足游客的需求，袁家村在村落原有基础上打造了商旅度假等一系列功能性空间（图 6.2.5）。莲湖村则是在不改变村落原有建筑布局与空间格局的基础上，开发了村落原有的旅游资源节点，游客在村中开展节点串联式的游览活动（图 6.2.6）。

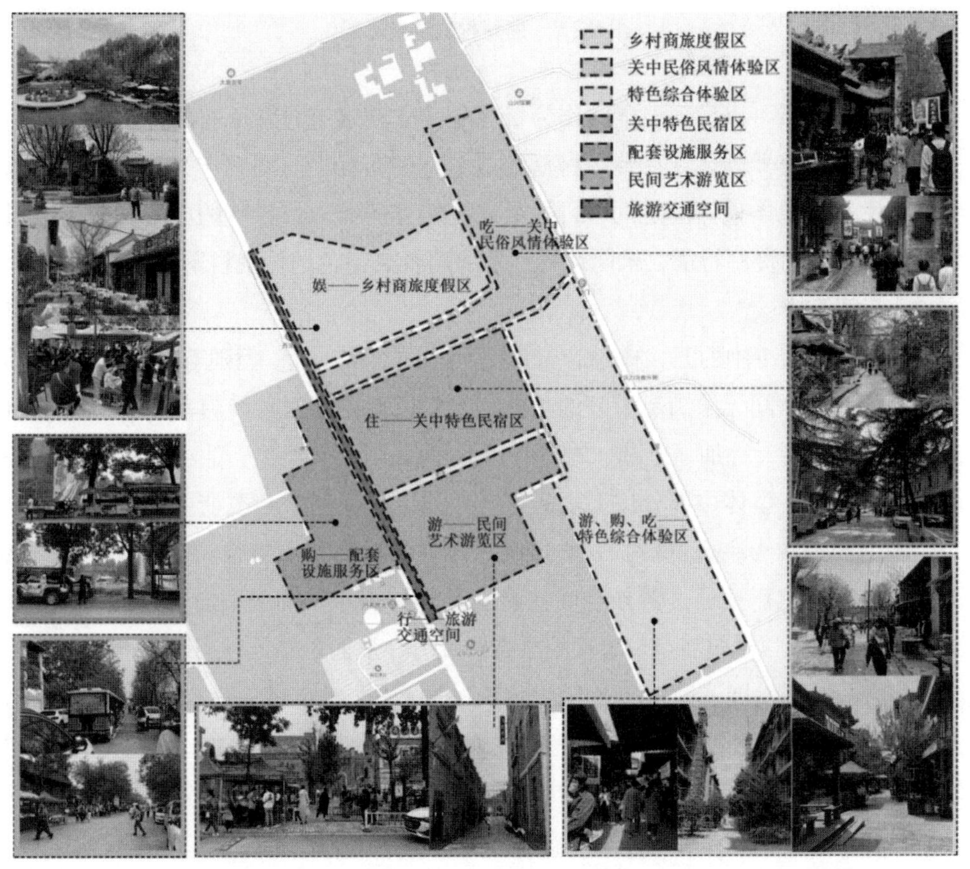

图 6.2.5　游客介入下袁家村空间功能分区示意图

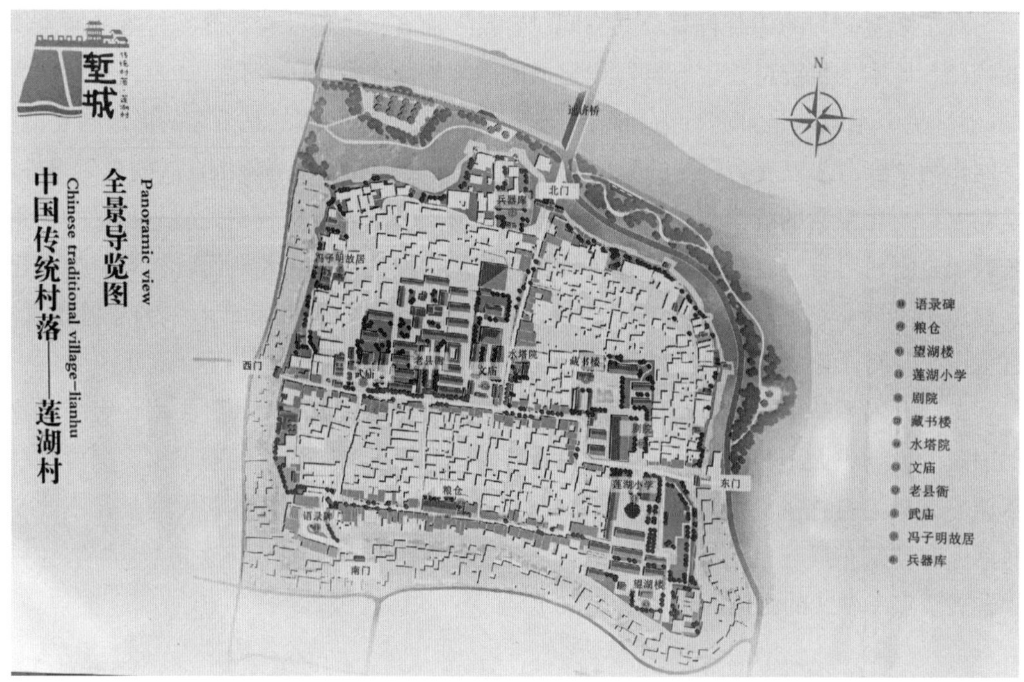

图 6.2.6　莲湖村旅游导览图

基于以上分析可以发现，空间作为资源是建立在传统村落原有的生活生产格局之上，而空间作为容器则体现在传统村落的服务空间布局上。空间作为“容器”是基于传统村落原有资源条件而决定的，目标是满足游客的需求，村落的旅游发展应该根据每一个村落特有的资源特征，求同存异，发展出各具特色的传统村落旅游模式。

（2）空间需求

游客在乡村旅游中的五大核心需求是吃、住、娱、购、游，但随着乡村旅游的发展，原有的传统村落空间无法满足游客的功能需求，因此需要对传统村落进行空间更新调整，具体包括置换、叠加、分隔、附着、激活等。

置换强调某一整体中部分或元素的完整替换，置换通常会改变事物或环境的原有状态。采用置换作为主要更新方式的传统村落通常具有以下特征：一是村落本身核心资源吸引力不足，需要通过置换空间功能满足旅游需求从而吸引游客；二是村落缺乏旅游发展资金，可以通过将空间置换给旅游开发方，从而更好地利用外部资源带动村落旅游与经济的共同发展。例如浙江省温州市山根音乐艺术小村（图 6.2.7），村落利用周边大学城的专业与教育资源，采用“整村置换 + 出让 + 改造提升”的开发路径，用“旧村整村搬迁、带建筑出让给国企”的模式，进行整体征迁，村落原住民搬到周边的新房中居住，而村落空间则置换给艺术培训、展示、商业等相关产业，通过旧村改造提升，实现国有资产的保值增值。这种做法使村民原有居住条件得到了改善，新的商业模式

图 6.2.7　浙江省温州市山根音乐艺术小村更新

的入驻也盘活了原有的山根村经济，建设后的山根村因其艺术特色而具备丰富的文化价值。

叠加是使预先生成并存储的图形、属性特征等被调用并叠合在一个基本图形上的过程或方法，换言之是使一物与另一物占有相同位置并与之共存。传统村落通过叠加的方式进行空间更新，通常是指在村落原有物质与文化遗迹、遗址或开展特色文化与生活活动的空间之上，建立新的空间环境及使用模式。叠加方式在传统村落发展旅游的过程中主要表现为在原有场地上新建乡村博物馆、图书馆、文化馆、农家乐、咖啡馆等。

贵州省安顺市牛蹄关村是一个历史悠久的布依族传统村落，依然保存着完好的民族风貌，历代传承的藤甲编织技艺、造纸技艺、蜡染技艺等均为非物质文化遗产。牛蹄关村融合红色文化、传统文化、布依族文化等各种元素，在村落原小学的基础上建设了山骨图书博物馆，以呈现贵州的文化为主题，包含贵州明贤馆、贵州摄影史馆、天人音画唱片馆等多个主题馆。与此同时建设了布依族非遗蜡染博物馆、医养馆、咖啡馆、造纸坊、精品民宿等具有丰富业态的公共服务和文化空间。牛蹄关村通过博物馆群，以文兴旅，每年吸引大量学子、游客研学旅游（图 6.2.8）。

分隔是将一个大系统分解成若干相互之间不存在循环回路的最小的子系统的方法，从空间的视角可以理解为从整体的空间中间隔断，使两部分或多部分空间不相通。在传统村落中采用分隔的方式发展旅游业是一种成本与风险较低的发展模式，既可以满足游客的需求，又不打扰村落原住民的日常生活。例如位于宁夏固原市隆德县城关镇的红崖村，其一组（老巷子）被誉为宁夏最美的古巷子。红崖村仅对一组进行了旅游

（a）山骨图书博物馆　（b）贵州摄影历史博物馆　（c）牛蹄关村康养中心

（d）牛蹄村音乐博物馆　（e）布依族非遗蜡染博物馆　（f）布依族干栏式建筑与现代结合的乡村咖啡馆

图 6.2.8　贵州省安顺市牛蹄关村空间更新现状图

图 6.2.9　红崖村一组现状图

开发，村落其他区域依然保留着原有的空间格局与状态（图 6.2.9）。陕西渭南合阳县的南社村同样采用分隔的方法发展了以“秋千”为特色的村落旅游。

附着指较小的物体黏着在较大的物体上，它更加强调以原物质空间为基础和核心，根据旅游发展的需求，适当地为空间增添功能与设施。采用附着方式进行更新调整的传统村落往往空间环境具备较强吸引力，比如建筑遗址或村落整体风貌保存较好，通过适量附着旅游功能可完善村落的旅游产业。例如陕西的党家村和柏社村，因其村落建筑本身保存完好且具有地方特色与历史文化价值，村落旅游往往利用其建筑空间，加设科普宣传牌、导视系统、基础卫生设施、基础商业设施，在不改变村落原有空间状态的前提下发展旅游（图 6.2.10）。

（a）柏社村村落鸟瞰

（b）党家村村落鸟瞰

（c）柏社村民居院落

（d）党家村民居院落

图 6.2.10　柏社村、党家村村落风貌与民居院落现状

激活是指刺激机体内某种物质，使其活跃地发挥作用。对于许多存在位置偏僻、旅游资源不足、村落基础设施不足以及环境差等问题的传统村落，想要将原有村落的消极空间转变为积极空间，就需要引入新的观念、文化、产业和资金，利用外部力量寻找村落更新的具体方法，以此唤醒乡村文化资源，激活原有村落。随着旅游业的不断发展，即使目前有许多村子已经具备了基础的旅游设施与条件，但依旧无法吸引到游客，究其原因是村落均质化严重，许多村子即使历史建筑保护得很好，但因缺乏所谓的“卖点”，而无法在旅游市场发挥良好的作用，因此激活的方式十分适用于这类村落空间。例如傣族帕连古寨引入“艺术改变乡村”计划，用艺术赋能，带动乡村旅游，激活乡村经济发展，成了全国知名的艺术乡村（图 6.2.11）。

图 6.2.11　帕连寨艺术村更新后现状

为了方便传统村落开展保护工作、有选择地进行旅游性质的开发，需要对村落空间进行片区划分、等级评定和主次设定。

传统村落空间作为"资源"和作为"容器"两个视角下的"片区划分"划分内容与方式有所不同。当空间作为"资源"进行片区划分时，通常需要对传统村落中的自然与历史文化资源进行评估，依据受保护程度划定保护规划范围，开展保护工作与空间利用。当空间作为"容器"进行片区划分时，需要在对资源进行保护的基础上，满足村民与游客的行为活动需求，科学、合理地规划村落中不同功能业态区域，进行与旅游相关的必要公共设施建设，促进文化和自然遗产的合理利用。

通过片区划分，可以更好地保护传统村落。划分不同片区有助于发现和保护各个片区的独特价值，并维护整个村落的历史和文化完整性，从而避免零散式开发，保持村落的整体风貌和传统特色。同时，针对各片区的特点和价值，可以采取相应的保护措施。片区划分还有助于平衡不同利益相关方的需求。通过片区划分，将保护与发展任务细化，提高公众对保护与发展的参与度，形成共同管理传统村落的合力。

中国文物管理的重要原则之一是分级管理。"等级评定"是指对不同传统村落或其中的建筑、文物、环境等元素进行综合评估和分类。通过等级评定，可以对传统村落进行分类管理，确定不同等级的保护和开发策略，以确保资源的合理利用和保护。2001 年，党家村明清时期古建筑群被列入国家重点文物保护单位，党家村中的民居建筑就制定了分等级保护制度（图 6.2.12）。

通过对传统村落及其相关元素进行等级评定，可以确定哪些传统村落或元素具有更高的历史、文化、艺术或建筑价值，有助于在有限的资源和时间内优先保护最有价

(a) 古民居一中级

(b) 古民居二乙级

(c) 古民居三级

(d) 古民居四级

图 6.2.12　党家村民居建筑等级划分现状图

值的村落和文化遗产，防止重要历史文脉的丧失。等级评定可以帮助规划部门了解传统村落的不同特点和价值，从而制定相应的开发策略；通过等级评定，可以将传统村落的价值和特点传达给公众，促进社会各界形成传统村落保护的共识。

4. 地方秩序与活动秩序

（1）地方秩序

地方秩序是指传统村落原有的空间格局和社会组织。在传统村落中，地方秩序是稳定的、承载着丰富文化传统的基因。这种秩序经过长期的历史演进，形成了村落特有的布局、建筑风格、道路网络等，反映了村落社会结构、生活方式和社会规则。地方秩序强调传统文化的传承与保护，为居民提供稳定的生活和社会环境。

传统村落地方秩序是以土地的划分、配置与利用为核心构建的。在中国传统乡土社会中，地方秩序的形成基本由两种力量组成。一种是来源于地方社会之外的法律、政治和社会规范等因素，这些外部影响形成了外部性地方秩序。外部性地方秩序主导的公共生活大多是制度性的，也就是由上至下进行的安排和规划。还有一种是由地方社会内部力量组成的地方秩序，称之为内生性地方秩序。这种秩序基于当地的血缘、地缘、地域信仰和劳作模式等因素，主导的行动大多是自发自生的构建。影响传统村落地方秩序的主要因素有行政组织、血缘宗亲、地方习俗等。

行政组织与制度对传统村落地方秩序的构建是直接性、决定性且快速的，其过程直观且富有成效。如袁家村在村党委的带领下，大力发展集体经济和村办工业，抓住农家乐的发展机遇，建成了以乡村传统文化、传统民俗、传统建筑、传统作坊、传统小吃为特色的“关中民俗体验地”。

血缘宗族是中国传统社会当中一个极为牢固的、基础性的生产生活共同体，是整个社会的基本单元，对于构建中国传统村落地方秩序有着极为重要的影响。以河北邯郸东填池为例，在其仪式空间中，民众的行动呈现了内生性地方秩序的三个层面。首先，人们基于血缘与地缘的共同体认同与村落认同，形成一致的集体行动。其次，民众在仪式空间中进行互动，赋予公共行动以动力与合法性。再次，传统文化观念对于民众的行为起到约束作用，民众通过仪式宣扬和强化这些观念。

民俗自下而上形成的“民间法”等地方习俗惯制也会间接影响该区域地方秩序的构建。例如西南地区乡村的水文碑刻深深影响和反映了西南民族村域的地方秩序。在西南民族传统的乡村社会，以习惯法、乡规民约等形式存续的“民间法”中，有关用水习惯规范的内容甚为丰富。这些“民间法规”在调整村落水资源的分配与使用、保护村落水环境以及构建村落地方秩序方面发挥着重要作用。

（2）活动秩序

活动秩序是指在传统村落更新与发展过程中，尤其是为了发展旅游等目的，基于“场景”的设定、发生而形成的地方特色的活动组织方式。相较于地方秩序，活动秩序具有临时性、随机性和流动性。它通常是为了满足特定活动需求而灵活地安排空间，例如举办庆典、节日活动、文化展览等，为游客和居民提供不同的体验。游客介入下的传统村落活动秩序主要受到传统民俗节日、农作物丰收季、商业运维等方面的影响。

传统民俗节日作为重要的文化传承活动，在传统村落中往往具有特殊的地位和意义。举办传统民俗节日需要精心策划和组织，涉及一系列的仪式、庆典、表演、游戏等，这些活动的举办需要在传统村落活动秩序中进行合理的安排。

传统民俗节日决定了传统村落中活动秩序的时间发生节点，因此一定程度上影响了传统村落的时间秩序。传统民俗节日通常是在特定的时间节点举行，具有临时性的特点。这就要求传统村落活动秩序能够适应这种临时性的活动需求，例如临时性的场地安排、交通组织等。例如陕西西安蔡家坡村利用“关中忙罢艺术节”这一传统的民俗节日，创造出一场供游客体验村落艺术与文化的临时活动（图 6.2.13）。

传统村落独特的自然与地理环境，培育了当地特色的农作物并孕育出丰富的农耕活动与文化，成为发展传统村落旅游的宝贵元素与资源。许多传统村落在推动旅游业发展时，将这些特色视作活动主题，吸引游客积极参与当地的生产性活动。例如陕西汉中的油菜花田、西安白鹿原的樱桃采摘活动在每年的特殊时段都会吸引大量游客，由此形成一定的活动秩序（图 6.2.14）。

图 6.2.13　陕西省西安市蔡家坡村“关中忙罢艺术节”

（a）陕西省汉中市油菜花田　　（b）陕西省西安市白鹿原樱桃采摘活动

图 6.2.14　农作物丰收季构建乡村旅游活动秩序

旅游策划者的商业运维对传统村落的旅游活动秩序有着重要的影响。商业决策和运营方式可以直接或间接地影响传统村落的活动秩序，包括以下几个方面：

一是旅游活动的主题与定位。旅游策划者负责确定旅游活动的主题和定位。他们

可能选择将传统村落定位为文化遗产旅游目的地，自然风光旅游目的地，或是休闲度假胜地等。不同的定位会吸引不同类型的游客，从而影响传统村落的旅游活动秩序。

二是旅游产品和服务的开发。旅游策划者会根据目标市场和游客需求开发不同的旅游产品和服务。这可能包括导游服务、特色美食、手工艺品等。在开发这些产品和服务时，他们会对传统村落的资源进行整合和规划，以满足游客的需求。这些新引入的旅游产品和服务可能会对传统村落的活动秩序产生影响，可能会增加一些新的活动，或者改变村民的生活方式和经济活动。

三是游客引导与规范。旅游策划者也负责游客引导和规范。他们可以通过合理规划游客流量，设置游览路线，制定参观规则等方式来保障游客的安全和体验质量。这些规范措施可能会影响游客的行为和互动方式，从而影响传统村落的活动秩序。比如，限制游客进入某些敏感区域，或规定游客在参观时需要尊重当地的文化习俗，这些都可能会对村落的秩序产生积极的影响。

四是旅游收益的分配。旅游策划者在商业运营中产生的旅游收益，也会影响传统村落的活动秩序。收益的分配方式将直接影响到村民。如果旅游收益能够合理地回馈给村民，改善基础设施和社会福利，村民可能会更积极地支持和参与旅游业。反之，如果收益被过度集中或未公平分配，可能会导致不满和社会秩序的动荡。

（3）地方秩序与活动秩序关联

地方秩序与活动秩序是相互关联的。传统村落的地方秩序提供了一个稳定的空间基础，为活动秩序的发生提供了场所和背景。传统村落原有的空间格局和建筑风格可以成为活动的载体和元素，增强活动的吸引力和独特性。同时，活动秩序为传统村落带来新的活力和经济机会，增进村落的社会交流和文化交融。

传统村落景观空间秩序视角下的地方秩序与活动秩序在传统村落的发展中相辅相成。地方秩序保留和传承村落的历史和文化，为居民提供稳定的生活环境。而活动秩序则为传统村落注入新的活力和发展动力，促进村落的文化交流和经济发展。在发展旅游业的背景下，适度地整合地方秩序与活动秩序，能够实现传统村落的保护与利用的良性循环，实现可持续发展。

它们共同构成了传统村落多样而有机的社会空间结构，代表了传统村落在变革和发展中的适应性和包容性，也体现了村落文化的传承与创新。在未来的规划与设计中，应充分考虑两者之间的关系，实现传统村落的保护、传承与可持续发展。

5. 传统村落发展的“熵增”过程

“熵增”是热力学和信息理论中的一个重要概念。它是指在一个系统中，熵的值随着时间的推移而增加的现象。熵是一个衡量系统无序程度或混乱程度的物理量。具体来说，熵增是指系统中微观状态的不确定性或混乱度在时间上增加的过程。当系统处于有序状态时，其微观状态很少，熵较低；而当系统处于更混乱、无序的状态时，其微观状态更多，熵较高。传统村落发展的过程犹如“熵增”的过程：传统村落在过去是一个相对封闭、有秩序的社区，拥有独特的建筑风格、文化传统和生活方式；这样的村落景观空间通常表现出较低的熵，因为它们拥有相对稳定和有序的结构；然而，随着游客的介入和旅游业的发展，传统村落逐渐成为一个受到外部影响的地方，游客和外来文化的涌入使得村落的景观空间发生了“熵增”。

这种熵增可以通过以下方式表现：一是空间状态改变。游客的增加可能导致村落内部交通流量增大，产生堵塞和拥挤。原本安静的巷弄和小径变得熙熙攘攘，空间秩序受到扰乱，呈现出更加混乱的状态。二是土地空间类型和功能属性改变。为了满足游客的需求，传统村落可能会兴建大量的商业设施、餐厅、酒店等，导致土地空间类型和功能属性发生变化。传统的农田或居民区可能被商业设施所取代，导致村落结构和用途的混乱。三是空间单元（土地密度、分辨率）变化。为了满足更多游客的需求，可能会出现大规模的建筑开发，导致村落的土地利用密度加大，建筑物高度增加，空间单元之间界限变得模糊，原本自然的村落风貌逐渐丧失。四是文化传承和生活方式的转变。随着外来文化的涌入，传统村落的文化传承和生活方式可能发生转变。一些村民可能将传统的手工艺和习俗抛弃，转向从事与旅游业相关的工作，这将导致传统文化的衰退。游客带来的新文化和价值观也可能影响村落居民的生活方式，传统的社区互助和彼此依赖的关系可能逐渐减弱。

总的来说，传统村落的熵增是一个系统从有序状态向无序状态转变的过程。这种转变往往是由外部因素引起的，如旅游业的发展和游客的增加。熵增过程可能会导致传统村落的景观和空间发生负面的变化，失去原有的特色和魅力。因此，在传统村落发展过程中，为了有效应对这种熵增，需要综合运用规划管理、文化保护和可持续发展的理念。制定合理的规划策略，限制过度开发和商业化，保护传统村落的空间秩序和建筑风貌。同时，加强对传统文化的传承和保护，让年轻一代了解、珍惜并传承传统文化。与此同时，应该鼓励可持续的旅游模式，促进旅游业与传统村落的融合发展，让传统村落在旅游业的带动下焕发新的生机和活力，实现经济发展和文化保护的双赢。只有在兼顾传统价值和现代需求的基础上，才能让传统村落在现代社会中保持独特的魅力和永续发展。

6.2.2 居民生活路径—游客体验流线

1. 居民生活路径

（1）居民生活路径的概念

“路径（path）”在不同领域有不同的含义。在网络中，路径指的是从起点到终点的全程路由，在日常生活中指的是道路。空间分析角度，“居民生活路径”是指居民在

日常生活中从住所出发，经过不同空间节点和路径，到达目标地点或完成特定活动的轨迹和过程。这个概念涉及人们在城市或社区中的移动、活动和日常行为，以及由此形成的与空间相关的居民生活模式。

（2）传统村落居民生活路径的影响因素

传统村落居民生活路径是指在传统村落中，居民日常活动的轨迹和路径。这个概念强调村落环境和布局是如何影响和塑造居民的生活方式和社会活动的。传统村落居民生活路径是为了满足村落居民日常生活、生产与社会交往等行为活动而产生的网络组织结构。传统村落的居民生活路径受到自然环境、建筑布局、社会文化、设施服务、交通条件以及经济活动等的影响。

地形和自然环境直接影响着传统村落内的路径选择和布局。山区村落可能会有较多的上下坡路线，而临近河流的村落可能会沿河形成路径。例如江西省上饶市婺源县的菊径村（图 6.2.15）。菊径村的主要道路是村落外环绕的道路，村民的生活路径环绕环形道路展开。地形起伏、水体位置、自然景观等因素都会对居民的日常移动路径产生影响。地形和自然环境决定了村落内的资源分布情况。居民根据资源的分布情况来规划生活路径，例如立地坡村和尧头村中道路的布局均与村落中的陶瓷生产活动有关。

图 6.2.15　江西省婺源菊径村鸟瞰图

传统村落的建筑布局常常遵循传统规划原则和家族布局原则。街道、小巷、庭院围绕村落建筑等形成了独特的路径网络，也影响着居民在村落内的移动和互动路径。以党家村为例，党家村传统规划营建中遵循“民居院门不冲巷口”“巷子不对着巷子”，以及“各户院门相互错开不相对”等原则，（图 6.2.16）；党家村路网形态中不存在“十字形”路口，往往是“T”字形路口；大量道路为住宅院落间的联系小巷，直达入户口，道路的层次及方位多围绕居民日常通行展开。

传统村落内的社区设施和公共服务点会影响居民的日常活动路径，村落中的公共

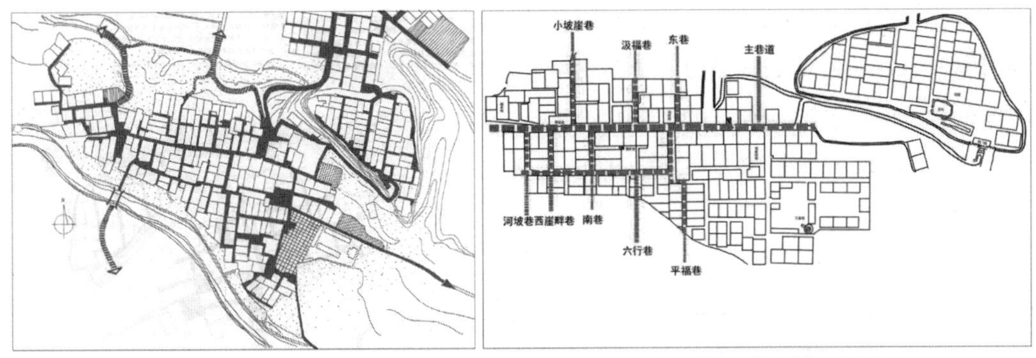

（a）20世纪末党家村街道路网　　（b）党家村现今核心交通路网分析

图 6.2.16　党家村路网变迁

水利、教育、医疗、商业活动和大型宗教等公共活动功能空间的分布将对居民的生活路径产生影响。这些公共服务节点往往会吸引和聚集大量的居民，路径的聚焦和重叠也多发生在这些节点的附近。以尧头村为例，村落中公共水利设施包括三眼井、东涝池和西涝池，过去村落居民有关“用水”的生产和生活行为将这三个节点空间作为目的地，村落中的聚集与公共活动也主要在这三个空间发生。

道路条件、交通安全等因素也会影响居民的路径选择。传统村落通常没有现代城市的交通设施，居民的出行可能主要依靠步行、自行车或畜力车等传统交通工具，因此传统村落街巷的尺度都较小，许多小巷仅能容一人通过（图 6.2.17b），街巷网络的整体形态与村落所在地形的起伏密切相关，而非横平竖直的道路结构（图 6.2.17a），尧头村在手工业复兴时期的街巷结构呈现出围绕地形走势的特点。

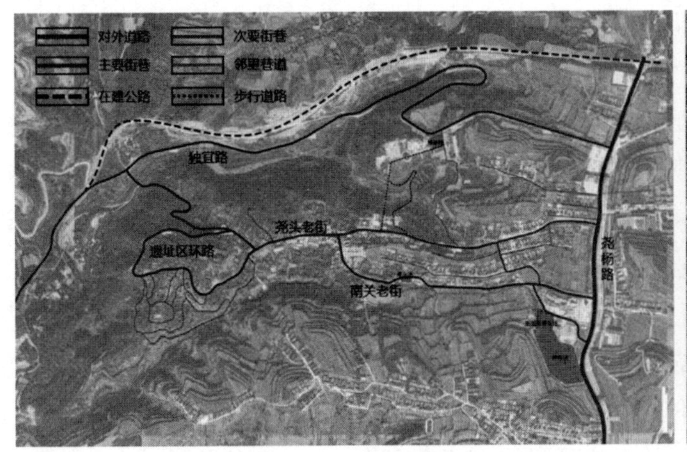

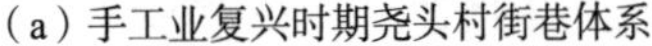
（a）手工业复兴时期尧头村街巷体系　　（b）立地坡村最窄街巷

图 6.2.17　尧头村街巷体系和立地坡村最窄街巷现状

社会文化因素在传统村落中扮演着重要的角色，影响着居民的活动路径和社交互动。传统的价值观、社会习惯以及生活方式都在塑造居民的日常行为方式中发挥着作用。特定的传统节日和当地独有的习俗也会在一定程度上改变居民的路径选择和活动规律。以清水村为例（图 6.2.18），承载民俗节庆文化的戏台广场就与村落主要街巷及建筑空间相连。

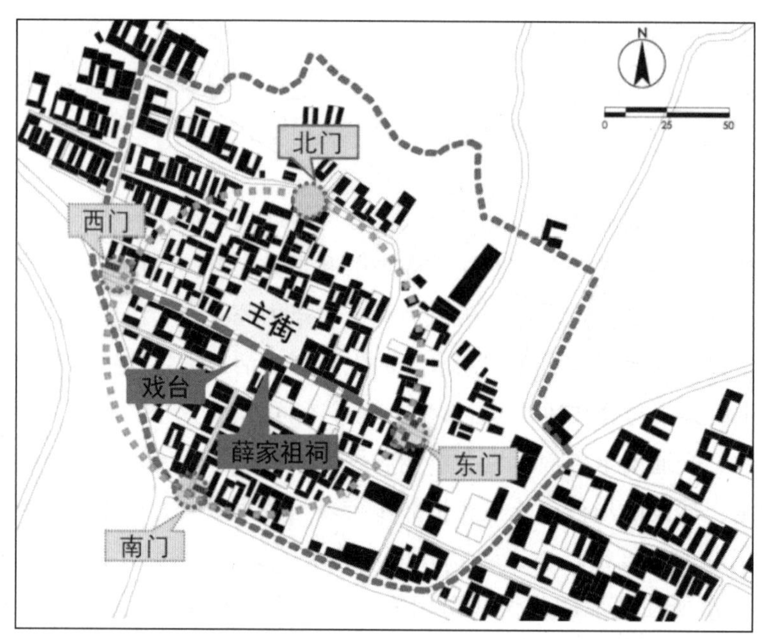

图 6.2.18　清水村民俗节庆空间与居民生活路径的关系

（3）传统村落居民生活路径的特征

在过去，人们的劳动生产水平与认知能力较低，传统村落营建的首要目标是生存，其次才是生产与生活，因此居民生活路径是以居民为主体，具有实用性、可达性与便捷性等特征。首先，传统村落的生活路径往往是自然形成的，受地形和自然环境影响较大。山区村落可能形成较多上下坡路径，而临近水体的村落可能沿河而建形成特定路径。其次，家族布局和社会组织对居民生活路径产生重要影响，居民生活路径体现宗族文化秩序。家族成员的住所通常相邻，形成一定的社会互动。再次，传统村落内的街道、小巷和庭院构成复杂而有机的路径网络，指引居民的日常活动。这些空间组织结构使得居民生活路径与传统村落的整体布局紧密相连。此外，传统村落居民出行以步行和传统交通工具为主，因此交通设施也相对简单。生计和经济活动也在传统村落居民生活路径中扮演着重要角色。在传统村落内，文化和习俗对居民生活路径的形成和发展影响明显，如传统节日或仪式可能会改变居民的日常活动路径。

2. 游客体验流线的形成与特征

（1）游客体验流线

游客体验流线是指在乡村旅游地区，游客在游览和体验过程中所形成的路径和流线。在本书的研究视角中，游客体验流线是旅游规划与设计者为吸引游客在某一区域开展旅游活动而精心规划设计的游览线路，以满足游客游览过程的各类需求。

游客体验流线的规划与设计首先需要考虑游客在景区中的整体游览路径，综合考虑景点的分布、可达性、游览次序等，合理规划游客在目的地内的流线，使其在游览过程中能够高效便捷地游览各个景点。其次需要考虑景区中不同景点之间的连接，设计便于游客游览的路径，使游客在游览过程中能够顺畅地前往不同的景点。接着要在尊重当地文化特色、保护自然景观的前提下，优化游览路线中的各类节点布局与设计，提升游客的体验感。同时需要考虑游客群体流动性的特点与人流量的控制，通过空间的规划与引导防止拥堵问题。最后游客体验流线还涉及交通和交通设施问题。在乡村旅游规划中，需要考虑游客的交通方式，如汽车、自行车、步行等，以及相应的交通设施，如停车场、自行车停靠点等，确保游客的交通便利性。

（2）传统村落游客体验流线的影响因素

传统村落游客体验流线首先受到村落原有道路系统与景观资源分布的影响，而这些是由原始村落的自然与地理资源决定的。例如尧头村正在规划的旅游游览线路就是在原有道路的基础上规划的，而原有道路受到当地台塬地貌的影响，具有蜿蜒曲折且高差大的特点。而老县城村与石船沟村因位于“两山夹一水”的溪涧地形之中，周边均为自然保护区域，因此无论怎样增加旅游功能，这两个村落的游客体验流线都是“单向”“线性”的。从图 6.2.19 中可以看出不同村落道路系统的形成与村落自然与地形条件息息相关，因此游客体验流线规划需要充分考虑地理环境。

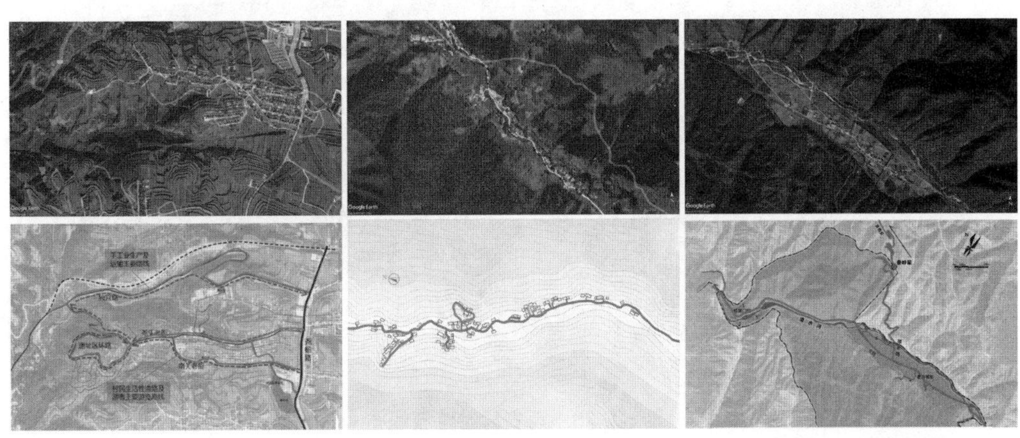

（a）尧头村道路系统　（b）石船沟村道路系统　（c）老县城村道路系统

图 6.2.19　自然与地理资源条件主导下的传统村落道路系统

传统村落的文化景观和历史建筑是吸引游客的重要因素之一，因此包含历史与文化信息的景点的位置和分布也会影响游客体验流线的形成。当一个传统村落的文化景观与历史建筑集中连片式分布时，为了使游客有深入的游览体验，流线通常会设置在整个片区的内部，往往是使用村落历史遗留下的街巷空间直接作为体验线路，例如党家村。而当一个传统村落的文化景观与历史建筑呈点状式分布时，流线的设置则会重点考虑如何使游客可以在最短的时间获取更多的文化体验，或是用一条相对闭合的游览线路串联历史文化节点，例如莲湖村。除此之外，传统村落的历史渊源、传统习俗、民俗活动等都会影响游客对村落的兴趣和参与度。因此进行游客体验流线规划时需要深入了解村落的文化特色，将文化元素融入游客体验流线中，通过丰富的文化体验，增强游客的情感认同。

游客体验流线的便捷性对于吸引游客至关重要。优质的交通设施和便利的交通方式能够提高游客的到访率。以贵州省赤水市的丙安村为例（图 6.2.20），该村坐拥丰富的建筑文化、红色文化和军事文化景观，景观间通过古镇交通紧密相连。目前各个功能分区之间的交通系统主要为石板路和古道，无法满足不同旅游群体对于交通工具的偏好和多样化的需求。此外，场地分区界限不够清晰，不同道路与交通工具之间缺乏必要的衔接，不同区域之间未合理配置道路交通环境，相应专区内的道路服务和指引功能等基础设施相对滞后，交通服务的信息化程度较低，这些影响了客流量，降低了旅游者对于古镇旅游质量的满意度。

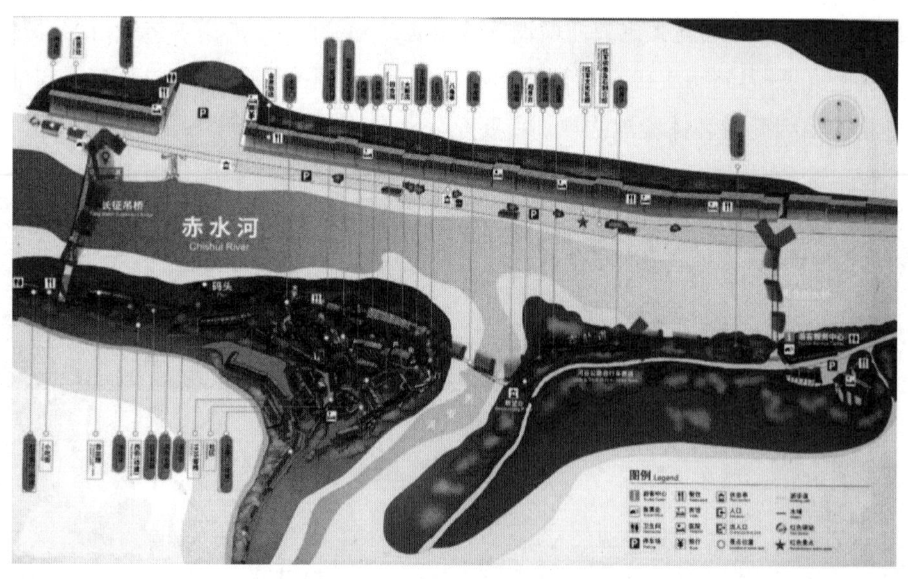

图 6.2.20　丙安村游览流线图

又如苏州的冯梦龙村（图 6.2.21），该村的旅游线路构建基于村内主、次要道路以及现有河道水系。旅游线路的组织主要依赖于电瓶游览车、公共自行车、步行和游船四种方式。电瓶游览车线路组成了一个环线，串联村内重要的旅游节点，作为旅游线路的核心组成部分。自行车游线允许游客深入村庄和农田内部，提供更为自由的探索机会，促使游客更加亲密地接触乡村生活。水上游线则通过湿地公园内贯通南北的水系，以及三个码头供游客沿线游览。这种规划方式有助于提升游客体验，使其更轻松地探索村内景观和文化，提高游客对于这座江南田园村落的满意度。

（a）冯梦龙村景观建设区分布图　（b）冯梦龙村道路现状　（c）冯梦龙村旅游路线图

图 6.2.21　冯梦龙村旅游路线图

旅游基础设施在旅游业发展中是不可或缺的物质基础。一般来说，旅游设施包括交通运输、食宿接待、游览娱乐和旅游购物设施等。提供完善的旅游设施和优质的服务是游客体验流线的重要保障。游客体验流线需要考虑设立旅游服务中心、导览点、卫生间等设施，提供导游服务、讲解员、咨询服务等。

社区居民的参与与支持是游客体验流线成功的关键。一般来说游客体验流线是一种线性结构，对于游客来说，线性结构的核心是不同的体验。大部分游客在游览具有历史文化的物质性空间的同时，更希望能感受到当地人与人、人与物、人与环境之间情感的互动。因此，游览体验不仅是面对静止不动的“物”，还有鲜活的人、事和情。以袁家村为例，王家茶馆、观演空间是袁家村富有特色的节点空间，也是人气最高的场所，此处设有可移动性的桌椅板凳，袁家村村民自发在此为游客开展理发、采耳等休闲活动，同时有精彩的表演，可以让游客深入了解当地的风土人情，深刻领略当地的历史文化（图 6.2.22）。

图 6.2.22　袁家村王家茶馆和观演空间

（3）传统村落游客体验流线的特征

传统村落游客体验流线由政府或开发商主导，目标是提高村落对外来游客的吸引力和满足游客活动需求，因此游客体验流线的设置通常是具有统筹性、策划性和组织性，追求串联节点空间，形成闭合的游览路线。首先，游客体验流线的设置是以村落自然与地理条件下生成的道路系统为基础的，需要满足村落居民的日常使用并不破坏原有的村落肌理，在此基础上，流线的设置具有历史性和保护性的特征。其次，传统村落游客体验流线具有文化与历史导向性，流线通常会涵盖村落的文化景点、历史建筑、传统工艺品等重要元素。再次，传统村落游客体验流线受到交通设施与条件的影响与限制，流线的设置必然会串联基础交通设施。

3. 居民生活路径与游客体验流线关联特征

（1）空间特征

居民生活路径是传统村落已有的线性空间，游客旅游流线是为了满足游客的需求而规划的新的道路系统。很多时候，游客旅游流线的规划者并不是生活在传统村落的居民，并不完全熟悉村落的各类情况，因此规划完成的游客体验流线往往会改变原有的村落道路布局，影响居民的生活路径。

以莲湖村为例，图 6.2.23（a）是过去莲湖村举办社火表演的路线等级，其中粗黑色线型是社火一级街巷，相当于村落中的主干道。图 6.2.23（b）是为发展旅游而指定的空间发展策略图，其中粗黑色线型表示传统文化展示轴，也是如今游客游览莲湖村的主要道路，而原本社火一级街巷的部分被设定为商业街或手工作坊展示街，有的则划定为次要街巷。

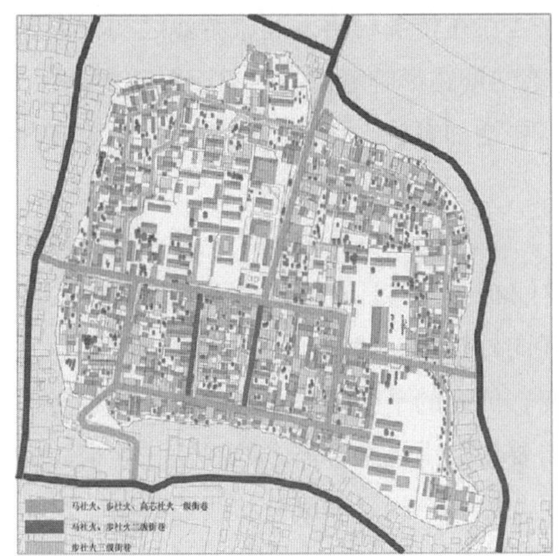

(a) 莲湖村社火路线

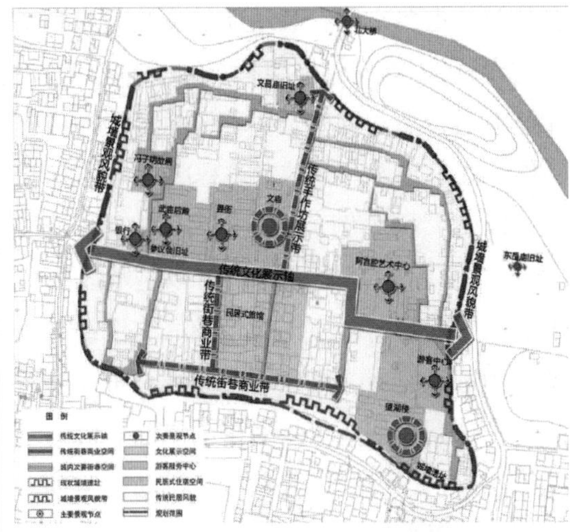

(b) 莲湖村空间发展策略图

图 6.2.23　游客介入下莲湖村线性空间的转变

为了增强传统村落对游客的吸引力，政府或开发商通常会对传统村落中具有核心旅游资源的街巷进行文化属性的强化或重塑，凸显其地方特色。村落中原本供居民日常生活通行所需的线性空间，转变为满足游客游览所需的体验路线。以宁夏的红崖村为例，红崖村利用丰富的红色文化资源优势，开始建设红色旅游景区，以一条 200m 的老街巷为主体打造出“红崖村最美巷子”（图 6.2.24）

图 6.2.24　游客介入后的红崖村

在游客介入传统村落后，整个村落的空间功能都将发生变化。建筑空间因仍属于居民私有，需要满足居民私人化的需求，因此功能变化并不大；而线性空间是面向游

客开放的重要空间，其功能的变化是最大的。往往在传统村落发展旅游业之初，首要的建设就是“修路”，包括扩宽、平整等，村落的道路影响着游客对整个村落的印象。在原有通行功能基础上，传统村落线性空间需要增加餐饮、休憩、购物、打卡等多种功能，以满足游客在游览过程中的各种需求。

以袁家村为例，在旅游开发初期，村落空间结构形式呈现出明显的自组织特征（图 6.2.25），村落空间呈现为多主干线网状空间布局，并具有强烈的空间渗透性。村民们以原有的村落主干线为核心，围绕核心区向外扩散。然而，随着袁家村旅游业的崛起和迅速发展，村庄的空间形态进一步改变，传统的平原地势已不能满足旅游活动的需求，需要创造更多通透的空间，同时还需要增加满足游客需求的餐饮、住宿、商业等业态，以及提供公共服务的功能空间。因此原有空间延伸成枝状线性空间。这类空间规模较小，新增空间和路径由原主干线扩展形成。

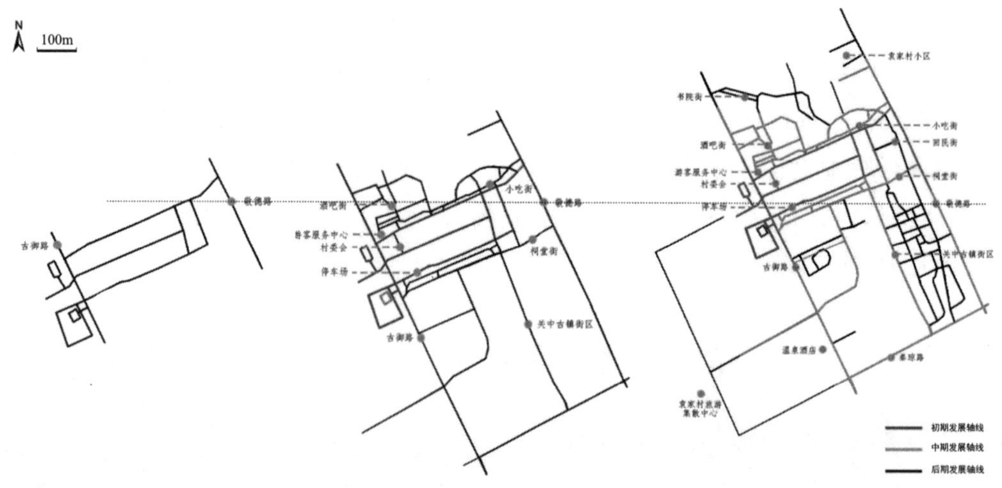

图 6.2.25　袁家村不同时期线性发展示意图

（2）空间需求

传统村落的居民生活路径通常是历史悠久、承载着丰富文化的区域。在居民日常生活的路径中，可能蕴含着许多古老的建筑、习俗、传统工艺和历史事件。这些文化与历史资源为游客提供了深入了解当地文化传承和历史演变的机会，可让游客在旅行中感受到浓厚的人文氛围。

居民生活路径通常会贯穿传统村落的自然景观和乡土风貌。这些原汁原味的自然和人文景观，为游客提供了与自然亲近、放松心情的机会。村落的居民生活路径常常会穿过特色建筑，如传统民居、庙宇、古井等。这些建筑代表着当地独特的建筑风格和历史文脉，为游客提供了拍照留念、感受古老氛围的机会。此外，游客还能在此近

距离观察到当地居民的日常生活场景，加深对当地文化的理解。在传统村落的居民生活路径上，游客有机会参与一些本土特色的生活体验活动，如采摘农作物、制作传统手工艺品、品尝地道美食等。

因此，传统村落的居民生活路径为游客体验流线提供了丰富多样的资源，让游客在旅行中不仅仅是观光，更能够深度融入当地文化，拥有丰富的体验和回忆。

完形（Gestalt）一词起源于德国，原意为形状、图形。德国心理学家发现人类对事物的知觉并非根据事物的各个分离的片段，而是以一个有意义的整体为单位。因此把各个部分或各个因素集合成一个具有意义的整体，即为“完形”。“完形”意为完整倾向，即知觉印象随环境情况而呈现可能有的最完善的形式。在规划传统村落游览路线时，人们常常会运用“完形”心理学的原则。这意味着将各个景点、建筑或历史遗迹组合在一起，形成一个有意义且有逻辑的游览线路。这样的规划和设计可以帮助游客更好地理解和体验整个村落的文化和历史，而不仅仅是看待各个景点的孤立信息（图 6.2.26）。

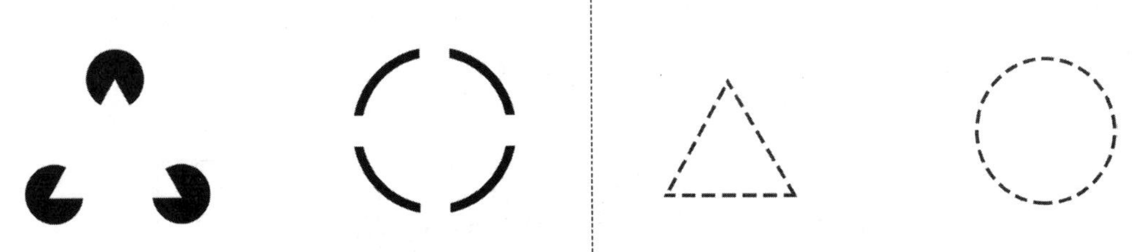

图 6.2.26 “完形”的视觉原理示意图

完形心理使人们倾向于将图形间的空隙补充完整。因此，在传统村落景观空间中，部分元素可能不具有明确的实体边界，但仍能发挥空间划分的功能。例如，在传统村落主要街巷的端头通常会设置牌坊，这些牌坊在街巷中产生标志性效应的同时，对街道形成一种围合感。牌坊位于街巷中央，虽只有立柱与地面相接，但其横梁向建筑的延伸在观者心理中呈现延伸趋向，导致人们自动地将横梁两端补充至建筑之间的空隙。牌坊在两侧建筑和地面的共同围合下，形成若干虚拟面作为空间分割的临界点。这种完形心理的倾向不仅表现在立面上的完形现象，还涉及地面上由不同材质形成的独立区域和由不同高差形成的独立区域，这些地形特征同样在人的心理中产生向上延伸的空间临界面，从而形成“虚空间”（图 6.2.27）。

永宁古卫城位于闽南东南部的滨海地带，东临台湾海峡，西倚宝盖山。至今，永宁卫城仍保持着极为完整的传统聚落形态，整体呈现出鳌鱼卧滩的状貌，因而被誉为“鳌城”。然而，随着现代生产力的演进，永宁卫城在面临来自多方面的威胁，特别是居住

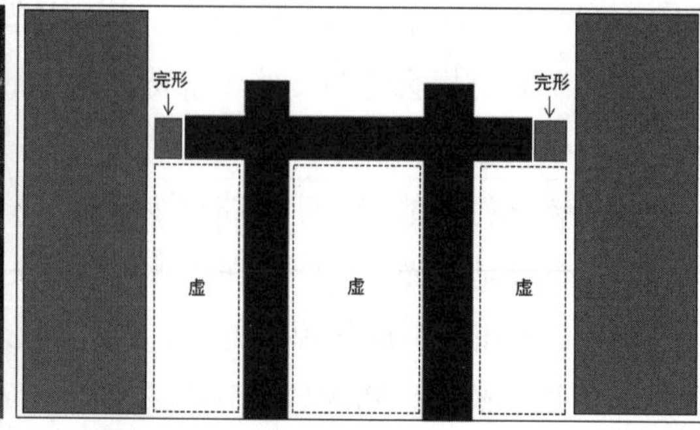

图 6.2.27　传统村落街巷空间的完形倾向

用地的扩张，现代建筑对传统聚落景观形成的侵蚀等，导致永宁古卫城的“龟形”形态受到了一定程度的破坏，但因城市形态的扩张是在原有“龟形”的基础上进行的，并未影响人们对其“龟形”形态的认知。而现代建筑在形式、体量和布局上与传统建筑存在显著差异，从图底关系来看，原有的龟形属于高密度区域，而外围的扩张区域则属于低密度区域。这种图底关系导致扩张的部分被视为“图底”，将“龟形”自然地视为“图形”。因此，在聚落形态方面，尽管永宁卫城的形态受到各种威胁，但其传统聚落形态并未因此失去其历史文化价值（图 6.2.28）。

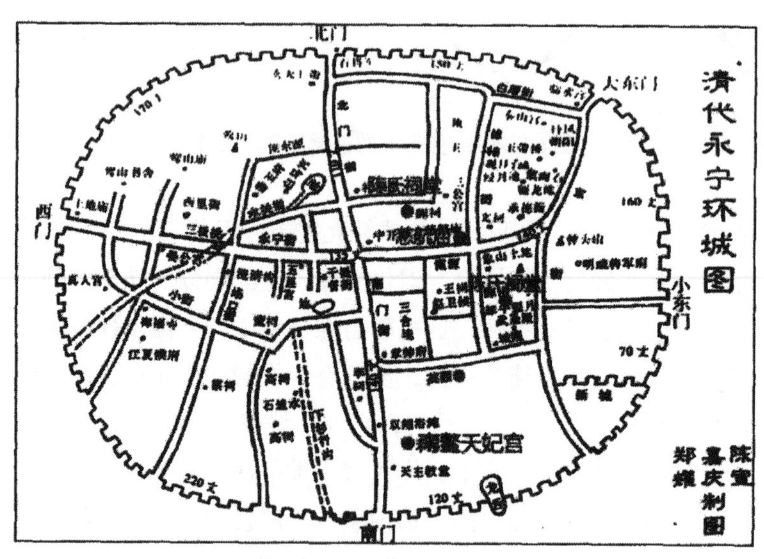

图 6.2.28　清代永宁环城图

完形心理学强调将各个元素或景点组合成一个有意义的整体，因此在规划传统村落的游览路线时，通常需要确保景点之间具有连贯性，游客可以顺畅地从一个景点流畅地过渡到另一个景点，不会感觉到中断或不自然。为了增强游客在传统村落中的体验，流线设计应该贯通整个村落，使游客可以通过一条完整的路线，感受到传统村落的整体魅力和文化氛围。在游客介入传统村落流线设计时，可以通过设置封闭性的道路或环路，让游客在整个旅程中感受到一种闭合的体验。这种闭合性有助于加强游客对传统村落整体的认知和感知，同时也有助于提供更安全和方便的游览体验。

4. 传统村落线性空间景观秩序

（1）景观秩序的特征

传统村落的景观秩序来源于几代居民的生活方式和文化传承，是经过漫长历史沉淀而形成的独特景象。因此传统村落过去的居民生活路径形成的景观秩序是固有的、永久的、根本的。然而，游客体验流线的形成是临时构建和易变的。传统村落的居民生活路径和游客体验流线形成了两种不同的景观秩序，前者是历史的、延续的和稳定的，后者是现代的、灵活的和发展的。

（2）景观秩序引导的行为特征

居民生活路径与游客体验流线主导下的传统村落线性空间景观秩序的使用主体，前者是村落居民，后者是游客，在使用主体发生变化的情况下，其景观秩序引导的行为特征也不相同。居民的日常生活主要围绕着邻里之间、房屋前后展开，因而其在村落中有固定的交往圈层。居民长期生活在村落中，他们对于村落空间的每一处细节都有更多的时间去了解和熟悉。因此，以居民为主体的线性空间景观秩序具有局部性、习惯性和精细化特征。与居民不同，游客是外来人员，他们的目标通常是在短时间内了解村落的历史与文化，体验特有的民俗与风情。因此，游客体验流线主导下的景观空间行为秩序具有全面性、抽象性和新奇性，更关注整体性的景观和独特的文化体验。

5. 总结

在游客介入后，传统村落交通系统在原有居民生活路径的基础上叠加了游客体验流线，由此传统村落景观空间秩序中的线性空间结构较为复杂。游客体验流线的增加可能涉及新的观光景点、游览路线、停车区、导览设施等，这些新元素会穿插在原有的村落结构中，打破传统线性结构，为村落增添更多元、丰富的空间特征。

对于村民而言，这样的变化会带来一些挑战。然而，随着时间的推移，村民逐渐会适应与游客共存的新村落空间。他们会逐渐形成新的生活习惯、路径和模式。这可能包括调整日常生活的行走路径、安排生活起居，以及重新利用村落中的空间资源。随着村落的更新和改造，村民可能会寻找新的发展机遇，例如开设小商店、农家乐或提供导游服务等，从而与游客形成更为紧密的联系。重要的是，村民在适应变化的过程中可能会保持他们对传统村落的珍爱。传统文化和历史对于他们来说仍然是宝贵的，

而与游客的互动也可能促进传统文化的传承和交流。在传统村落的发展中平衡村民的利益和游客的需求，可以创造一种兼顾传统价值和旅游发展的可持续发展模式。这样的可持续发展模式将让传统村落在现代旅游业的背景下焕发新的生机，实现经济和文化的双赢。

6.2.3 聚落标志物—游客兴趣点

1. 聚落标志物

（1）聚落标志物的概念

标志物（Landmark）是地理学和地图学中的术语，指的是在地理空间中具有显著、独特或特征性的地点、建筑物或景点，用来作为导航、定位和辨认位置的重要标志。标志物是人居环境中的重要空间要素，作为点状要素，标志物在环境中以独特的标识符号或图标呈现，因此具有鲜明可辨的特性。这些特征使得人们能够在繁杂的环境中快速识别标志物，并根据它们来确定自己的位置和方向，从而更加便捷地进行活动。标志物也是环境意象的重要内容之一，它们不仅仅是导航的参考点，更是地区的文化符号和象征。著名的标志性建筑、历史遗迹、自然奇观等都会成为该地区的代表，展现独特的文化底蕴和历史价值。

（2）传统村落标志物

在传统“唯象思维”文化及心理结构下，个体对环境感知形成的“意象”是理解传统聚落景观形态及其文化因子最适用的方式之一。尽管传统村落不断演化，但其意象结构仍保持着部分恒定性。

凯文· 林奇曾提出城市形态五要素之一是“标志物”，本质上也是基于普遍存在人们头脑认知中的“意象结构”。标志物在传统村落中扮演着关键角色，是传统村落的历史遗留，决定着其文化特征、村民共识与历史记忆。它们具备公共属性与精神象征性，是传统村落中共享的景观元素，因而在传统村落景观中呈现出独特的风格统一性，并具有识别性与印象性的特征。

一般而言，典型的标志物包括祠堂、戏台、高塔、古树、桥梁等，它们构成了传统村落的独特意象标志。此外，庙宇、戏院、亭廊、炮楼、书院、水井、渡口等也是常见的标志物，通常以点状或块状形态呈现，分布于村落内部或周边区域。这些标志物不仅在形式上具有特殊性，更在文化上具备共享性，丰富了传统聚落景观的层次与内涵。这些标志物不仅是村落的重要地标，更是传承和展现传统文化的重要媒介。

根据标志物在村落中所处的位置、功能性质、文化特征与旅游资源倾向，中国传统村落标志物可划分为 10 个类别（表 6.2.5）。

传统村落标志物类型表　　表 6.2.5

类型	标志物	案例图示	
入口节点	门楼、牌坊等	 贵州凯里南花村	 河南平顶山水田村
祭祖祠堂	家祠、宗祠、总祠、支祠、女祠、行祠、特祭祠等	 江西吉安陂下村胡氏宗祠	 陕西韩城柳枝村孙公祠
敬神庙庵	寺、院、宫、观、庙、庵	 北京灵水村灵泉禅寺	 山西晋城丈河村
风水阁塔	水口塔、文峰塔、镇邪塔、文昌塔等	 浙江建德新野古村	 山西临汾大王村
红色历史	红军墙、红军纪念碑、红军炮台、红军指挥楼等	 宁夏固原红崖村	 福建三明御帘村

续表

类型	标志物	案例图示	
军事历史	炮楼、碉楼、烽火台等	 山西晋中介休张壁古堡	 湖南常宁中田村
古代陵墓	帝王陵墓、名人坟墓、悬棺等	 陕西铜川孙塬村药王墓	 河南偃师汤泉村颜真卿墓
基础要素	古树、古洞、古碑、古泉、古井、古钟、雕塑	 山东潍坊黄鹿井村	 北京门头沟东石古岩村
民俗文化	戏台、石碾、石磨、拴马槽 / 桩	 陕西咸阳市袁家村	 陕西铜川市立地坡村
通行节点	桥梁	 江西婺源虹关村通津桥	 福建宁德长桥村万安桥

（3）传统村落标志物的特征

首先，传统村落标志物作为在历史演变中遗留下的物质实体，具有部分历史遗留的特征。传统村落往往经历了漫长的历史演变，其物质空间完整保留非常困难，遗留下来的标志物通常是以个体、部分的形式存在。其次，传统村落标志物在村落中具有空间定位的特征，标志物界定了人们在空间中所处的位置。在村落中长久生活的居民熟悉村落中的一砖一瓦，他们经常通过标志物来判断人们与事件发生的位置。最后，传统村落标志物承载了村落集体的、共同的历史记忆，体现了村落居民的共识，具有集体精神场所的特征。

2. 游客兴趣点

（1）游客兴趣点的概念

兴趣点（POI，Point of Interest）是地理信息系统（GIS）和地图应用中常用的术语，用来描述地图上的特定地点或位置，这些地点通常对用户具有一定价值。POI 泛指一切可以抽象为点的地理对象，可以是任何在地图上有明确位置坐标的实体，如建筑物、景点、商店、餐厅、公园、学校、医院等。在数据时代，兴趣点（POI）作为一种真实地理空间点状数据，具备名称、类别、坐标、分类四方面属性，在识别某类数据的地理位置与布局特征、更新空间信息、调整规划目标等方面具有明显优势。

游客兴趣点是指旅游目的地或景区中，对游客具有吸引力和重要意义的特定地点或景点。这些地点通常是游客在旅行中特别感兴趣的地方，可能是因为其独特的文化、历史价值，也可能是因为美丽的自然风景，或者是因为其可提供特定活动或体验。

（2）传统村落游客兴趣点

①原真性

原真性源自西方世界“Authenticity”一词，本义具有真的而非假的，原本的而非复制的，忠实的而非虚伪的，神圣的而非亵渎的含义。有关原真性最早的探讨来自于旅游人类学家麦坎内尔（MacCannell，D），他认为“寻找原真性”是旅游者的旅游动机。日益增长的城市化与工业化，引致现代社会周遭充满着商业氛围与脱嵌于地方的虚假环境。在非原真境况不断凸显的当下，旅游者不再满足于浅层的旅游观光活动和大众旅游探索，而希望找寻原真的旅游地体验。由此，原真性被认为是促使旅游者前往其他历史时期与其他文化，进行地方消费与体验的重要驱动力。

在现代性语境下，追寻原真性是旅游者前往他处游览观光的重要动机。传统村落因其具有历史性与边界性，成了一种抵抗现代力量的地方。传统村落厚重的历史文化遗存与多样的社会实态，与当下社会商业化、迪士尼化与博物馆化下再生产的地方形成了鲜明对比。由此可以认为，当今传统村落游客兴趣点的本质之一是追求原真性的体验，主要表现在以下方面：

一是传统村落的原始特征。传统村落的原始特征体现在其自然环境、建筑风格、生活方式与民俗文化等方面。这些村落巧妙融入山水之间，与自然和谐共生。村落中的建筑充满了历史的厚重感，留下了时间的痕迹，闪耀着古朴的光芒，弥漫着浓郁的乡土气息。村落的原始特征满足了游客对原真性的渴望与探索需求。

二是传统村落独特的建筑风格与文化符号。游客之所以会选择传统村落作为旅游对象，主要是因为传统村落独特的建筑风格与文化符号在现代社会中展现了独特的魅力。独特性往往与过去关联，具有不可复制性，它和个体对原真性的追寻关系密切。传统村落的建筑往往采用古老的砖木或夯土结构，使用传统的斗栱、檐角、雕刻等装饰，呈现出独特的风貌。建筑中的历史气息与时间痕迹让游客仿佛可以穿越历史，感受到古代生活的真实。传统村落丰富的文化符号，如传统的节日庆祝活动、手工艺制作、民间音乐舞蹈等，也可让游客感受传统文化的独特魅力，体验到现代生活中难以寻觅的真实情感。

三是传统村落的低商业化。传统村落的低商业化是吸引游客选择它们作为旅游对象的主要原因之一。

②怀旧

“怀旧情感”是一种对过去时光、过往经历或旧时代的怀念、思念和感伤的情感体验。在社会学的研究中，“怀旧情感”包括“个人怀旧”和“历史怀旧”。在旅游研究中的“怀旧情感”是指游客在旅游体验中因旅游地提供的某些事物等而产生的对过去的思念的复杂情感，它不同于思乡情绪和回忆，包含着游客内心对过去历史的一种感怀。

传统村落中的建筑、自然环境、民俗文化、生活方式等都会唤起人们的“怀旧情感”。在这些元素的烘托下，人们能够感受到过去的光景和情感，重温历史的印记。传统村落旅游地若能通过深度沉浸式体验有效突显其历史文化特色，将更充分满足游客对于历史文化的需求。在此过程中，个体对于该地过去生活的共鸣情感越显著，游客的心理认同程度将越深。

当然，在此之外传统村落旅游地通常也蕴含着丰富的历史文化，游客可获取文化知识、开阔视野，满足认知层面需求，这也是一部分游客的兴趣点所在。

（3）传统村落游客兴趣点的特征

首先，传统村落游客兴趣点具有承担聚落属性定位的特征。传统村落游客兴趣点通常是村落内部的特色景点、历史文化遗产、自然风光或传统文化体验活动。村落的旅游发展以这些兴趣点为核心，将村落的历史、文化、自然风光等资源有机结合，形成一个具有吸引力的旅游产品。在传统村落中，游客兴趣点的数量和分布情况将直接影响着旅游发展的方向。当传统村落拥有较多且分散的旅游兴趣点时，村落的旅游发展将趋于多元化。

其次，传统村落的游客兴趣点具有明显的展示性特征。这些兴趣点不仅是吸引游客的核心，也是村落展示其独特文化的标志性存在。这些兴趣点以其独特性和吸引力成为传统村落的代表，成为游客旅游目的地，吸引他们驻足观赏、拍照记录。

最后，传统村落兴趣点通常具有一定的历史文化内涵，因而在具有展示性与标识性的同时具备服务性。它服务的主体是游客，作为景点供游客游览、感受的同时传播传统村落的独特文化。John B.Watson 的刺激 - 反应理论可以很好地解释游客兴趣点服务性特征。在刺激 - 反应理论框架下，基于 S-R（刺激→反应）的基本公式，传统村落的建筑、风景、历史文化遗迹以及特有的文化体验和活动等可以被视为刺激（S），这些刺激作用于游客，引发了他们的行为反应（R）。除了游客的旅游体验，这些反应还可能具有文化传播的效应。通过观察、参与和互动，游客可以了解和体验当地的风俗习惯、手工技艺、传统庆典等，促进传统文化的传承和传播。

此外，游客在传统村落中的旅游体验也可通过口碑传播、社交媒体分享等方式影响更多的人。他们在游览后可能会与亲朋好友分享自己的体验，从而将传统村落的文化和魅力传播出去，吸引更多人前来参观。

3. 聚落标志物与游客兴趣点关联特征

（1）空间特征

在过去，聚落标志物作为一个点状空间，是传统村落整体中的一个局部，由于它所处的物质空间环境是均质的，这个点状空间不会被强调出来，因此过去村落中并没有一个明确的具有指引性的景观空间秩序。而随着历史的演变，村落中具有观赏、文化和保护价值的点状空间将逐渐显露出来。旅游发展介入后，将以其作为游客兴趣点，进一步进行空间修复或重构，形成以游客兴趣点为核心的景观空间秩序（图 6.2.29）。

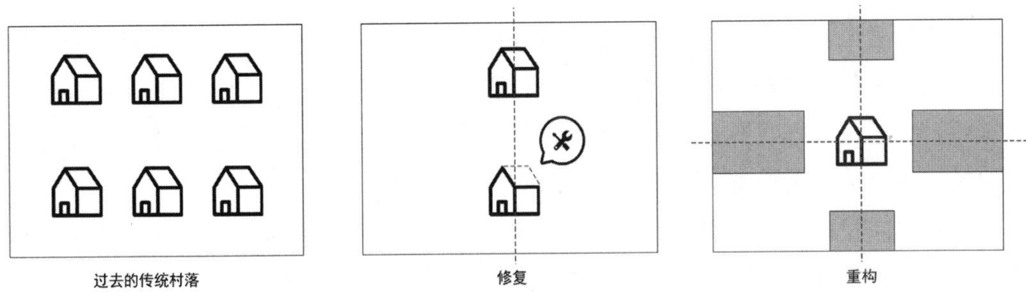

图 6.2.29　游客介入下的传统村落中点 – 点的空间关系示意图

基于传统村落遗留的标志物往往采用空间围合、限定等方式强化标志物所在处的空间秩序。例如尧头村三眼井是村落过去重要的取水设施，为强调该空间，村民在井上方

修建了凉亭，并用瓦罐将其进行局部围合。立地坡村历史上烧制的“天下第一大盆”被放置于村落文化广场中央，通过广场边界的界定与铺装的设置，强调其作为标志物的中心地位。此外还有甘肃省张掖市高寺儿村的吉祥寺塔、广西桂林杉木屯村的“凉伞树”等（图 6.2.30）。

（a）尧头村“三眼井”

（b）立地坡村“天下第一盆”

（c）高寺儿村“吉祥寺塔”

（d）杉木屯村“凉伞树”

图 6.2.30　强化标志物空间的案例

传统村落也会基于村落标志物进行空间扩展，在原有空间不变或适度修复的基础上，扩展与之相邻或相关的空间，作为该标志性场所的附属性空间。例如新疆布尔津县禾木村，通过设置观景平台拓展旅游空间，引导游客观赏白桦林，方便游客观赏和拍摄标志性建筑物或景观，提升游客体验（图 6.2.31）。

针对不同类型的标志物，其空间扩展也存在较大区别。与民俗文化相关的村落标志物，通常会扩展其空间与民俗文化之间的关联，如尧头村和立地坡村围绕村落中制瓷文化区域扩展手工艺作坊等空间；而像袁家村一类以美食和民俗表演为标志的村落，则会围绕标志性建筑周围区域打造特色街区，通过设置手工艺品店或者特色餐厅，吸引游客驻足和消费。

(a) 禾木村观景台步道

(b) 禾木村观景台视角

图 6.2.31　禾木村扩展空间示意图

为了强化标志物及其所在空间中的秩序，最直接的方式是赋予标志物作为“点”的场域性。赋予标志物点位空间场域性最常见的做法是在标志性建筑物或景观附近设置解说牌，直接对空间进行文字性的解读，介绍其历史、文化背景和相关故事。展示的形式多种多样，有石碑、门楣、告示牌等。例如，柏社村整体以下沉式窑洞为主。从整个村落来看，位于地下的民居院落就像密密麻麻分布在大地上的点状空间，游客唯有通过民居建筑入口的门牌来进行空间定位，判断不同空间点位之间的差异。这样的场域性设计可以帮助游客更好地理解村落的结构和布局，并且使游客在游览过程中更有秩序感。同时，通过解说牌等形式介绍历史和文化背景，可以让游客对当地的传统文化有更深入的认识，提升游客的旅游体验和文化感知（图 6.2.32）。

(a) 柏社村鸟瞰图

(b) 柏社村人视角看地下民居

(c) 民居门口的“标识牌”

图 6.2.32　柏社村现状与民居标识

（2）空间需求

被挖掘的聚落标志物往往决定了整个传统村落旅游的基本特征。无论是一个还是

多个聚落标志物，它们代表了传统村落在游客心目中的“形象”，以及这些形象背后蕴含的抽象的文化内涵。游客通常会被这些标志物所吸引。除此之外，聚落标志物的挖掘有助于构建整个聚落旅游的故事和主题。围绕这些标志物，可以开展丰富多彩的旅游活动、文化体验和教育活动。

以党家村为例，从宏观视角看，村落中上百座保存完好的民居建筑作为聚落标志物奠定了整个村落“世界民居瑰宝”的旅游主题；从中观与微观视角可以发现，村落中诸如惜字炉、节孝碑、看家楼等无不呼应着民居瑰宝之主题。这些公共设施与建筑奠定了党家村的旅游形象与主题，无形中深化了游客对村落的印象记忆（图 6.2.33）。

（a）惜字炉　（b）节孝碑　（c）看家楼　（d）文星塔　（e）党家村鸟瞰图

图 6.2.33　党家村标志物与鸟瞰现状

在旅游发展的过程中，聚落标志物转换为游客兴趣点为重新组织聚落空间提供了更多可能性。这些兴趣点在旅游空间结构中扮演着重要的角色，成为游客游览的“锚点”，引导着游客的旅游路线和体验，同时也在某种意义上重新构成了传统村落的景观空间秩序。

以广东佛山市烟桥村为例，村内有着丰富的历史遗产，其中最具代表性的是村口的“烟桥”和村落街巷中的“烟桥正道”（图 6.2.34）。“烟桥”是一座有着百年历史的古木桥，而“烟桥正道”是一条与之对应的巷子。这两个标志性的地点构成了烟桥村的主要轴线，同时连接了其他重要的标志性空间。这种构成村落景观秩序的方式，不仅为游客提供了有序的游览体验，使游客更容易了解和感知烟桥村的特色和文化，同时也传递了烟桥村的村落精神和价值观：“一入烟桥，必行正道”。

（a）烟桥村鸟瞰图
（b）何氏六世祖祠　（c）百年古榕　（d）烟桥　（e）兰桂坊　（f）烟桥正道

图 6.2.34　佛山市烟桥村聚落标志物节点（部分）分布与现状图

4. 总结

聚落标志物作为传统村落旅游的重要构成部分，对于重构旅游空间秩序具有重要意义与价值。作为“点”要素，聚落标志物可以成为整个村落旅游空间的核心吸引力和焦点。它们代表着村落的独特性与历史文化，是游客探索和了解当地传统文化的窗口。通过合理选择和布置标志物，可以构建有序的旅游线路与景观秩序，使游客在游览时更加有针对性，也更为流畅。

聚落标志物的等级、数量、形式、位置和分布等因素会影响整个旅游空间的设计和呈现。高等级的标志物通常拥有更重要的历史价值和文化内涵，可能成为主要的旅游焦点。标志物的数量和形式类型则直接影响旅游体验的丰富程度和多样性。合理安排标志物的位置和分布，可以构建便捷的旅游路径，帮助游客更好地探索和了解整个村落。

聚落标志物转换为游客兴趣点后，对游客参与度、逗留时长和参与方式产生重要影响。作为游客兴趣点，这些标志物成了游客前来探访的主要目的地之一。游客通常会在这些兴趣点停留较长时间，进行观赏、拍照、了解历史和文化等活动，从而增加对聚落的参与度和互动体验。转换为游客兴趣点的标志物还可以影响游客的参与方式。有些标志物可能需要导览或参加特定活动，从而增加游客的参与程度。而其他自由参

观的标志物则让游客可以根据自己的喜好和时间进行探索，提供更加灵活的参与方式。

因此，聚落标志物作为传统村落景观空间中的“点”要素，对于旅游发展具有重要意义与价值。合理地选择、保护和转换这些标志物，构建有序的旅游空间秩序，将其作为游客兴趣点，有助于提升传统村落的旅游吸引力，同时也能让游客更好地了解和体验当地的历史文化与传统价值观。

6.2.4 隐性秩序—显性秩序

1. 隐性秩序

（1）隐性秩序的概念

“隐性秩序”通常用于描述在看似混乱或随机的现象中存在的有序和规律。这个概念常常出现在科学、数学、自然和社会科学等领域。从社会科学的研究视角来看，它描述了在看似复杂和混乱的社会现象中存在着的潜在的秩序和规律。在社会科学中，人们试图理解人类社会的结构、行为和互动模式，而隐形秩序帮助人们认识这些隐藏的规律和秩序。

（2）传统村落中的隐性秩序

乡土社会隐性秩序是指在乡土社会中形成的非正式的秩序和规范，这些秩序和规范可能不被书面记录，但通过乡村居民的日常生活和社会交往被口头传承和遵守。它是一种自然选择的自律秩序，源于乡村社会长期以来的经验积累和适应性选择。传统村落的隐性秩序指的是在看似杂乱和复杂的传统村落中存在的一些潜在的有序和规律。在长期的历史演变中，传统村落隐性秩序体现在社会组织与宗族结构、集体意识、传统村落营建智慧与经验、旅游产业运营与管理模式等方面。

①社会组织与宗族结构

传统村落通常具有紧密的社会组织，如宗族、家族、行会等。这些社会组织在乡土社会中扮演着重要的角色，它们构建了一套内部规范和制度，指导着村民的行为和相互关系。宗族制度是传统村落中一种具有主导性的重要社会组织形式。宗族成员之间通常有着共同的血缘和地缘关系，形成紧密的亲戚关系网络，宗族结构在传统村落中往往决定了一些重要事务的决策和执行方式，例如土地分配等。宗族成员之间的互助和合作关系也是维护传统村落秩序的重要力量。关于传统村落宗族的特征，相关学者从村落宗族的外在表现上，将其归纳为血缘性、聚居性、等级性、礼俗性、农耕性、自给性、封闭性、稳定性等。这些特征构成了传统村落宗族社会的基本面貌，同时也反映了中国乡土社会中一种自然选择下形成的隐性秩序。在村落空间布局和规划方面，宗族与家族制度催生了宗族聚居区，同时设立祠堂，形成以血缘为纽带的空间单元与层级关系。在村落边界方面，宗族与家族聚居区在村落中具有明确的封闭性边界，这种边界一方面可以帮助传统村落抵御外部的不利影响，保持村落内部的稳定和秩序，另一方面也会限制村落与外部社会文化之间的交流和互动，导致村落内部的文化保守和信息匮乏。在地域标识方面，祠堂或家庙具备记忆功能，既是村落公共空间的重要组成部分，也是地域标识的重要元素。宗族成员对于自己所属宗族的认同，使得宗族在传统村落中成为地域标识和社会文化的象征。这种地域标识有助于形成村落的独特特色，也有助于传承和弘扬村落的文化传统。

②集体意识

集体意识是一个群体或社群所共同拥有和分享的意识形态、价值观念、信仰、传统等思想要素的总和。心理学家荣格指出："集体潜意识的内容是由全部本能和它相联系的原型（Archetype）所组成。它不是被意识遗忘的部分，而是个体始终意识不到的东西。"法国社会学家涂尔干在《社会分工论》中对"集体意识"的定义为集体良知、公共精神，即"集体意识"是"社会成员平均具有的信仰和感情的总和，构成了它们自身明确的生活体系"。他认为集体意识是公众意见和道德规范的社会性表征，对社会中的个体行为有制约作用，这种集体意识通过道德自律和行为规范内化成个人行为，从而达到制约的作用。费孝通曾在《乡土中国》中论述个体与社会、集体之间的关系，指出生长在某一地的村民通常具有较高的同质性，在较为封闭的村落社会生态系统中，封闭型的熟人社会使得村民的生活方式、信仰、情感价值等相似，由此人与人之间互相团结，彼此认同，形成了较为强烈的集体意识。在过去的传统村落中，这种集体意识的表现非常清晰。

集体意识是社会团结的基础，是形成集体凝聚力和向心力的重要标志，具有集体意识的村落，村民更容易接受统一的管理，并从中获得集体的归属感和认同感。集体意识对地方性形成的作用，体现在生计文化、制度文化、精神文化三个层面（图 6.2.35）。

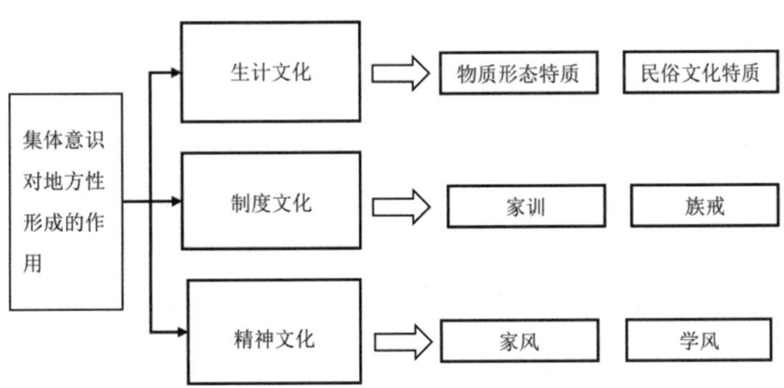

图 6.2.35　集体意识对传统村落地方性形成的分析框架

在生计文化层面，集体意识对传统村落形成的影响表现在物质形态特质和民俗文化两方面。物质形态特质包括聚落形态、建筑空间布局、建筑装饰等，民俗文化包括地方节日与民俗活动等。其中，集体意识对聚落形态的影响十分显著。在古代，牛作为农耕文明的大财富，一直是生产力的象征。因此，牛在人们的集体意识中是勤劳与富裕的象征。许多城市与村落均是按照牛的形状规划与建设。以安徽黟县宏村为例。在古代宏村人的意识中，牛象征着勤劳富裕，水则是包涵了福泽子孙的寓意。因此，明朝永乐年间，宏村先祖遍阅山川，详审脉络，设计出宏村的牛形水系蓝图。在宏村中，雷岗山为牛头，村口的两棵古树为牛角，村子外围的几座小桥为牛蹄，所以又称作“山为牛头树为角，桥为四蹄屋为身”，整个村落就像一头悠闲的水牛静卧在青山绿水间（图 6.2.36）。

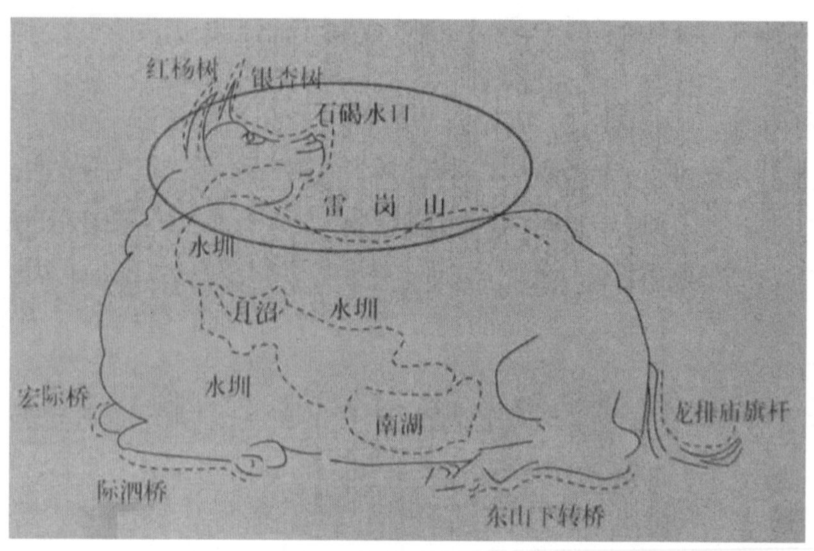

图 6.2.36　安徽黟县宏村村落平面图

在制度文化层面，集体意识主要通过族规、家训等形式呈现。这些制度是人们在参与社会生产和生活实践过程中逐渐形成的规范行为准则，用于协调人与人之间的关系，引导人们的行为和处事方式。以陕西省灵泉村为例，从古至今，灵泉村家家户户形成了良好的家风家训，各家有各家的教子礼数。如灵泉村许多看墙上还有村民的家训（图 6.2.37），多处门楣上有“耕读第”“和为贵”“勤为本”等匾额。

在精神文化层面，集体意识的影响表现在家风、学风等方面。以广西桂林灵川县江头村为例。江头村作为我国北宋著名文学家、哲学家、理学创始人周敦颐居住后裔之地，以爱莲文化为核心建村，成了一个历史文化积淀深厚、文物古迹丰富、历史环境和自然环境保存为较完整的传统村落。江头村中处处体现着“爱莲文化”。进入江头村的小道两侧是护龙河，中间横跨着护龙桥，桥面全部用青石块层层相扣堆砌而成。上桥4级阶梯，意为“出仕”，下桥7级阶梯，寓意七品官员；桥拱顶端距离水面4m，寓意为官清廉公正才能“事事（四四）如意”。江头村的“爱莲文化”主要是基于周氏先祖周敦颐的著作《爱莲说》，其中包括教化育人、提升人格、树立为人道德规范、重视廉洁治政和崇尚儒学、热衷于增长智慧和博学等一整套治国持家、处事做人的文化信仰。江头村凭借爱莲文化传统，成为一处重要的历史文化遗址，保存了丰富的文物古迹（图6.2.38）。

③传统村落营建智慧与经验

传统村落营建智慧与经验是在传统村落建设和发展过程中积累形成的，涵盖土地利用、社会组织与协作、人地关系以及村落自组织模式等多个方面，是村落居民对自身生存环境和社区发展的理解和应对方式。

传统村落土地利用经验是指根据当地的地理环境、气候条件和社区需求，科学规划和合理利用土地资源的经验。传统村落通常会根据山水地形、水资源和社区需求，进行合理的空间布局和土地规划，有效利用土地。传统村落的社会协作与营建经验是指村落居民共同参与建筑和规划决策，形成共治模式的经验。社区成员在整个营建过程中相互合作，通过传统的技艺和经验传承，共同完成村落的建设和维护。传统村落的人地关系经验是指人们在长期实践中积累形成的与自然环境的密切关系。村民在建造房屋和规划空间时，会充分考虑人地关系，尊重自然环境，尽量保持人与自然的和谐共生。传统村落的自组织模式是指村落的规划和建设通常由村民共同决策，遵循社区共识和传统规范。这种自组织模式使得传统村落的空间具有更强的韧性和适应性，能够更好地应对外部变化和挑战。

④旅游产业运营与管理模式

在旅游介入传统村落的背景下，旅游产业运营与管理模式对传统村落空间产生了多方面的影响，包括：

一、空间重构与规划。旅游产业的介入通常会导致传统村落空间的重构和规划。传统村落的部分区域可能被重新规划，用于发展旅游相关的建筑和设施，导致传统村落空间布局的变化。

二、旅游设施建设。为提供更好的旅游体验，传统村落可能会兴建旅游设施，如酒店、客栈、旅游商店等。这些设施的兴建可能占用原有的村落土地，影响传统村落景观和生活环境。

三、商业化影响。旅游产业的发展可能导致传统村落商业化，传统手工业和农业可能逐渐减少，而旅游相关的商业活动可能占据主导。

四、人流压力。随着旅游业发展，大量游客涌入传统村落，可能会导致人流压力增

真信须勿疑，实爱无成见。

不要近视无远谋，不要空言无事事。

家庭以爱为根，生活以和为贵。

责己之心责人，爱己之心爱人。

受不得穷，立不得品。受不得屈，做不得事。

居身务期质朴，教子要有义方。

图 6.2.37　灵泉村民居门口家训（部分）

加，导致村落交通拥堵，噪声增加，甚至对传统村落居民生活造成干扰。

为了应对这些影响，旅游产业运营及管理模式应该充分考虑传统村落的保护与可持续发展，平衡旅游业发展与传统村落保护的关系。需要制定合理的旅游发展规划，保护传统村落的历史风貌和文化特色。同时，需要旅游业经营者和当地居民共同努力，确保旅游业的发展与传统村落的保护相协调，促进实现可持续发展的目标。

2. 显性秩序

（1）显性秩序的概念

显性秩序是与隐形秩序相对应的概念，用于描述在现象中明显可见的有序和规律。与隐形秩序强调隐藏在复杂或混乱现象中的规律不同，显性秩序往往是相对简单和稳定的规律，它们通常能够被直观地观察到和度量，也较为容易被人们所理解和预测。

（2）传统村落的显性秩序

对于传统村落而言，显性秩序是指在空间上直观可见的有序性和规律性。这些规律通常体现在村落的布局、组织结构和建筑风格等方面，可以通过视觉和其他感知方式直接观察到或感知。

传统村落的物质空间组织形式反映了人们对于生活和社会组织的理解和追求。这些形式的延续往往受到地域文化、历史传统和生态环境等多方面因素的影响，体现了人类与自然相互关联的智慧和经验。传统村落物质空间组织形式一般包括村落形态、村落建筑形态与肌理、村落土地生产关系以及农作物类型形式等。

地形地貌是影响村落形态的主要因素，对民居形制、建筑布局和选址有重要影响。在丘陵、山地等复杂地形中，山体、沟壑等自然边界限定了村落的发展和基本形态。

（a）爱莲家祠　（b）爱莲荷花池前聪明路

（c）护龙桥 1　（d）护龙桥 2

图 6.2.38　江头村文化景观现状

山地村落常在山脚种植农作物，房屋建于山坡，顺应地形布局，形成多样边界。平缓地区的传统村落民居则随台地逐层布局，台地形状构成村落边界。复杂地区的村落会根据地形环境随机选择土地建房，形成自由边界形态。如图 6.2.39（a），岩樟乡柳山头坐落于龙泉北面龙遂边境的大尖山北麓山坡上，村中民居层层叠叠，错落有致，依山坡梯式建设，形成独特的山间聚落形态。如图 6.2.39（b），位于云南丽水松阳县的陈家铺村是一个崖居式村落，靠着 800m 的山崖修建，位处高地，环境清幽，四周青山环绕、云雾缭绕，村庄显得神秘莫测。

所谓“有水才有田，有田才有粮，有粮才有人”，水是人类赖以生存的基本条件。自传统聚落形成以来，缘水而居一直是人类选择居住地的基本方式。河流水系是影响传统村落形成的重要因素，也是影响传统村落边界形态的重要因素。在水网密集的江南地区，村落与水自然生长，传统村落的边界形态与水的关系复杂，形成了顺水枝状、沿水带状、傍水团状与随水自由状等丰富多样的边界形态。对于一些水资源缺乏的地区来说，村落的生存与发展受到水源条件的强烈约束，从而呈现出“唯水性”特点，水系的分布决定了村落的分布形态，村落缘水而居，河流作为实体的自然要素限定村落的边界，直接塑造并影响村落形态。如图 6.2.39（c、d），麻扎村的整体聚落形态以“水”

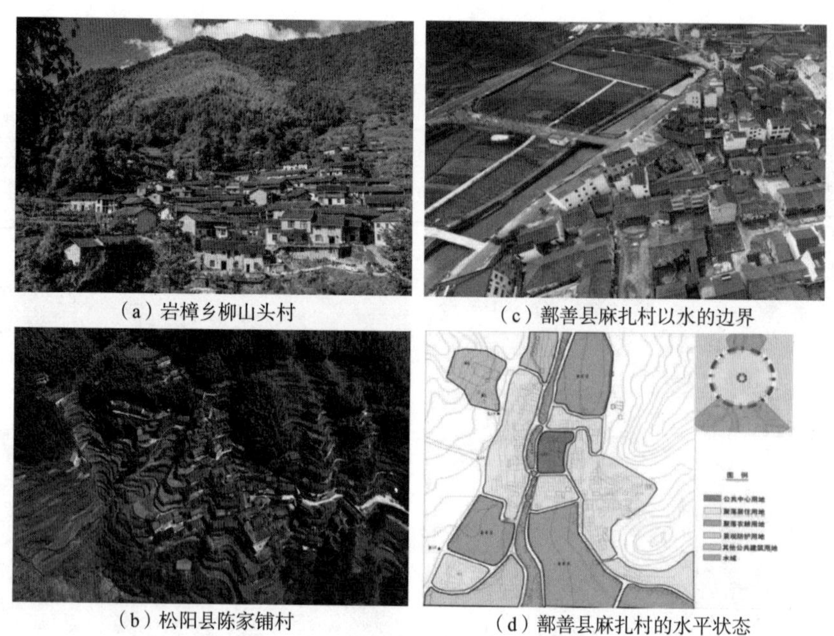

（a）岩樟乡柳山头村　（c）鄯善县麻扎村以水的边界

（b）松阳县陈家铺村　（d）鄯善县麻扎村的水平状态

图 6.2.39　自然环境对传统村落形态的影响

为界限，呈现为沿水带状的水平形态。村落居住用地与耕地布局呈现出“宅高田低，上居下耕”垂直形态特征，民居集中建设在村落北侧山势较高的山体上，耕地位于两山之间地势最低洼的谷底，村中唯一的河流流经此处，创造了适宜农耕的有利条件。

产业形态与布局模式是塑造传统村落显性秩序的重要决定因素。产业模式直接决定了村落的经济基础，不同的产业类型使村民从事各种经济活动，如农业、手工业、渔业等。这些产业活动不仅影响村落的产业结构，还对房屋布局和村落空间组织产生影响。例如，农业村落往往在农田周围集中建房，而手工业村落可能会围绕工坊或手工艺品集市布局。特定的产业模式形成了村落独特的产业特色，例如某些村落以传统手工艺闻名，这种传统影响着建筑风格、村民的生活方式以及传统节日和仪式。此外，产业活动还促进社会分工和人际关系形成，形成村落特有的社会组织结构。这些因素共同塑造了传统村落独具魅力的显性秩序，让每个村落展现出自己独特的魅力与传承。以江苏省东旺村为例。东旺村位于江苏兴化千垛镇，是长江中下游著名的洼地，俗称“锅底洼”。在南宋以前，东旺村及周边湿地纵横，湖泊相连，受战乱影响，形成了大量泥土堆积的战壕。这些战壕的存在促使东旺村居民采用堆砌泥土的方式来改造沼泽，创造出筑高的垛田，以抵御洪水的侵袭。垛田为东旺村居民提供了生产劳作的场地，同时这些堆高的台基也为村民建造居所提供了基础。随着历史的演变和氏族的发展，聚落的建筑密度逐渐增加，形成了如今的村庄肌理；土地的成片化也最终形成了一望无际的垛田景观（图 6.2.40）。垛田肌理决定了东旺村的景观空间秩序，流线组织方式为水路，农业生产与旅游发展都依赖于自古以来形成的水上路线，同时当地居民日常的农业活动也是维持东旺村景观秩序的必要因素。

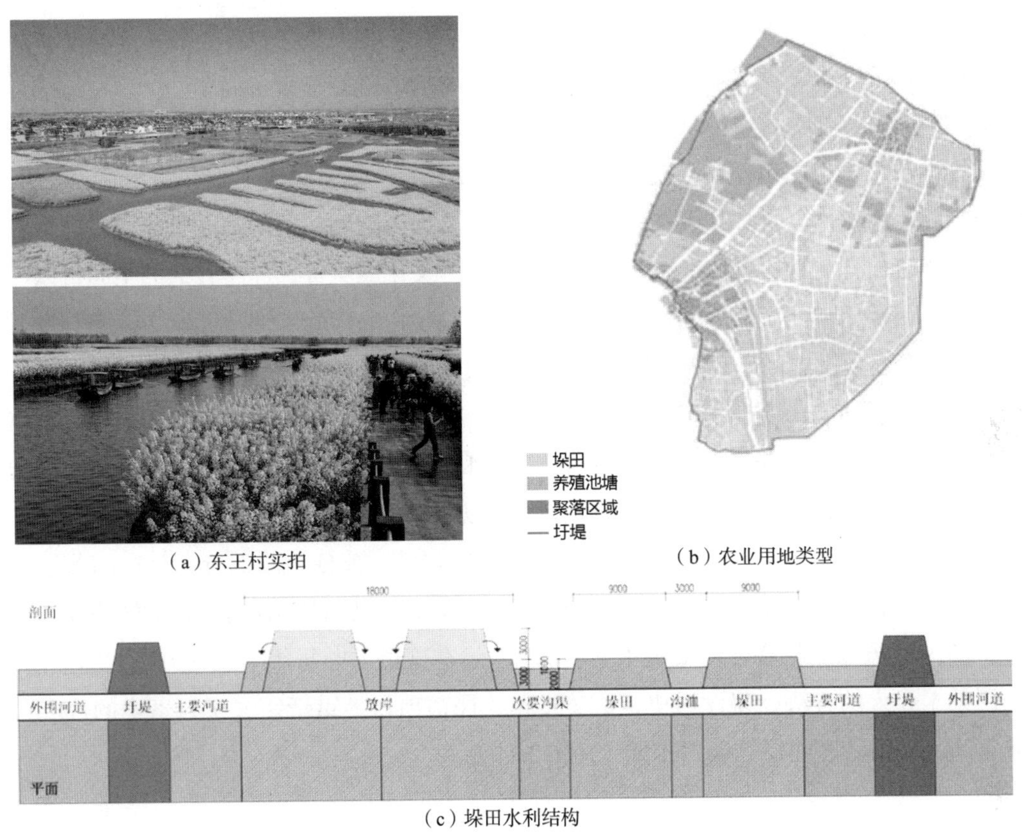

（a）东王村实拍

（b）农业用地类型

（c）垛田水利结构

图 6.2.40　东旺村垛田景观分析图

人流组织措施、空间导视、标识以及活动组织模式是影响传统村落显性空间秩序的重要因素。首先，人流组织措施涉及村落内部道路、步行街、广场等的规划和设计。合理规划的人行道和交通路线，可以让游客和居民更便捷地游览村落，提升村落的整体交通流动性。同时，人流组织措施还能够保护传统村落的历史建筑和文化遗产，避免人流对建筑造成破坏。其次，良好的空间导视和标识系统可以帮助游客和居民更好地了解传统村落的空间布局和景点分布。清晰的标识牌和路标指示可以引导游客游览主要景点和重要场所，提高游览效率，同时也能够增强村落的整体规划感和秩序感。通过合理的导视和标识系统，传统村落的特色建筑、文化遗产等能够更好地被展示和传承。最后，传统村落的文化活动和节庆活动是丰富多彩的，而合理的活动组织模式对于保持村落的秩序与和谐非常重要。活动的策划与安排应考虑到村落的空间特点，避免过度拥挤和混乱，确保活动有序进行。

对于村落空间秩序而言，临时活动是一种有力的介入手段，它可以通过临时性的、富有创意的活动，对特定空间进行重新定义和塑造，从而为该地区带来新的活力和吸引力。首先，临时活动可以吸引更多的人群聚集于特定空间。各类节日、文化艺术活动或者音乐演出等，这些临时性的活动能够吸引来自不同地方的游客和艺术爱好者参与，形成独特的人文景观。人流的聚集会带来更多的交流和互动，为空间注入新的生机与活力。其次，临时活动可以为空间带来新的功能与用途，艺术介入、社区活动等可能赋予原本单一的空间以新的功能，如建设艺术展示区、文化交流中心、游客休闲区等。这种空间使用变化会暂时改变村落的空间布局，从而影响到村落的空间秩序。最后，临时活动能够提升空间的感知价值。通过艺术表演、文化展览等，原本普通的空间得以与文化艺术元素相结合，获得更高的审美价值。这些独特的体验和文化元素会让参与者对这个地方产生积极的认知，进而加深对该地区的印象，甚至成为独特的文化地标。

在陕西省西安市鄠邑区终南山下，有一座被“艺术乡建”改变的村落——蔡家坡村。蔡家坡通过每年举办“忙罢艺术节”“麦浪音乐节”和“钟南诗赋”等大型活动吸引了大量艺术家与游客，各类节日活动的举办无形中改变了村落的空间秩序。原来的蔡家坡村缺乏系统布局，因为有环山公路穿过，村子被分为两部分，村庄南北不连贯，村内的次要道路布局不完善，交通可达性较差，也间接给村内经济发展带来不便。2019 年蔡家坡村联合西安美术学院的师生，在这里举办每年一次的大型艺术活动，利用艺术介入的方法，建设村史馆、美术馆、民宿项目，重新定义了村落中的许多公共空间，吸引游客前往互动、拍照（图 6.2.41）。

图 6.2.41　陕西西安蔡家坡村“关中忙罢艺术节”
（图片来源：鄠邑宣传公众号）

3. 传统村落空间态势

（1）基于空间演化驱动的判别

传统村落隐形秩序与显性秩序共同推动着村落空间的演化与发展。旅游业介入传统村落后，在隐形秩序层面，过去相对传统、封闭、单一的意识与制度逐渐淡化，转向为更加开放、多元、丰富的状态，因而传统村落的空间也呈现出更加开放与包容的姿态；在显性秩序层面，过去“靠天吃饭”的产业经济模式逐渐不适应现代化的发展，部分传统村落依靠自身特色与资源转型向旅游业发展，改善村落设施、丰富村落文化氛围的同时提高了居民的经济水平与幸福感。然而，也存在一些传统村落在旅游业介入后面临困境的情况。资源和经济能力的匮乏使得一些村落无力进行有效的发展。同时，部分村落在迅速发展的过程中，可能面临着程式化和标准化的风险，导致“千村一面”。因此，在传统村落的更新与发展过程中，需要对空间演化驱动和发展态势进行判别和规划，以保持传统村落的特色，实现可持续发展。

通过对传统村落景观空间秩序的分析，可以明晰其未来发展的态势，综合内在与外在驱动力进行判断，基于此来制定未来村落的发展规划。内在驱动力在这里指的是传统村落内部产生的动机和愿望，这是推动村民与村落自身主动追求某种目标或行为的力量。这些驱动力通常源于村民对传统文化、历史传承、自然环境和社区共同体的情感和认同，以及对村落的可持续发展和独特性的关注。相比之下，外在驱动力则是来自于外部环境和他人的评价、期望或激励。在传统村落中，外在驱动力可能来自政府、企业、旅游业者等外部力量，它们可能通过政策扶持、项目投资或旅游开发等方式影响传统村落的发展方向。这些外在驱动力对于传统村落的发展有一定的影响，但在考虑村落的可持续性和文化保护时，内在驱动力更为重要。保护和培育内在驱动力，让村民更加主动参与、推动村落的发展，有助于确保传统村落的独特性和可持续性。

如果传统村落在旅游业介入后能够保持内在驱动力，继续重视传统文化传承、自然环境保护和社区凝聚力，同时能够灵活应对外在驱动力，合理引导旅游业的发展，那么村落未来的发展态势可能是积极的。这种积极态势表现为村落空间的景观空间秩序更加开放、多元、丰富，吸引游客的同时保持自身独特性和传统魅力。村落内的居民也会因经济水平的提高和文化的保护而感到幸福与满足。

反之，如果传统村落在旅游业介入后，过度依赖外部驱动力，忽视传统文化保护和内在价值，或者过度追求经济效益而忽视生态环境和社区凝聚力，那么村落未来的发展态势可能是消极的。这种消极态势表现为村落景观空间秩序逐渐失去传统特色和独特性，表现为模式化与同质化。村落内的居民可能会面临文化认同的丧失和经济压力的增加。

（2）基于现象 - 行为 - 空间检验传统村落旅游发展适宜性

现象、行为和空间三者之间存在着密切的相互影响和关联。通过这三个层面的综合研究，可以深入探讨旅游介入对传统村落发展的影响，揭示现象背后的行为原理，进一步分析传统村落物质空间的特征和规律，并得出传统村落旅游发展的适宜性结论，提出相应的管理建议。

基于现象 - 行为 - 空间的框架，旨在检验传统村落旅游发展的适宜性。首先，需要理清现象、行为和空间三个概念之间的关系（图 6.2.42）。“现象”指的是观察到的传统村落旅游介入下的各种现实情况，例如旅游活动的增加、当地居民的反应、景观的改变等。同时，“行为”涉及这些现象背后的行动和决策，包括旅游业经营者、当地居民、政府等利益相关方在旅游发展过程中的决策策略、合作与竞争。行为直接影响着传统村落的空间结构和布局。不同的决策行为将导致不同的空间效果，包括旅游设施的设置、景观的改变、社区互动的形式等。因此，研究行为可以帮助规划者理解传统村落空间形态的形成过程，找出行为与空间之间的关联，并分析旅游介入对传统村落物质空间的影响。通过综合考虑现象、行为和空间的关系，可以利用遗传算法、博弈论等相关理论对传统村落现象与行为进行深入研究，并通过空间句法、分形理论等工具对传统村落物质空间作进一步分析，最终评估传统村落旅游发展的适宜性。

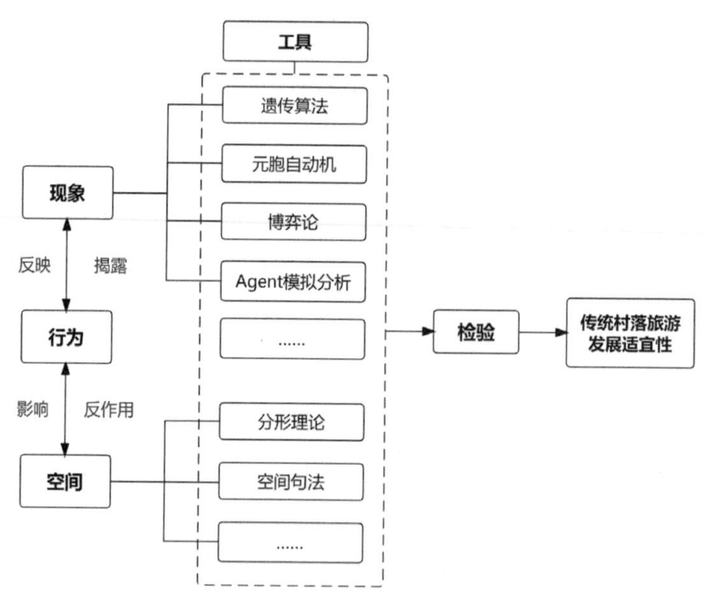

图 6.2.42　基于现象 - 行为 - 空间检验传统村落旅游发展适宜性路径图

6.3 景观空间秩序的基本要素

6.3.1 中心

1. 概念内涵

空间秩序中的“中心”是指在特定空间中具有重要地位和核心功能的区域或位置。“中心”在空间中起到引导、集聚和凝聚的作用，是空间组织和秩序的核心要素，并具备如表 6.3.1 所示特点。“中心”不仅是空间的焦点和聚集点，还在社交、活动和功能方面发挥着关键的作用。通过对“中心”的合理布置和设计可以增强空间的凝聚力和功能性，为人们提供良好的空间体验。

空间秩序中心的特点　　表 6.3.1

特性	解析
空间聚集点	“中心”是空间中的聚集点，吸引人们的注意力和活动。它可以是一个特定的地标建筑、广场、庭院等，具有较大的人流和人群聚集的特征
引导视线和运动	“中心”在空间中起到引导人们视线和运动方向的作用。它可以通过景观元素、建筑设计或空间布局等手段，将人们的注意力和行动引导到特定的区域或目标
功能核心	“中心”是空间中的功能核心，承载着重要的活动、服务或功能。例如，在商业中心区域，“中心”可以是购物中心或商业街，提供商业交易和服务；在社区中心，“中心”可以是社区中心建筑，提供社区活动和资源
社交和文化聚集地	“中心”是人们社交和文化活动的聚集地。它可以是公共广场、公园、娱乐场所等，为人们提供社交互动、文化体验和休闲娱乐的场地

“中心”在建筑学中不仅体现了建筑设计美学和构图原则，还承载着空间组织和用户体验的功能。在建筑学中，对于空间秩序的研究和理解源自建筑学的发展历程和相关理论（表 6.3.2）。

空间秩序中心来源　　表 6.3.2

概念和理论	解析
古典建筑	在古代希腊和罗马建筑中，中心性是一个重要的设计原则。古典建筑追求对称和比例，将建筑物的中心部分作为焦点和核心区域，例如希腊神殿的正廊和罗马的圆形竞技场
文艺复兴时期	文艺复兴时期的建筑师们重新研究和回顾了古典建筑的原则，其中包括中心性的概念。他们通过对称、轴线和中心构图等手法，在建筑中创造了明确的中心区域，例如圣彼得大教堂的中央圆顶
空间分析与理论	20 世纪的空间分析和理论研究，如空间语言理论和形态学，进一步探讨了中心性在建筑和城市设计中的作用。这些研究通过对空间组织和层次的分析，强调中心作为空间秩序和结构的重要元素
设计理论与实践	在建筑师的设计理论和实践中，中心性常常被用来指导空间组织、导引人们的视线和活动，以及创造独特的空间体验。建筑师通过对中心位置、形式和功能的处理，创造出具有艺术性和功能性的空间中心

在建筑设计中，“中心”的选择和处理对于空间的组织、流动和体验起着重要的作用。它可以通过空间的布局、形式的设计和材料的运用来强调与突出，创造出独特的空间氛围和感受。同时，“中心”也与建筑的整体形象和风格相呼应，赋予建筑独特的特征和个性。在建筑学中,空间秩序中的“中心”通常指的是设计中的焦点或核心区域，它是空间组织和布局的关键要素之一。表 6.3.3 所列为建筑学中“中心”的理解。

建筑视角对中心的理解 表 6.3.3

分类	解析
空间聚焦	“中心”可以是一个特定的区域或要素，通过其在空间中的显著性和独特性，吸引人们的注意力和视线。它在空间中形成一个聚焦点，使人们的目光和活动集中在此处
空间组织	“中心”在建筑设计中起到组织和引导整个空间的作用。它可以是建筑的核心功能区域，例如大堂、中庭、展厅等，或是通过布局和形式塑造出来的特定区域，如中央广场、中心花园等
视觉导向	“中心”可以通过其在空间中的位置、尺度、形式和材质等方面的特点，引导人们在空间中的流动和视线的导向。它可以创造出空间的层次感和序列感，将不同区域和要素连接起来
功能聚集	“中心”通常是建筑功能的聚集区域，它可以集中主要的活动、服务或设施，为用户提供方便和集中的体验。如大厅、会议室、核心设施区等，根据建筑的类型和功能而定

在景观语言体系中,“中心”一词的引入可以追溯到景观设计的早期阶段（表 6.3.4）。

“中心”出现在风景园林语境的契机 表 6.3.4

分类	解析
古代园林和宫廷设计	古代园林和宫廷设计中，常常注重营造一个明确的中心区域。例如，中国古代皇家园林中的皇家花园和寺庙的中心殿堂，都是作为重要的中心元素来设计和布局的
文艺复兴时期的花园设计	文艺复兴时期的花园设计受到古典建筑和古代罗马花园的影响，强调对称和中心性。花园中的喷泉、雕塑或亭子等元素通常被放置在中心位置，形成景观的焦点
城市规划和公共空间设计	随着城市的发展和城市规划重要性的增加，“中心”作为城市空间的核心元素逐渐被强调。城市中的广场、市中心区域等公共空间，常常被设计为具有中心性的地点，成为人们聚集、交流和活动的中心

在景观语言体系中，“中心”一词通常指代景观空间中的焦点、核心或重要元素。它是景观设计中的一个关键概念，用于描述空间组织和布局中的主导性要素，通常具备以下特性：一是焦点和视觉引导。“中心”具有视觉上的吸引力和独特性，能够吸引人们的注意力和视线。它可以通过独特的形状、结构、材料或装饰来与周围环境产生对比，从而成为景观的焦点和视觉引导点。二是功能和集聚性。中心往往承载着重要的功能和活动，在其中集聚人们的社交、文化、商业等活动。它可以是公共广场、宗教建筑、商业中心等，为人们提供集会、交流和休闲的场所。三是组织和结构。中心的位置和布局可以决定整个景观的空间布局和组织方式。它可以作为连接不同区域、

路径和要素的关键节点，形成景观的层次和序列。四是象征和文化意义。中心往往代表着特定的价值观和传统，可以是纪念碑、雕塑、传统建筑等，是历史、文化和社区的重要象征。

2.“中心”特征在景观规划设计中的体现

“中心”在景观规划设计知识框架中包含不同的应用情境，在不同情境下，强调核心内容均有差别，以便于相关问题的解决（表 6.3.5）。

中心在景观规划设计中的应用　　表 6.3.5

知识	概念辨析	案例图解
极域	“极域空间”是指在不同历史时代中，人们通过建设适宜的聚落人文环境和物质环境来实现聚落的稳定和完整。在聚落中存在一个关键性的公共空间，它具有凝聚整个聚落的功能，使得聚落成为一个完整的整体，增强居民对聚落的认同感和归属感，保障聚落的存在	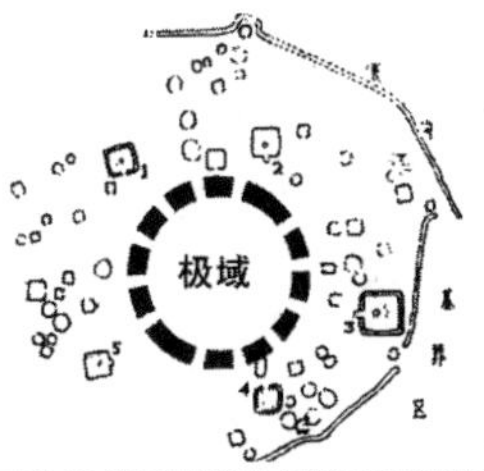 极域 陕西临潼姜寨仰韶村落遗极域分析
聚焦点	“聚焦点”是指在空间中引起注意和集中关注的区域或要素。它可以是一个雕塑、喷泉、景观特色或建筑物等，通过其独特的形态、位置或功能吸引人们的目光和兴趣。聚焦点在空间中创造出视觉焦点和视觉层次，增强空间的吸引力和可识别性	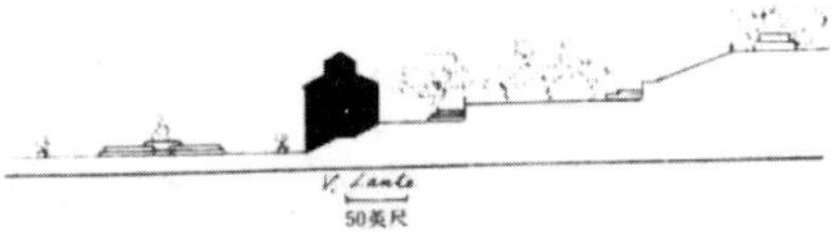 50英尺 兰特别墅建筑聚焦点分析
核心	“核心”是指空间中的主要或关键区域，通常是活动、功能或意义的中心点。它在空间规划和设计中起到组织、引导和聚焦的作用。核心区域常常是人们聚集、交流或感知的中心，具有较高的活力和吸引力	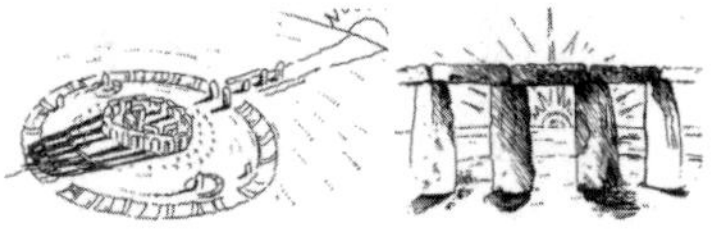 巨石阵核心区域分析
中央	“中央”是指空间中位于中心位置的区域或要素。它可以是地理上的中心点，如一个广场、庭院或交叉口，也可以是功能上的中心区域，如一个中心设施或核心空间。中央区域通常具有集中管理、服务或活动的功能	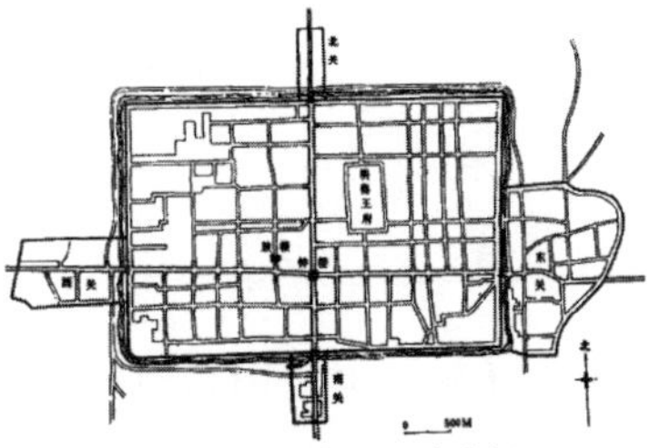 明清西安城中央区域分析

3. 旅游发展促进传统村落空间秩序“中心”特征显现

“中心”在传统村落旅游中起到凝聚和组织整个村落空间的作用。它是村落活动的中心场所，承载着社交、文化和宗教等重要功能。“中心”的布局、形式和设计应注重与周边环境的协调，并体现村落的特色和历史文化。

（1）浙江省诸葛村

诸葛村位于浙江中西部的兰溪市，至今已有 700 余年历史。诸葛村是由血缘村落向业缘村落不断转化的结果。诸葛村的选址和建造过程充分体现了中国古代堪舆的精髓。该村的整体布局以钟池为中心，呈现出八条小巷向外辐射的形式，形成内部八卦布局。同时，村外环抱着八座小山，形成了天然的外部八卦。在这个布局中，村中的民居被纳入其中，按照“八阵图”的样式进行有序布列（图 6.3.1）。

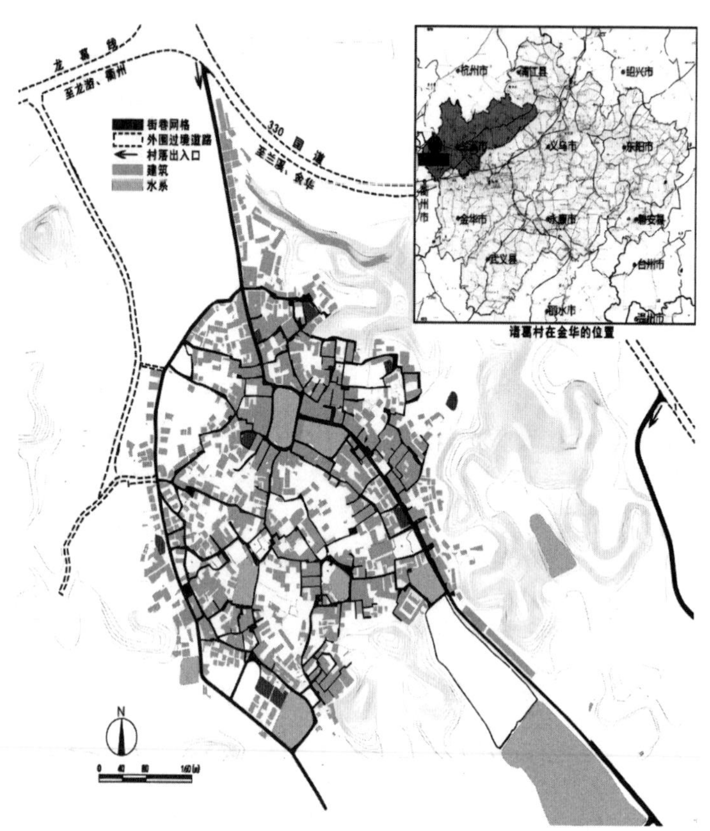

图 6.3.1　诸葛村空间格局

在旅游发展中，诸葛村的中心空间秩序体现为：一是强化中心地标。通过加强钟池和大公堂这类地标性建筑的形象与功能，使其在视觉形式与功能使用方面更具吸引力，突出其在村落中的重要地位，强化其在村民与游客中的记忆与识别。二是创造活动集聚场所。通过增加休憩区、文化展示区，为游客和居民提供场所聚集、交流与大型活动场地。在形式与空间设计上考虑场所的向心性与凝聚力，增强中心区域的活力和互动性。三是提升导览与信息服务。通过提供清晰明了的导览与信息服务系统，可以帮助游客快速到达和深入了解村落核心区域、重要景点与文化遗产，从而强化中心空间的场所精神与文化价值。

（2）江西省菊径村

菊径村地处江西省上饶婺源大鄣山乡，是个典型的山环水绕型村落，小河成大半圆形绕村庄将近一周，四周为高山。整个村落一面背山，三面环水（图 6.3.2）。

图 6.3.2 地理区位

在旅游发展中，菊径村的“中心”空间秩序体现为：一是强化水景空间。通过修缮和改善河岸的景观，清理水体，增加景观小船或划行船等水上活动设施，为游客创造与水景互动的机会，强化水景与游客之间的互动关系。修建木桥连接村落各个局部节点空间与环形水域，增强村落整体连通性的同时强化水景的核心地位。二是创造观景平台。通过在环山区域选择局部节点设置观景平台，更为直观地创造强化视觉中心的感知空间，强化菊径村形态带给观者的视觉冲击与精神向往。三是打造文化交流空间。通过展示当地的传统技艺与文化遗产，给游客和当地居民交流提供互动场所，进一步强化游客的游览与文化体验。

6.3.2 轴线

1. 概念内涵

空间秩序中的“轴线”是指一条在空间中具有重要意义和功能的直线或路径，通常用于描述和分析空间中的线性元素、空间组织原则和视觉引导方式。表 6.3.6 显示了与轴线相关概念的内涵与区别。

轴线相关概念解析 表 6.3.6

名词	解析
中轴线	中轴线是指在景观设计中沿着中心线对称排列的元素或空间。它是围绕中心轴线对称布置的景观元素的集合，用于创造出对称、平衡的视觉效果
主导线	主导线是指在景观中起主导作用的线性元素。它可以是一条明显的路径、引人注目的线条或边界，通过引导人们的视线和运动方向来定义景观空间的结构和秩序

续表

名词	解析
引导线	引导线是指在景观设计中用于引导人们在空间中移动的线性元素。它可以是路径、轨道、边界或景观特征等，通过布置和设计这些线性元素，引导人们的视线和动线，创造出流畅和有序的景观体验
主轴	主轴是指在景观设计中具有主导地位的轴线或路径。它是定义景观布局和空间组织的主要线性元素，常用于连接不同的景观区域，强调景观特点和创造视觉焦点

“轴线”在空间设计和规划中具有组织、引导和定义其他元素的作用。轴线可以是实际存在的物理结构，也可以是意识或想象中的空间序列。表 6.3.7 罗列了“轴线”的空间功能与特点。

轴线主要空间特点 表 6.3.7

特点	描述
结构和组织	轴线在空间中创建了结构和组织，帮助划分空间，并确定不同区域的关系。它们可以连接不同的地点或元素，形成空间中的主要导向性
引导和导向	轴线在空间中引导人们的视线和运动方向。它们可以引导人们的目光朝着特定方向或特定目标，以达到设计师所期望的效果
视觉焦点	轴线通常被用作空间中的主要视觉焦点。它们可以通过对称、比例、景观元素等方式吸引人们的注意力，并营造出一种有序和平衡的感觉
建筑与景观	在建筑设计中，轴线可以定义建筑物的布局和形式，并指导人们在建筑内部和周围空间移动。在景观设计中，轴线可以连接不同的景观元素，如花园、广场或水景，创造出连贯的景观体验

“轴线”这一空间秩序词汇的来源可以追溯到古代建筑和城市规划的实践和理论。在建筑设计中，“轴线”被用来创造空间的结构和组织，形成平衡有序的布局，同时引导人们在建筑内部空间中移动。轴线对于建筑设计的重要意义体现在以下方面：一是空间分隔与布局。通过轴线划分建筑不同的功能区域，帮助建筑师确定空间的布局，确保各个部分的合理连接和有序排列。二是视觉引导与焦点。轴线在建筑中起到引导人们视线的作用，通过有意安排和设计的轴线，引导人们的目光朝向特定的景观或元素，强化视觉焦点。三是结构和对称。建筑的结构和对称往往以轴线为基础，使建筑物保持平衡和稳定。四是动线与流线。轴线指导人们在建筑内部和周围空间移动，通过合理布置轴线，创造良好、合理的动静流线。

在景观设计中，轴线被用来描述空间中的引导线条、组织原则和视觉焦点。自 18 世纪欧洲的风景园林设计运动以来，景观设计师开始将轴线作为景观设计的重要元素引入，以创造引人入胜的景观体验。表 6.3.8 所列是对景观空间秩序中“轴线”的一些理解。

景观空间秩序中“轴线”含义　　表 6.3.8

序号	解析
空间组织与结构	轴线在景观设计中被用来组织和划分空间，将景观元素、区域和功能性区域连接起来。它可以是直线、曲线或多种形式的组合，通过定义路径和边界来赋予空间结构以秩序感
引导与导向	轴线在景观中起到引导人们视线和运动方向的作用。它们可以引导人们的目光朝向特定的景观元素或重要景点，创造出景观中的吸引力。轴线还可以引导人们在景观空间中的移动，定义步行路径或交通流线
视觉层次与焦点	轴线可以用来创造视觉层次和焦点，通过对称、比例、景观元素的布局等方式吸引人们的注意力。它们可以将人们的视线引导到景观中的重要元素，创造有序和平衡的视觉体验
运动与体验	轴线的设置可以创造特定的运动和体验方式。它们可以引导人们在景观中移动，创造出漫步或游览的路径。通过对轴线的设计，可以营造不同的氛围和体验感，如庄严肃穆或欢快活泼的轴线等

2.“轴线”在景观规划设计中的体现

“轴线”在景观规划设计体系中包含不同的应用情境，在不同情境下，强调核心内容均有差别（表 6.3.9）。

轴线在景观规划设计中的应用　　表 6.3.9

知识	内容解析	举例图解
视觉心理型轴线	该方法将轴线视为一种由景线或视景线形成的空间虚轴，分析节点空间的对位关系，并揭示空间自然形式秩序背后的建构逻辑（几何与视觉心理）	颐和园中央建筑群轴线分析图
平面几何型轴线	该方法将轴线视为基准线、对称线或路径，在二维平面中分析空间要素的组织布局，旨在揭示空间规则形式秩序背后的几何建构逻辑	别墅建筑　主轴线　次轴线 （a）立面分析图　（b）平面分析图 美第奇别墅轴线布局分析图
地理方位型轴线	该分析方法将轴线视为一种用于确定地理和方位的形式化工具。通过对基地理想栖居选址和空间历史文化内涵的分析，揭示空间形式秩序背后的建构逻辑（几何、视觉心理与文化心理相结合）	（a）鸟瞰图　（b）透视图 爱尔兰的新农庄“光轴”分析图

3. 旅游发展促进传统村落空间秩序轴线特征显现

轴线在传统村落旅游秩序中起到组织和引导作用。它可以连接不同的空间元素，如中心区域、景观特色点、功能区域等，为游客提供明确的视觉路径和步行路线。通过合理的轴线设计可以使整个传统村落具有结构感和秩序感，提高游客的游览体验。

（1）陕西省立地坡村

立地坡村是以瓷窑生产为旅游特色的传统村落，其轴线设计基于瓷窑生产与体验展开。在旅游发展中，立地坡村的“轴线”空间秩序体现为“三轴一心”的结构特征，“三轴”包括文化历史轴、自然景观轴、农耕文化轴，“一心”指的是瓷窑生产的内核。首先是强化文化历史轴线。立地坡村拥有明秦王府琉璃厂遗址与三圣阁等重要文物保护单位，以这些文化历史遗迹为中心，打造文化历史轴线。通过沿着轴线设置标识、展示板等信息设施，引导游客了解和感受村落的历史文化。同时在轴线上设置文化展示馆、博物馆或文艺表演场所，展示当地的传统文化艺术，吸引游客关注。其次是自然景观轴线设计。充分利用丘陵沟壑区自然地貌特点，打造自然景观轴线，设计步道、观景平台等，沿着山丘起伏的轨迹引导游客欣赏自然风光。同时在景观轴线上设置休息区和观景点，为游客提供休憩和拍照的场所。最后是农耕文化体验轴线。通过设计农耕文化体验轴线，吸引游客参与农耕活动，体验传统农耕文化。在轴线上设置农田体验区、农耕工具展示区等，让游客了解农耕文化的历史渊源和传统技艺，体验种植、耕作等农耕活动，强化游客的互动与体验行为。

（2）山西省光村

光村位于山西省新绛县，处于临汾盆地边缘地带的山前平缓地带，其地形较为平缓。平整的地形地貌使光村在建造房屋方面拥有便利条件，房屋能够遵循统一的方向和间距，形态方正，同时能够保持良好的朝向。光村属于典型的团堡型聚落，通过营建选址和符合礼制的规划，村落的外部建设最终呈现出传统正方形的基本村落轮廓。

光村内部呈现出以姓氏宗族为基本单元聚集的组团格局。宗族聚居的形态塑造了村落空间形态的均质、有序、集中与和谐的整体形象。主要家族以祠堂为核心，围绕祠堂建造宅院、商铺、牛院等建筑。在家族内部，各分支设有相应的分祠堂。各支院落在分祠堂周边形成组团，各分支院落既有一定联系，又保持各自的独立性（图 6.3.3）。光村内共有四大姓氏家族，分别为赵、蔺、薛、王，其中王氏家族较其他三家分布区域为少（图 6.3.4）。

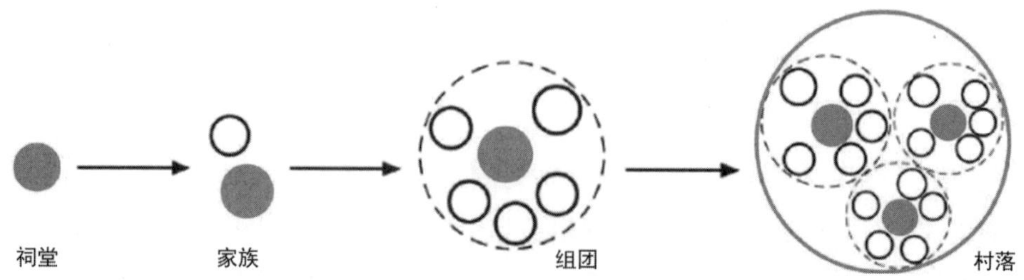

图 6.3.3　以家族群为组团的空间结构生成图示

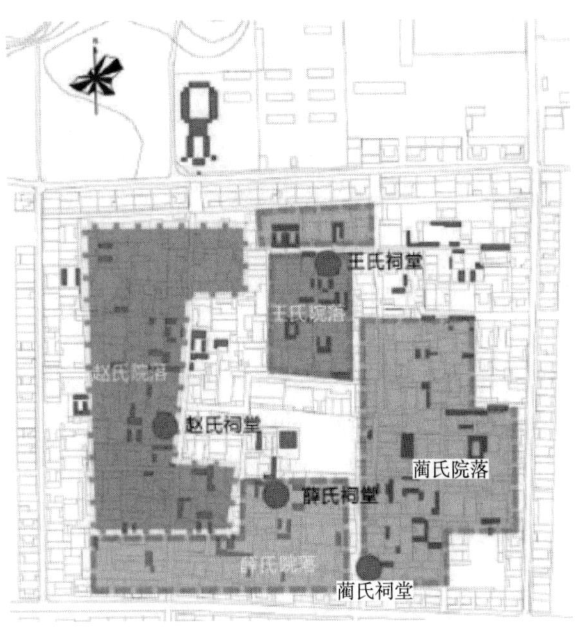

图 6.3.4 光村四大家族分布

基于光村宗族文化特征，在旅游发展中，立地坡村的轴线空间秩序体现为连接分散单元，再现宗族隐性轴线。具体包括以下做法：一是强化主要轴线，根据光村整体空间布局特点，重点强化村落的主要轴线，即主要街巷通天巷和中巷。这些轴线被设计成具有较宽的步行道和适宜的休憩设施，以便游客和村民在其中自由活动。在主要轴线上设置特色景点或文化节点，提升游览体验（图 6.3.5）。

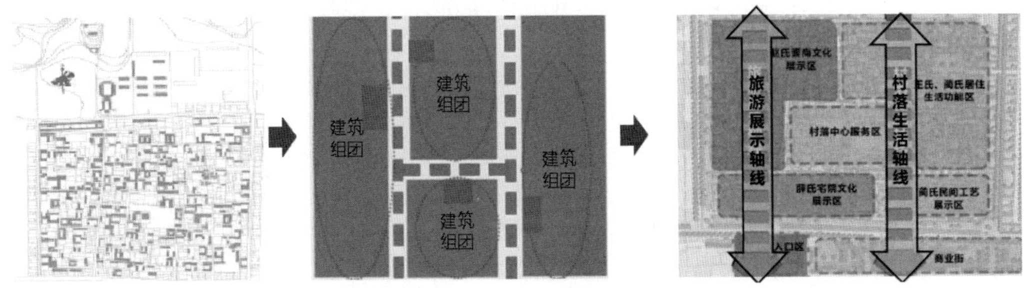

图 6.3.5 强化主要轴线图示

二是更新转换通道空间。针对蔺氏宗祠、王氏宗祠、薛氏宗祠和赵氏宗祠等通道型宗祠空间，进行更新转换。通过扩大宗祠前空间面积，退让周边建筑，为宗祠空间创造更宽敞的空间环境，增强宗族组团的凝聚力和连通性，为村民提供更多的公共空间，促进社区的交流和互动（图 6.3.6）。

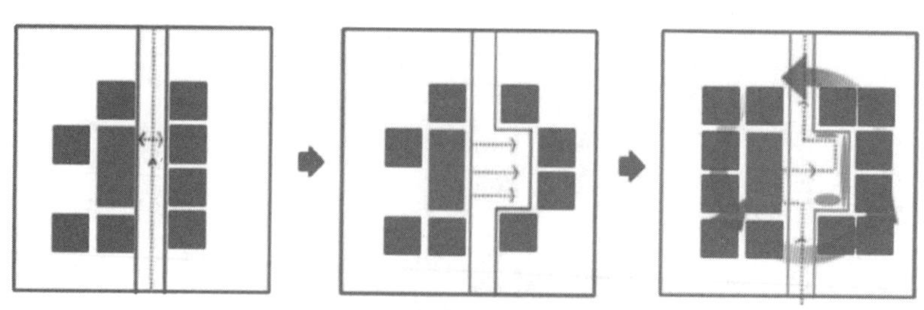

图 6.3.6　更新转换通道空间图示

三是结合自然环境创造景观轴线。结合光村原有自然环境特点，利用山脉、小溪和植被等元素来创造景观轴线。通过设计曲线状的步道、观景平台和景观节点，将自然景观与人工景观有机结合起来，创造趣味横生的游览线路。

6.3.3　组团

1. 概念内涵

在空间设计中，“组团”是指将相似或相关的元素、功能或空间组合在一起形成一个整体单元的过程，并衍生出一系列应用在空间秩序领域的相近学术词汇（表 6.3.10）。

组团相关概念名词　　表 6.3.10

名词	解析
片区（Zone）	片区是指在景观设计中划分的具有相似特征或相同功能的空间区域。这些区域在空间上相对独立，可以根据不同的要求和设计目标进行组织和规划
单元（Unit）	单元是指景观设计中的基本空间单位，具有明确的功能或特征。单元可以是建筑物、植物群落、景观元素或景观区域等，它们通过组合和组织形成了整体的景观空间
聚类（Cluster）	聚类是指将相似的元素或单元聚集在一起形成一个集群或群组。这种聚集可以基于形式、功能、用途或其他相关性，通过将相似的元素相互接近或连接，形成具有一定关联性的空间集合
群落（Community）	群落是指在景观设计中形成的具有相似植被类型、物种组成或生态特征的植物群落。群落的组织和布局可以根据植物的生态需求和互动关系进行规划，以创造出具有生态功能和美观效果的景观空间

组团强调将相似或相关的元素聚集在一起，形成有机、连贯和功能明确的空间组合，以实现景观空间的秩序和整体性，并丰富组团再生应用（表 6.3.11）。

组团特征　　表 6.3.11

特性	解析
相似性与关联性	组团是基于相似性或关联性的原则，将具有共同特征或目标的元素归类并组合在一起。这些元素可以是建筑物、景观要素、功能区域或其他空间元素，它们在形式、功能或意义上有一定的关联性
空间连续性与整体性	组团创造了空间上的连续性和整体性。通过将相似或相关的元素放置在相互接近的位置，形成一个有机的整体单元，使空间具有一定的内聚力和协调性
功能明确与互动性	组团有助于明确和强调不同空间区域的功能。相关的元素组合在一起，形成具有特定功能的区域，促进不同元素之间的互动和使用
视觉和感知效果	组团可以创造出丰富的视觉和感知效果。通过将相似的元素组合在一起，创造出重复、对比或变化等视觉效果，增强空间的视觉吸引力和感知体验

"组团"一词最早起源于城市规划理论与实践，在现代主义城市规划运动中得到广泛应用。这一时期的城市规划师开始强调将城市划分为相对独立但又相互关联的空间单元，以实现城市的功能、社会和环境的合理组织。20 世纪中叶，景观设计领域从专注于传统花园设计扩展到城市公园和自然环境的规划与设计。景观设计师开始关注城市中不同区域和功能的组织和连接，以及景观与城市结构的协调。"组团"思维启发了景观设计，景观设计师采用城市规划中的组团思维，将景观元素、区域和功能单元组合在一起，形成有机、连贯和功能明确的景观空间，创造出有序、统一且有机的景观体验。这种组团思维强调景观中的空间关系和互动，使得景观设计师能够更好地满足人们的需求和提供综合性的空间解决方案。

2. 组团特征在景观规划设计中的体现

组团在景观规划设计知识框架中包含不同的应用情境，在不同情境下，强调核心内容均有差别（表 6.3.12）。

在景观规划设计中的应用　　表 6.3.12

知识	内容解析	案例图解
社区生活圈	在适宜的日常步行范围内，满足城乡居民全生命周期工作与生活等各类需求的基本单元，融合"宜业、宜居、宜游、宜养、宜学"多元功能，引领面向未来、健康低碳的美好生活方式	15 分钟生活圈

续表

知识	内容解析	案例图解
斑块 - 廊道 - 基质	斑块 - 廊道 - 基质是分析和描述景观空间结构的重要理论，为创造良好的景观空间格局提供了一种可操作的设计途径	微观尺度——动物迁移廊道设计

3. 旅游发展促进传统村落空间秩序组团特征显现

在发展传统村落旅游中，组团常用于划分不同的主题功能区域或展示特定的文化特征。如根据村落的居住、农业、商业等功能，可以形成不同的组团。每个组团内部的建筑和景观元素之间应具有内在联系并相互配合，形成有机的整体，为游客提供相对集中和便捷的服务。

（1）甘肃省扎尕那

扎尕那位于甘肃甘南藏族自治州迭部县益哇乡，距迭部县城 28km，北与卓尼县连界，南至当多沟，面积 136km^2。扎尕那村是集石林、峭峰、森林、田园及村寨为一体的藏寨，因其独特的地质条件和险峻的风景景观，被列为国家地质公园，每年吸引大量的游客来此旅游探险。村寨地处安多藏区文化圈内，具有独特的地形地貌，还有多民族交流融合形成的独特民风民俗。辖区内的拉桑寺，满足着扎尕那四个行政村落的整体需求。各种天然、人文的独特风格使得扎尕那藏寨有着很大的知名度和影响力（图 6.3.7）。

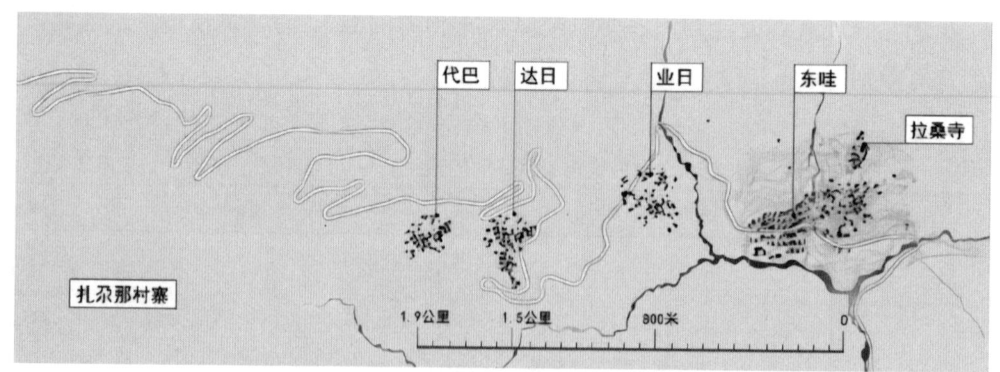

图 6.3.7　扎尕那村寨分布

基于村寨自身的地理特征与人文特点开展旅游，扎尕那的组团空间秩序体现为以下方面：一是发展遗产旅游。通过遗产旅游激活传统藏族聚落组团式物质、非物质文化遗产。扎尕那藏寨地处藏彝走廊的民族交融迁徙路线上，拥有历史悠久、保存较好的传统聚落（图 6.3.8），可以让游客体验由民族交融所形成的独特民俗文化，直观感受一方水土下生生不息的民族文化传承。

图 6.3.8 扎尕那

二是整体规划设计“驻足大草甸”组团景观区域。设置可眺望村寨全景的观景平台，在坡下开展骑马、徒步爬山、远眺日出等活动项目。通过组团设计，为游客创造整体认知与理解村寨的环境场域（图 6.3.9）。

图 6.3.9 扎尕那天然大草甸

三是主题组团规划。根据扎尕那村的特点和独特的地理、地貌、文化资源，将村落划分为不同的主题组团。如创建石林探险组团，集中展示和开发石林景观、探险活动和相关设施；设立文化体验组团，包括民俗表演、手工艺品展示和传统文化体验等。这样的组团规划突出了扎尕那村的特色，为游客提供了丰富的旅游体验。

（2）贵州省滚正村

黎平县滚正村（“滚正”在侗语里的意思是“起伏群山中的小山坳”），位于贵州省黎平县水口镇，是苗侗少数民族族聚居区。滚正村坐落在黔东南崇山峻岭间南江河畔的山坡上（图 6.3.10）。

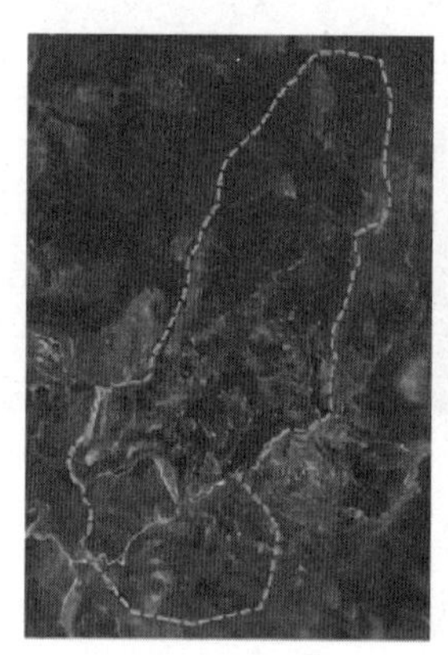

图 6.3.10　黎平县滚正村地理区位

滚正村村寨空间结构呈现为以鼓楼为中心的多组团向心布局。在侗族传统中，鼓楼一般象征一个“斗”，而“斗”则是血缘氏族的代表。侗族社会遵循内外姓制度，其中内姓指的是血缘姓氏，而外姓则是对外使用的共同姓氏。同一个“斗”内的村民围绕其所属鼓楼居住，反映了以血缘关系为基础的社会空间结构。在村寨建设过程中，村民通常会先确定鼓楼的位置，立柱标明寨心，以此来组织村寨的布局。“斗”组织在血缘和地缘上也表现出一定的开放性：外族人若希望长期居住于村寨，就需要改变原有的外姓。随着时间的推移，一个村寨或一个“斗”内可能形成以一到两个姓氏为主、多姓杂居的情况（图 6.3.11）。

滚正村的组团空间秩序体现为以下方面：一是设置鼓楼文化组团。将鼓楼作为核心，形成以鼓楼为中心的文化组团。设计集中展示侗族文化、传统艺术和民俗风情的文化广场或文化中心，包括侗族传统音乐演出、手工艺品展示和民俗活动等。同时，规划周边的商业街区，提供侗族特色商品和美食，为游客提供丰富的文化体验和购物选择。二是设置血缘姓氏组团。基于血缘关系的社会空间结构，设计血缘姓氏组团。每个姓氏围绕自己所属的鼓楼建设居住区，展示和传承姓氏的历史和文化。在每个组团内部

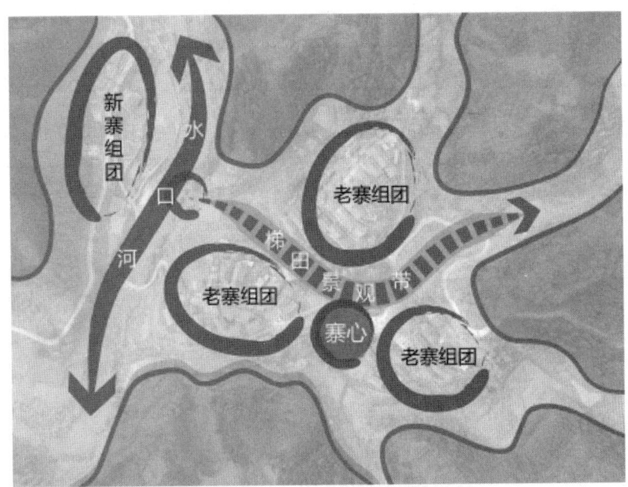

图 6.3.11　滚正村空间布局

设置公共活动场所，如广场、公园或活动中心，增强社区凝聚力和传统文化的传承。三是设置多姓氏共享组团，容纳来自不同姓氏的人群。在组团中设置多样化的住宿设施、民宿和餐饮场所，提供多样化的文化体验和交流机会，促进不同姓氏之间的交流与融合。

6.3.4　边界

1. 概念内涵

空间秩序中的“边界”是指在不同空间或区域之间形成的分界线或过渡区域。它在空间设计和规划中起到定义、分隔和连接的作用，并在不断发展过程中衍生出一系列与空间秩序中“边界”含义相类似的学术词汇。

边界可以是物理的，例如围墙、栅栏、篱笆等结构提供隐私、安全感，并起到阻隔和屏障的作用。边界也可以是视觉的，如通过颜色、纹理、形状和材料的变化来创造视觉分界线，引导人们的视线和注意力，帮助人们感知不同区域之间的变化和转换。边界还可以是感知的，如通过声音、气味、光线等感官元素来营造特定的氛围和体验。

在景观空间中，边界用于界定和划分不同区域、创造视觉分界线以及定义功能区域（表 6.3.13）。

边界主要特性　　表 6.3.13

特性	解析
分隔和界定	边界在景观空间中用于分隔和界定不同的区域或功能。它们帮助定义空间的范围和边界，使各个区域在功能上相互独立
引导和导向	边界在景观空间中起到引导人们视线和运动方向的作用。它们可以引导人们沿着特定路径或方向移动，帮助人们理解空间

续表

特性	解析
创造秩序和组织	边界有助于创造景观空间的秩序和组织，定义不同区域之间的关系和连接方式，形成整体的结构和布局
视觉效果	边界可以通过材料、颜色、纹理等视觉元素的变化创造出不同的视觉效果，成为空间中的视觉焦点或重要的设计元素
安全和隐私	边界在景观空间中起到保护和隔离的作用。它们可以提供安全感，并保护隐私性，阻止未经授权的进入

2. 边界特征在景观规划设计中的体现

边界在景观规划设计知识框架中包含不同的应用情境（表 6.3.14）。

边界在景观规划中的应用　　表 6.3.14

知识	相关概念解析	案例图解
界限	界限是指划定空间范围的边界线或边缘，用于区分不同区域或场所之间的分界线。在空间规划和设计中，界限可以是实体的，如墙壁、篱笆或栅栏，也可以是虚拟的，如标志、标线或地形变化。界限的设定有助于营造不同功能区域之间的明确分隔和有序布局	柏林墙界限分析
分隔线	分隔线是指在空间中明确划分不同区域或功能的线性边界。它可以是实体的或虚拟的，如道路、人行道、河流、树木行列等。分隔线的设置有助于将空间划分为独立的单元或区域，提供方向感和导引作用，同时避免功能冲突和混淆	深圳滨海大道道路分隔线分析
界面	界面指不同空间元素、区域或环境之间的接触或过渡区域。它是两个或多个空间之间的边界或交界点，可以是物理上的接触，也可以是感知上的过渡。界面的设计考虑到不同空间之间的和谐过渡和交互，创造出无缝连接的空间流动和舒适的过渡体验	上海辰山植物园过渡界面分析
边缘	边缘是指空间或地区的外围或边界，通常位于两个不同空间之间。边缘可以是自然形成的，如河岸、山脊或峭壁，也可以是人为创造的。边缘的设置可以定义空间的轮廓和形态，增强空间的可识别性和独特性	上海杨浦滨江公共边缘空间分析

3. 旅游发展促进传统村落空间秩序边界特征显现

传统村落空间中的边界常用于划定村落与外界的边界，界定不同功能区域的界限，以及连接不同空间单元之间的过渡。在发展旅游的背景下，传统村落的边界处理影响着村落与周边环境的关系、村民与游客活动间的关系以及游客对村落整体的认知与体验。

（1）山西省张壁古堡村

张壁古堡隶属山西省介休市龙凤乡，位于晋中盆地南端，属黄土高原范围。其地形极其复杂，呈现出“东望蚕簇之山，西距雀鼠之谷，绵山峙其前，汾水经其后”的险要地势。张壁古堡村内街道经过严格规划，中央一条南北向主街宽 5m，主街两侧 7 条东西向的支巷宽 3m 左右，有的支巷又分出 2m 宽的次支巷，道路层次清晰（图 6.3.12）。

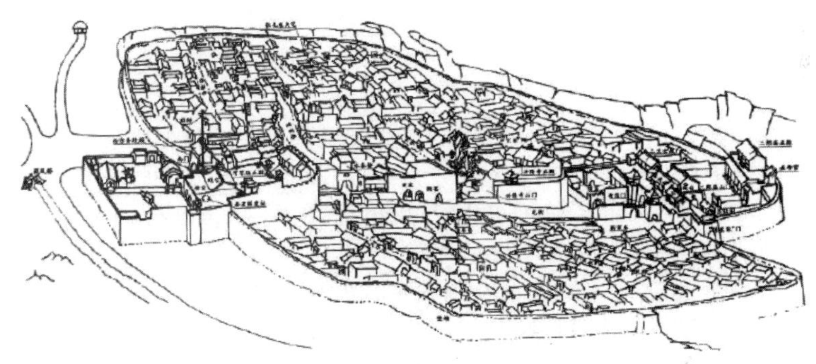

图 6.3.12 张壁古堡村鸟瞰

张壁古堡村边界的空间秩序体现为以下方面：一是强化历史文化边界。在边界设置标志性的文化元素，如古堡的门楼、围墙或传统建筑的形式等，通过设计边界突显村落的历史底蕴和独特性。二是提升景观边界的可识别性。在边界设置标志性景观元素，如绿化带、花坛、雕塑等，加强边界的可识别性。三是加强边界的开放性和互动性。设置友好的入口，如拱门或宣传标语，营造友好的迎接氛围。同时，在边界周边设置休憩区、观景平台或互动体验区，为游客提供更多参与和互动的机会。

（2）陕西省司家村

司家村位于陕西省华阴市（隶属渭南市）孟塬镇秦岭北麓台塬之上，地势南高北低，沟壑纵横。

司家村“边界”的空间秩序体现在以下方面：一是强化交通节点边界。通过在村落边界设置标志性的交通节点元素，如车站式的入口设计、仿古车辙、铁路标识等，突出村落的交通位置，营造历史氛围。二是创造景观边界的层次感。通过在边界线上种植具有层次感的绿化植物，如高低错落的树木、花草等，形成层次丰富的景观带，

增加边界的美观性和吸引力。三是引入文化元素打造边界特色。结合司家村的历史文化和地域特色，在边界的标志性位置设置具有传统建筑风格的观景亭、牌坊或雕塑等，展示当地的文化底蕴和传统特色，吸引游客前来打卡拍照、集聚游览。

6.3.5 形态

1. 概念内涵

空间秩序中的“形态”是指空间的外部形状、结构和布局以及元素之间的关系和排列方式。形态影响着人们对空间的感知、使用和体验，并且具备典型的空间秩序形态特征（表 6.3.15）。

空间秩序形态特征 **表 6.3.15**

特性	解析
结构和组织	形态帮助创造空间的结构和组织，将空间划分为不同的区域和功能。它们定义了空间元素之间的关系和连接方式，形成整体的布局和结构
形状和比例	形态涉及空间元素的形状、尺寸和比例。不同形状和比例的元素可以营造出不同的氛围和感觉，如圆形和曲线形状可以营造出柔和和流畅的感觉，而直线形状则可能强调方向性和线性感
视觉效果	形态通过空间元素的布局和形状的选择创造出视觉效果。它们可以通过对称、重复、层次等方式营造出视觉上的平衡和谐，吸引人们的注意力并创造出特定的视觉焦点
功能性和适应性	形态需与空间的功能和使用需求相匹配。不同功能的空间可能需要不同的形态来支持。形态的设计应考虑到空间的功能性和流线性，以提供舒适和高效的使用体验
美学表达	形态可以作为设计的表达方式之一，体现设计师的审美观念和意图。通过选择特定的形态元素和布局方式，可以创造出独特的空间风格和氛围

“形态”作为一个空间秩序词汇，在建筑学和风景园林领域中有着重要的地位和应用（表 6.3.16）。

建筑学视角形态的主要特性 **表 6.3.16**

特性	解析
定义空间特征	形态描述了空间的外观、形状和结构。它关注空间元素的组织方式、比例关系和几何形式。通过形态的定义，我们可以理解和描述建筑物、城市或景观的整体外观和形式特征
规划和设计导向	形态在建筑设计和城市规划中起着重要的导向作用。它可以作为规划和设计过程中的基本指导原则，帮助设计师确定空间的布局、组织和结构，确保设计的整体一致性和协调性
表达意义和价值观	形态可以传达建筑物或城市的意义、价值观和理念。不同的形态选择可以表达不同的文化、历史、社会或环境观念。通过形态的设计，建筑物和城市可以与周围环境和社会背景相契合，实现与人们的共鸣和情感连接
空间感知和体验	形态对于空间的感知和体验有着直接影响。它可以影响人们对空间的理解和互动方式。不同的形态选择可以创造出不同的空间氛围、尺度感和视觉效果，从而影响人们在空间中的行为和情感体验

形态出现在风景园林语境的契机 表 6.3.17

分类	解析
古代城市规划	在古代城市规划中，人们开始关注城市的布局、道路网络和建筑的排列方式。他们意识到城市的形态对于居民的生活和城市的功能起着重要作用。这种对城市形态的关注促使人们开始使用“形态”这一词汇来描述和讨论城市的空间组织和布局
建筑风格和形式	在古代建筑实践中，人们开始探索不同的建筑风格和形式，例如古希腊的柱式建筑、古罗马的拱形结构等。这些建筑形式的研究和实践推动了对“形态”这一概念的思考和应用。用以描述建筑的整体外观和形式特征
美学和哲学思想	古代的美学和哲学思想也对“形态”的出现产生了影响。例如，柏拉图的理念中，形式被认为是现实世界的本质和本体。这种思想触发了对形式和形态的思考，并将其引入建筑和城市规划的讨论中

在景观空间秩序中，“形态”指的是景观元素的外部形状、结构和布局。它描述了景观元素在空间中的形式特征和组织方式（表 6.3.18）。

景观空间秩序中“形态”含义 表 6.3.18

特性	解析
外观和轮廓	形态描述了景观元素的外观和轮廓，包括整体形状、边缘线条和比例。例如，一个景观中的建筑物、植物、水景等都有不同的形态特征，如高低、宽窄、曲直等
结构和组织	形态涉及景观元素的内部结构和组织方式。它关注元素之间的关系、连接和排列，以及它们在空间中的相对位置和空间分布。形态可以表现为有序、对称、层次分明或自由、杂乱、无序等不同的组织形式
空间感知和导向	形态影响着人们对景观空间的感知和导向。不同形态元素的布局和排列，可以引导人们的视线和运动方向，创造出具有导向性和引导性的空间体验。例如，弯曲的路径或线性的绿地可以引导人们在景观中流动，体验不同的景观元素
视觉效果和美学	形态对景观空间的视觉效果和美学价值起着重要作用。不同的形态元素可以创造出不同的景观氛围和表现方式，如流畅、几何、有机、自然等。形态的选择和组合可以产生视觉上的和谐、平衡、对比等美学效果

2.“形态”特征在景观规划设计中的体现（表 6.3.19）

在景观规划设计中的应用 表 6.3.19

知识	内容解析	案例图解
形状	形状在景观规划设计中非常重要，决定了景观元素的外部轮廓和空间的整体布局。景观中的植物、建筑、水体等都有各自的形状特征。例如，可以选择圆形的草坪区域、曲线形的道路、几何形状的花坛等，以创造出丰富多样的形状特征，增强景观的趣味性和吸引力	北京中关村生命科学园整体形状分析

续表

知识	内容解析	案例图解
形式	形式在景观规划设计中指的是景观元素的整体结构、组织和配置。它包括了景观元素之间的相对位置、大小、比例和比例等方面的要素。形式的选择和设计可以影响到景观的空间感和整体布局效果	北京中关村西区规划形式分析
造型	造型是指通过对景观元素的塑造和设计来创造特定的形态和形式。在景观规划设计中，通过对地形的塑造、植物的修剪和整理，以及景观元素的安排和布局来实现造型的目标	凡尔赛花园造型分析

3. 旅游发展促进传统村落空间秩序形态特征显现

传统村落的形态包括村落整体与局部区域的形状、大小、比例、布局和结构等。在旅游发展下，传统村落的形态反映了其背后的历史文化形象、古人头脑中的意识符号及其精神价值。合理利用和强化形态意象可以强化传统村落在游客心目中的印象，推动旅游发展。

（1）西锁簧村

西锁簧传统村落位于山西省阳泉市平定县，地处沟谷之中，东、南、北三面环山，村落顺应地形沿古河道建在南北的坡地之上。该村庄区域内地形起伏较大，村寨中部地形平坦，四周地面起伏较大，以缓坡梯田、低矮丘陵和山地为主。村落的道路与建筑以汉槐娘娘庙为中心，依地形而建，建筑之间联系紧密，呈现为扇形阶梯式，沿地形等高线分布。村寨外部建筑与道路向山坡发散，整体形态相对松散，以曲线的方式向外延伸，建筑与道路布局的秩序性相对较弱。总体而言，该村落展现了中部空间紧密、外部空间松散、路网复杂多变的空间形态（图 6.3.13）。

西锁簧村形态特征空间秩序体现在以下方面：一是强化中部空间的连续性和紧密性。中部空间在村落中扮演着核心和聚集的角色。通过强化该区域的连续性和紧密性来增强村落的整体秩序。增设连续的步行街道、广场或公共活动区域，使人们在中部

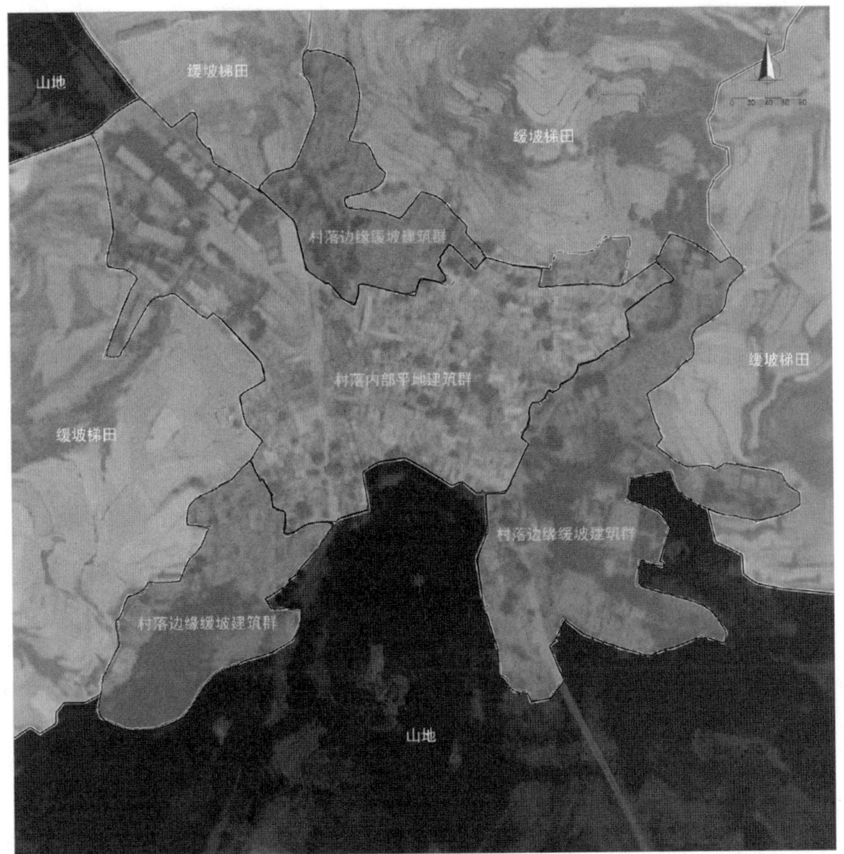

图 6.3.13 村落空间构成

空间内流动和聚集更加方便舒适。二是优化外部空间的布局与联系。为了增强空间秩序形态，优化外部空间的布局与联系，设计曲线状的道路和步道，使其与周围山地和丘陵相融合，并与中部空间产生有机的联系。设置观景点或观赏平台，让游客能够欣赏周边自然景观。三是优化路网结构与导引。西锁簧村的现有路网比较复杂多变，为了提升空间秩序形态，优化路网结构，通过规划清晰的道路系统和交通节点，引导游客流线，方便游览和导览。同时，设置标识牌或指示牌，帮助游客更好地理解村落的结构和景点分布。

（2）八角城村

八角城村位于甘南藏族自治州夏河县甘加镇，是一处土筑古城。聚落选址于央曲北岸 1km、白石崖南麓相对平坦的缓坡，平面在方形城址的基础上被切去四个角，呈空心“十”字型，四周有八个角，每个角又被削平筑有角墩，形成八角 36 个面，故称“八角城”（图 6.3.14）。

图 6.3.14 八角城村格局
图片来源：段嘉元 绘

八角城村形态特征空间秩序体现在以下方面：一是强调古城遗迹的形态特征。八角城村作为一处土筑古城，其八角形态和城墙遗迹是最显著的特征。在设计中可以强调和突出这些特征，通过修复和保护现有的城墙遗迹，使其成为村落的核心和标志性元素。可以考虑修复缺损部分，恢复城墙的原貌，使其在形态上更加完整和醒目。二是创造具有古城氛围的空间序列。在设计中，考虑创造一系列具有古城氛围的空间序列，以展示八角城村的历史和文化。通过设置景点、纪念碑、标识牌等元素，引导游客沿着特定的路径，体验古城的历史韵味和独特氛围。在主要路径和节点设置景观元素，如石雕、古井、传统建筑等，加强古城的视觉效果和空间感受。三是结合现代设施与功能需求。在保留古城形态的同时，考虑融入现代设施和功能需求。如在传统建筑中设置旅游接待中心、展示馆、休闲区等，以满足游客的需求，并为他们提供舒适和便利的服务。合理布局停车场、卫生间等基础设施，确保游客的便捷出行和舒适体验。

6.3.6 架构

1. 概念内涵

空间秩序中的"架构"是指建筑物、结构或系统在空间中的组织和设计方式。"架构"一词最早来源于古希腊语中的"architekton"，意为"建筑师"。人类在建造住所、寺庙、城市和其他建筑物时，开始思考如何创造具有结构稳定性、功能性和美学价值的建筑形式。这些思考和实践逐渐形成了建筑学这门学科，并衍生出了许多与空间秩序相关的概念和术语，其中包括“架构”。“架构”一词强调建筑物的结构、形式和组织，以及它们与空间中其他元素的关系（表6.3.20）。

架构特性 表6.3.20

特性	解析
结构和组织	架构涉及建筑物的结构和组织方式。它关注建筑物的骨架、支撑系统、空间分区等，以确保建筑物的稳定性和功能性。架构不仅是建筑物的外在形态，还包括内部的空间布局和组织，以满足人们的使用需求
形式和美学	架构强调建筑物的形式和美学价值。它考虑建筑物的比例、线条、质地等方面，以创造出具有视觉吸引力和美感的建筑形象。架构通过设计精确的建筑细节、使用适当的材料和色彩，以及运用光线和空间的特点来提升建筑物的美学价值
功能和使用性	架构关注建筑物的功能性和使用性。它考虑建筑物的功能需求，如空间分配、流线和使用便利性等，以确保建筑物能够满足人们的实际需求。架构通过合理布局空间、考虑用户体验和人机交互等方面，提升建筑物的使用效能
上下文和环境	架构考虑建筑物与周围环境和上下文的关系。它将建筑物置于特定的环境中，考虑与周围景观、街道、城市形象等的关联，以确保建筑物与周围环境协调。架构通过与周围环境的对话和回应，创造出与地域文化和社会背景相符的建筑形态

在景观空间中，“架构”强调基于景观元素的布局、排列和连接方式而产生的规划和设计（表6.3.21、表6.3.22）。

景观空间秩序中的“架构”含义 表6.3.21

特性	解析
空间结构和组织	架构在景观空间中创建了结构和组织，通过安排和布局景观元素、路径、区域等来创造有序和连贯的空间结构。它考虑空间的整体布局、层次关系和序列，使得景观空间具有内在的秩序和结构感
形式和比例	架构关注景观元素的形式和比例。它考虑景观元素之间的比例关系、形状的选择和构成要素的组合，以营造和谐、平衡和美感的视觉效果
空间导向和导览	架构在景观空间中起到引导和导览的作用。通过合理的布局和设计，架构可以引导人们的目光和运动方向，使人们在景观空间中有清晰的导向和流线，便于人们理解和感知空间
功能性和可用性	架构在景观空间中考虑了功能性和可用性。它关注景观元素的功能布局和空间的使用效果，使空间具备适应特定功能需求的能力，满足人们的活动和需求
文化和意义	架构在景观空间中还可以体现文化和意义。它可以运用符号、象征和文化元素，以表达特定的文化价值观、历史意义或故事性，从而赋予景观空间更深层次的内涵和意义

与景观空间秩序中的“架构”相类似的学术词汇 表6.3.22

名词	解析
组织	指在景观空间中对元素、区域和功能进行合理的组织和安排，以实现整体的结构性和秩序性
布局	指对景观元素、路径、区域等进行合理的布置和排列，以达到功能性和美学性的要求
结构	指景观空间中的形式和组织的基本框架，包括空间的骨架、支撑系统和层次关系

续表

名词	解析
编排	指对景观元素的有序排列和组合，以营造出特定的空间效果和意义
序列	指景观空间中元素或区域的有序排列和连接，形成一种有意义的空间序列和体验
层次	指景观空间中元素、区域或功能的分层次排列和组织，以实现空间的层次性和深度感
规划	指对景观空间的整体规划和设计，包括对布局、形态、结构和功能的综合考虑和规划

2.“架构”特征在景观规划设计中的体现（表 6.3.23）

在景观规划设计中的应用 **表 6.3.23**

知识	内容解析	案例图解
结构	在空间秩序中，结构涉及如何组织和安排不同元素以形成有机的整体。这包括建筑物之间的相对位置、布局和连接方式。结构可以通过规划主街道、次支巷和道路网格系统来实现，以确保交通流畅和空间利用效率。此外，结构还可以体现在建筑物的层次和分区上，例如将公共区域和私人区域分隔开来，为村民提供社交和隐私空间	 西安蓝田石船沟村布局结构分析
组织	在空间秩序中，组织涉及对元素进行有序安排和合理组合的过程。这可以包括将村庄划分为不同的功能区域，如居住区、农田区和公共活动区。组织还可以体现在建筑物内部的布局和空间分配上，以满足不同的功能需求。例如，集中安排公共设施和社区设施，使村民能够方便地访问并共享资源	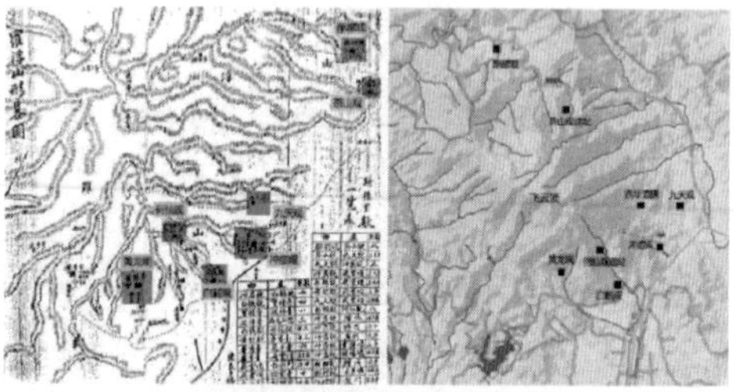 罗浮山道教建筑群组织分析
构造	在空间秩序中，构造指的是建筑物的形成和结构方式。这涉及建筑物的材料选择、建造技术和建筑风格等。例如，在传统村落中，使用当地材料和传统的建造技术，如木结构、石头和土坯墙，可以保持地区的文化传统和建筑特色。构造还可以体现在建筑物的形式和比例上，以确保建筑物与周围环境相协调，并提供舒适和宜居的空间	 咸阳三原新兴镇柏社村建筑构造分析

3. 旅游发展促进传统村落空间秩序架构特征显现

在传统村落旅游发展中，架构具有两层内涵：一是以旅游为目标的传统村落整体发展架构，强调空间性质之外的整体结构问题；二是基于旅游发展，传统村落空间营造与更新层面的架构。具体是指传统村落整体的空间组织方式、村落中建筑、街巷、院落等不同性质空间之间的布局、组织、结构形式及其空间连接关系。它涵盖了建筑群体的组织、建筑之间的相互关系以及整体空间结构。合理的架构可以创造出同时满足村民与游客行为活动的空间序列、视觉层次和功能需求。

（1）苏寨村

苏寨村位于临汾市东南部，北与贺家庄村接壤，南与浮山县砚凹掌相邻，东与浮山县燕村隔沟相望，西是沟西村。528县道穿越东西，乡村道路纵横南北，乡村旅游发展基础较好。

苏寨村架构特征空间秩序体现在以下方面：一是强调景观节点。保留、修复或重建苏寨村内的传统建筑，打造独特的景观节点，展示传统建筑艺术和文化风貌。在村落内设置文化主题公园，展示苏寨村的历史、传统技艺和民俗文化。园内设置展览馆、表演场地、手工艺品展示和制作区域，为游客提供丰富的文化体验。在适当的地点设置观景平台，供游客俯瞰整个村落和周边的美景，增强游客的观赏体验。二是优化空间组织。规划步行街连接村落的主要景点、商业区和文化设施，形成游览路线。规划风景廊道沿着村落的自然景观或人工景观布置，为游客提供沉浸式的自然体验。廊道可以融入当地的植物、水景和艺术装置，打造独特的景观赏析区域。将苏寨村内的传统建筑群体重新组织，根据建筑的功能和历史背景，将相关的建筑群体相邻或串联起来，形成更有趣和富有故事性的游览路径。三是引入适度的现代元素。在村落内设置舒适的休息点，供游客休憩和放松。建设公共厕所和停车场等基础设施，提供便利的服务。在村落内设立现代文化体验区，引入当代艺术、音乐或表演等元素，设立艺术展览馆、音乐表演场地或互动体验区，让游客在传统村落中感受到现代文化的魅力。

（2）尼巴村

尼巴村坐落于甘肃省甘南藏族自治州卓尼县西南，位于车巴河中游、车巴沟上游。藏语中的“尼巴”意为“阳坡”，在历史上指的是沿着车巴河北岸的向阳坡地修建房屋。目前，村落分布在车巴河的南北两岸。

尼巴村地貌的主要特征是山地，南部临近的山峰包括华儿干山和光盖山。光盖山属于西倾山脉，呈东西走向，形成于新生代第三纪。这座山峰千仞绝壁陡立，悬崖冰瀑上覆盖有白雪，冰川侵蚀创造了独特的石林景观。光盖山的植被和动植物种

类繁多，为当地居民提供了丰富的自然资源。华儿干山是刀告和尼巴两乡牧民向往的神山福地。这些山峰组成了迭山山脉，呈东西走向，也是卓尼县与迭部县的分界山（图 6.3.15）。

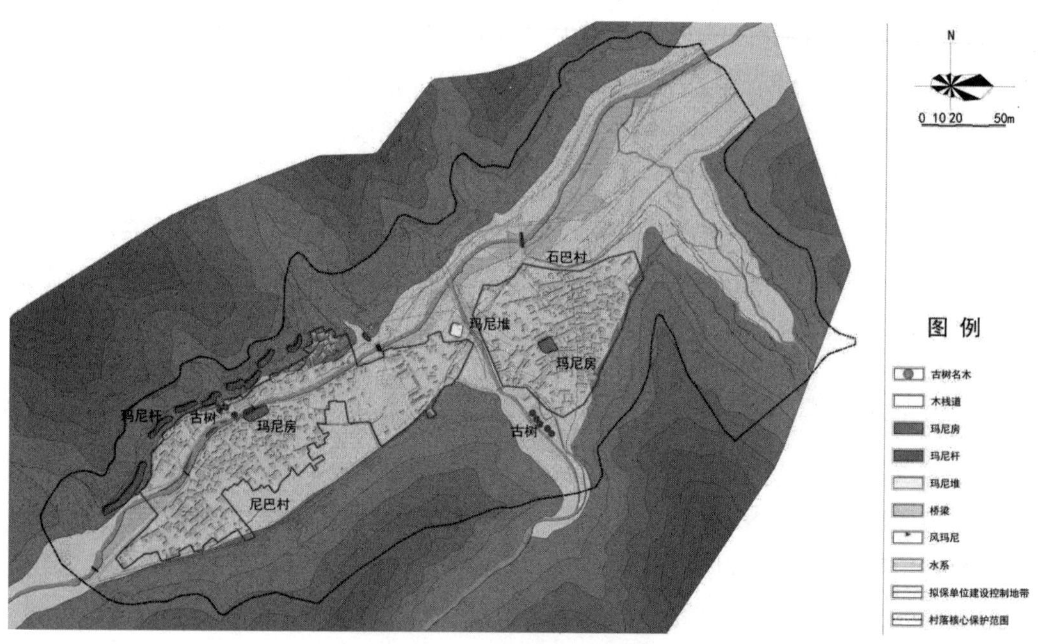

图 6.3.15　环境要素分布图

尼巴村架构特征空间秩序体现在以下方面：一是维系山水格局，整治整体风貌。首先对传统村落内部局部残损和填埋掉的排水沟渠进行疏通和恢复，妥善保护桥梁，定期修缮。其次保留传统村落中具有传统尺度和特色的空间格局。保持传统村落的传统肌理，保持传统村落的宜人尺度和空间层次。接着对传统村落内公共活动场地、历史街道沿街以及各巷弄内的视廊和界面进行保护和优化。最后控制文物建筑周边以及整个传统村落内的建筑高度，保持优秀历史建筑、保护建筑的良好视廊（图 6.3.16）。

二是历史地段空间结构的保护。对于村落核心保护区，必须确保建筑物、街巷以及周边环境免受破坏，不得进行任何未经保护规划批准的新建或扩建活动。现存对古村风貌产生损害的建筑物和构筑物予以拆除或改造。建设活动的进行应当符合相应的保护规划，同时在依法报经相关部门批准之前，必须先获得所在州文物部门的同意。建设内容应当遵循历史文化名村的保护要求，包括外观造型、体量、色彩、高度等方面应当与保护对象协调一致（图 6.3.17）。

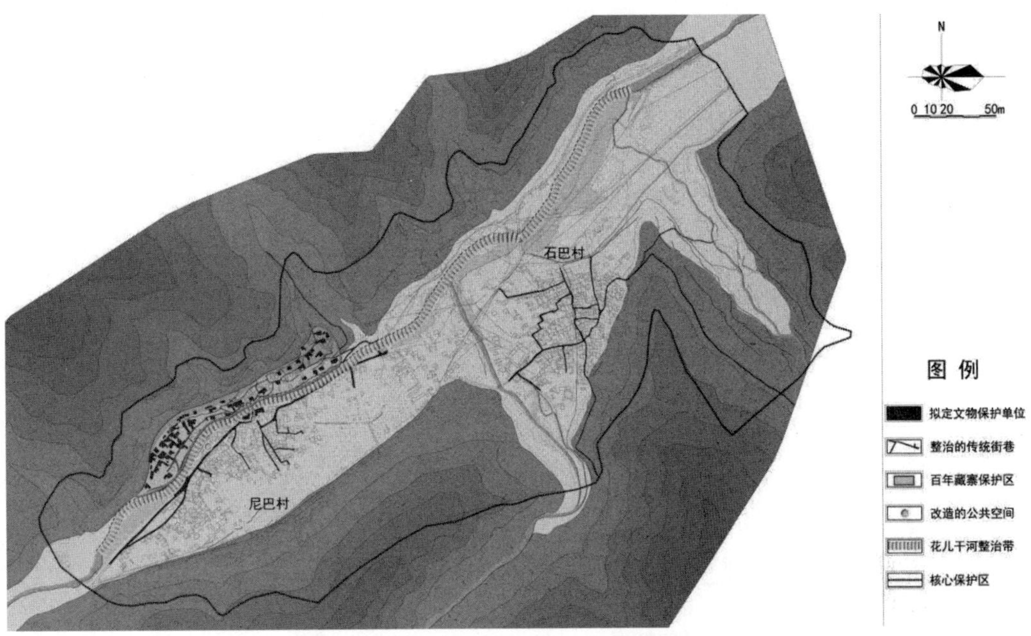

图 6.3.16 维系山水格局，整治整体风貌

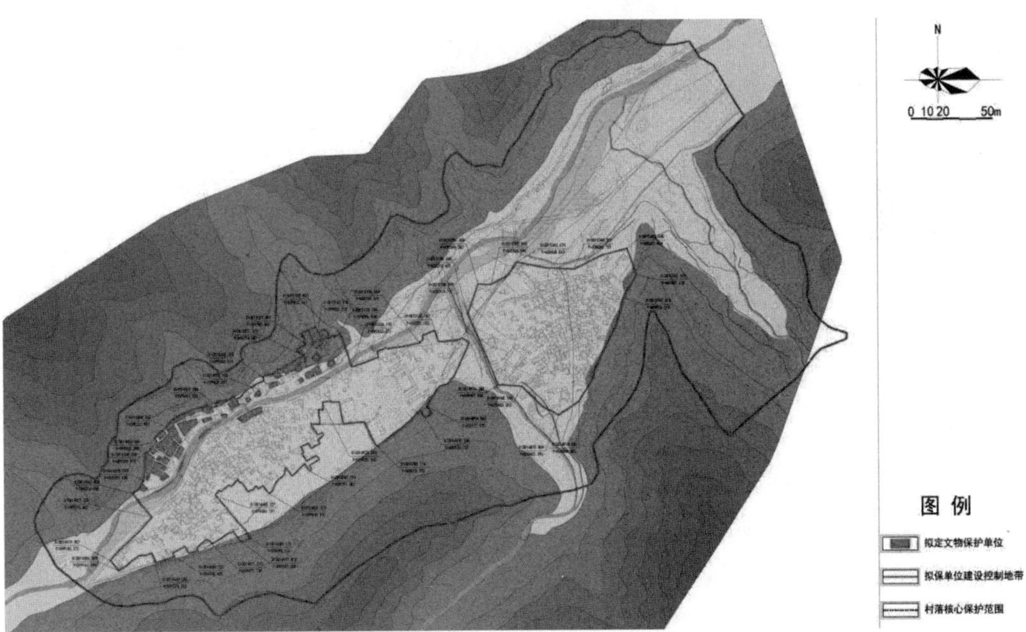

图 6.3.17 村落保护区划图

第7章 传统村落景观空间秩序保护与传承

7.1 传统村落景观空间秩序的保护价值及意义

传统村落景观空间秩序是人们长期的生活生产持续影响、塑造空间环境的结果，它的稳定性和生命力是建立在不断调适与所处自然环境和社会人文环境关系基础之上的。因此，景观空间秩序映射了传统村落人居环境的科学性、文化性和艺术性，同时也体现了景观空间秩序对人们生产生活空间、精神世界构成以及审美价值观念的影响。

我国幅员辽阔，地理环境差异明显，乡土建筑文化特色及聚落遗产资源丰富。景观空间秩序作为我国乡村聚落和乡土建筑文化的系统化对象，包含了重要的本土知识，有必要进行深入挖掘和记录性保护。

传统村落空间秩序作为传统村落整体秩序的重要组成部分，反映了村落空间发展演进的基本规律，是人地关系和谐共生的最好见证。修复破损的传统村落空间秩序，保证秩序的稳定性，是实现村落更新发展的关键环节，也将为乡村的产业发展、文化传承及人居环境提升等创造必要条件。

1. 一种理解传统的路径

秩序是由共同意识和个体认知而决定的，对秩序的认知和理解一般是立足于结果的视角所进行的评价。日本聚落研究学者原广司指出："所有表现着的事物都是被秩序化的事物，在这个世界上几乎只存在秩序。"景观空间秩序不仅源于聚落及建筑构造的结构、层次、序列等客观物质空间形态，更重要的是呈现了一种人、场所与空间的关系以及由此集结而成的共同意识形态。

传统村落是历史遗产的一种实体表现形式，而其景观空间秩序则体现了人们长期生活及生产实践中形成的聚落社会的建筑文化"传统"：一方面以聚落空间、建筑形式及文化符号等物质方式进行显现，另一方面则通过经验、规训、民俗、技艺等实现传承，而作为“传统”的空间并非历史留下的固态遗产。空间的特质就是随着场所与意义的不断被定义而改变或流动，因此传统是短暂的、流变的、情境性的。

对传统村落景观空间秩序的挖掘与梳理，恰好提供了对传统深度认知和理解的途径。它是一种整体的、宏观的、综合的认知及评判视角，区别于一般对空间构成、要素组织等的针对性识别分析方法，旨在充分把握乡村聚落人居环境营造的多维性、系统性和过程性，有利于捕捉乡村聚落社会、经济、文化以及人们价值观念等作用于空间环境的复杂微妙关系，以此促进本土建构文化特征和地方性知识的挖掘与凝练。

2. 再塑乡村景观的基线

随着社会经济的快速发展，乡村人居环境加快更新，在此过程中乡村景观作为生态、文化建设及产业升级转型的重要载体，发挥着举足轻重的作用。然而，20世纪80年代以来我国乡村景观建设受西方城镇及乡村建设理论与方法影响较大，大力发展乡村旅游的过程中形成了一批具有典范意义的乡村环境实践案例，但其被迅速模仿也导致出现了千村一面的模式化现象。

针对乡村聚落生态环境建设、历史风貌保护及土地利用管控等，国家和地方已出台诸多相关政策文件及实践导则，但乡村景观层面的保护准则或指导规范仍旧缺乏。我国乡村地理环境条件和乡土建筑文化差异性大，再加之景观具有抽象性和广义性特征，因此乡村景观保护与发展无法形成统一的、标准化的管控制约或指导准则。

景观空间秩序囊括了风貌、空间、土地、要素等，也是每个村落地方文化本质特征的综合体现，对于生产生活空间系统的正常运转及健康发展极为关键。因此，厘清村落的景观空间秩序可以形成有效的保护发展目标原则，也可以作为重塑乡村景观的精细化、针对性的导则或行动标准。

3. 本土乡村营建理论研究的有效样本

在快速城镇化进程中，乡村聚落的建设与发展是重点，在提升人居环境质量和发扬传统优秀文化的目标下，各地传统村落所蕴含的传统营造经验和智慧便成为乡村空间环境理论研究与实践的宝贵财富和优势资源。尽管每个村落的景观空间秩序各不相同，但在一定区域内聚落呈现了集体空间概念，其空间秩序具有一致的逻辑共性。因此，以景观空间秩序为抓手可以掌握乡村营建地方性特征。

景观空间秩序本身是集社会 - 空间、历史 - 现在、物质 - 非物质等各种关系的综合表现，以秩序空间性统领生活空间、生产空间及意义空间，有助于本土乡村营建特征的总体把握，同时，其非对象化特征有利于形成综合视角进行空间发生逻辑的研究。

7.2 景观空间秩序保护原则

乡村景观空间秩序的抽象化及非对象特征不易表现在物质空间的具体层面。由于景观空间秩序是具有动态性特征的综合体系，因此对于它的检验与评判是需要建立在不断变化的生活生产系统中。尤其对于传统村落而言，历史空间保护与现代发展需求就是其中最为凸显的矛盾。因此，建立景观空间秩序的保护原则，有助于其价值的体现和作用的发挥。

1. 真实

奈扎· 阿尔萨耶曾指出“制造遗产、消费传统”的现象，在此用以对应乡村旅游发展的风险，表达三个层面的含义，即“传统”与“现在”的关联、“村民”与“游客”的关系、“供给”与“消费”的作用。

景观空间秩序是建立于客观事实而存在的状态，是“过去”的延续和“现在”的正在。一是尊重历史发生的真实结果，不以包装的、美化的方式进行刻意塑造，而是要接受自然发展的真实状态；二是尊重空间主体的真实状态，维持其基本生活空间需求和行为本真的基础上，适度介入外来影响，能够提供和反映不同主体在景观空间中的真实生活状态或真实体验感受；三是尊重原生性过程和具体特征，不以经济利益驱动为价值评判的唯一标准，既要符合市场运行与发展规律，也要理性面对多方刺激下的“生产”功能。

2. 纵贯

景观空间秩序是聚落历史演进过程中逐渐形成并持续发展的，因此它具有生命体意义。将景观空间秩序作为传统村落空间机制的“遗产”，需要以发展的眼光看待它，不是以静态遗产的角度讨论其活化利用，而更需探讨其在当前乡村建设研究与实践中的作用机制，以此明确村落空间发展规律及景观空间建设目标。

乡村景观空间秩序反映了人对自然环境的改造及适应过程，同时也体现了人与人的社会性在空间环境中的作用关联。因此，对传统村落景观空间秩序的保护与修复需要纵贯“传统 - 现代”“社会 - 空间”“资源 - 经济”等关系，从而认清其作为空间环境系统的动态发展特性。

3. 和合

乡村景观空间秩序的保护与修复就是要让宏观的系统整体到微观的组织要素，各部分紧密联系，共同构成一个有机生命体，形成整体的秩序性，具体体现在从村落宏观空间格局到微观建筑形式，不同秩序层级间相互联系、制约，最终实现“人—地”间紧密互联的过程。

乡村聚落本身是一种由自然环境、经济和社会三大系统形成的复合景观系统，包含了地域性、民族性、社会性、经济性、文化性和艺术性等不同层次和诸多因素，是各种复杂的物理、生物和社会因子相互作用的结果，呈现出复杂性特征。

景观空间秩序是反映其综合性的侧面写照，因此，对景观空间秩序的保护不是基于单方面的景观目的，而是要遵循和谐、和美、和合，以实现多元目标有机统一。

7.3 传统村落景观空间秩序传承

传统村落景观空间秩序作为人居环境系统的重要部分，一直延续至今并作用于未来乡村空间的发展，从这种意义上讲，当前乡村建设和景观塑造需要遵循其发展规律，以实现自然成长和良性运转。传统村落景观空间秩序的历史经验和营建智慧的总结，将成为我国本土或地方性乡村景观营造理论与实践的文化与历史源泉，是促进乡村景观走向高质量发展路径的必然要求。

1. 树立保护性发展观念

秩序本身的感知、体验、使用、评价、延续等受共同意识和个体认知影响。对于乡村景观空间秩序这种无形“资产”和“系统”，大众是难以具体把握和深刻认知的，但可以通过现象、要素等易于描述的要点对景观空间秩序进行评价。因此，有必要建立“认知 - 理解 - 共识”的引导机制，促进形成保护性发展观念。

乡村景观空间秩序作为概念，需要在不同阶段和层次树立保护与发展观念，以更好地传承。首先，认知景观空间秩序的内涵、特征及价值意义，有利于提升其保护力度；其次，理解景观空间秩序与生产生活各层面及子系统的关联作用，有利于促进其健康可持续发展；此外，就以景观空间秩序为驱动的乡村空间发展规划及日常生活行为举措达成共识，有利于凸显其强大的作用力。

2. 采取多元主体传承模式

当前城镇化发展背景下，村落建设发展以开放和包容的姿态，不断探索新的开发建设模式，拓展运营发展途径等，可促进村落发展主体的多元化。另外，乡村景观文化具有公共性特征，体现为政策、制度、管理等自上而下的公共性和参与者积极有效协调的公共作用力。

在乡村旅游发展中的多元主体关系类型较为明显，主要表现为“参与者 - 决策者 - 开发者”“村民 - 游客 - 政府”等。因此，以乡村空间建设为任务，以乡村经济发展为目标就可以直接关联并积极调动政府、村民、学者以及相关社会力量，从而实现“使用维护、激发促进、挖掘评估、保护利用”的景观空间秩序有效传承。

3. 建立健全传承机制

乡村景观空间秩序的保护与传承不是最终目标，而是要切实将乡村景观文化和空间机制落到实处，在遵循乡村“空间 - 社会”和“三生”空间发展演变规律的基础上，建立本土营造理论与方法，增强文化自信，促进乡村人居环境的高质量发展。然而，景观空间秩序的复杂性和特殊性需要建立适应并满足其综合多维特征的传承机制。

乡村景观空间秩序是过程性的。乡村“三生”空间的调配是景观空间秩序发展中的基本活动，不同的调配内容、方式及调配程度将影响景观空间秩序的作用，或积极或消极。因此，可以逐步建立并不断完善其传承机制，针对乡村旅游发展与传统村落空间关系的平衡，可以通过各种活动的策划和实施来适应景观空间秩序的动态性特征，发挥其系统调试作用；可以通过明确不同参与主体的作用力来细化景观空间秩序保护与传承的责任，促进传统村落景观文化贴合乡村生产生活的空间逻辑，持续激发本土的、智慧的、传统的优秀建构文化的活力。

参考文献

期刊

[1] 王碧峰 . 我国新农村建设问题讨论综述 [J]. 经济理论与经济管理，2006（9）.

[2] 朱莹，王伟光，陈斯斯，张依姗 . 浙江衢州市衢江区“美丽乡村”总体规划编制方法探讨 [J]. 规划师，2013，29（8）.

[3] 向富华 . 基于内容分析法的美丽乡村概念研究 [J]. 中国农业资源与区划，2017，38（10）.

[4] 胡春华 . 建设宜居宜业和美乡村 [J]. 中国农业文摘 - 农业工程，2023，35（2）.

[5] 张永江，周鸿，刘韵秋，张爱民，郭云 . 宜居宜业和美乡村的科学内涵与建设策略 [J]. 环境保护，2022，50（24）.

[6] 彭超，温啸宇 . 扎实推进宜居宜业和美乡村建设 [J]. 中国发展观察，2022（12）.

[7] 朱启臻 . 如何建设宜居宜业和美乡村 [J]. 农村工作通讯，2022（24）.

[8] 曾灿，刘沛林，李伯华 . 传统村落人居环境转型的系统特征、研究趋势与框架 [J]. 地理科学进展，2022，41（10）.

[9] 靳利飞，刘天科，刘芮琳 . 空间秩序的尺度选择：基于国家级国土空间规划视角的剖析 [J]. 城市发展研究，2022，29（7）.

[10] 何兴华 . 空间秩序中的利益格局和权力结构 [J]. 城市规划，2003（10）.

[11] 邓运员，付翔翔，郑文武，张海波 . 湘南地区传统村落空间秩序的表征、测度与归因 [J]. 地理研究，2021，40（10）.

[12] 黄晓星，郑姝莉 . 作为道德秩序的空间秩序：资本、信仰与村治交融的村落规划故事 [J]. 社会学研究，2015，30（1）.

[13] 周晨虹 . 社区空间秩序重建：基层政府的空间治理路径：基于 J 市 D 街的实地调研 [J]. 求实，2019（4）.

[14] 赵娟 . 浅析人的行为与空间秩序的关系 [J]. 山西建筑，2007，33（22）.

[15] Kajsa Ellegård，张雪，张艳等 . 基于地方秩序嵌套的人类活动研究 [J]. 人文地理，2016（5）.

[16] 杨宇振 . 秩序、利润与日常生活：公共空间生产及其困境 [J]. 新建筑，2018（1）.

[17] 谢菲 .“火房”与“堂屋”：花瑶空间秩序认知、建构与转化——基于湖南隆回县虎形山瑶族自治乡崇木凼村的考察 [J]. 原生态民族文化学刊，2018，10（3）.

[18] 张刚，杨林平 . 岷州卫防御聚落空间秩序研究 [J]. 城市建筑，2019，16（36）.

[19] 陈慧灵，徐建斌，杨文越，曹小曙 . 中国传统村落与贫困村的空间相关性及其影响因素 [J].

自然资源学报，2021，36（12）.

[20] 杜忠潮 . 陕西关中地区帝陵遗产资源保护与旅游开发研究 [J]. 咸阳师范学院学报，2011，26（6）.

[21] 李琪，王伟，徐小东，等 .“三生”视角下传统村落分级分类监测体系的构建 [J]. 南方建筑，2022（5）.

[22] 于芸，张沛，李稷，等 .“五态”融合理念下的村落分类与发展策略研究：以陕南传统村落为例 [J]. 南方建筑，2021（4）.

[23] 邹君，刘媛，刘沛林 . 不同类型传统村落脆弱性比较研究 [J]. 人文地理，2020，35（4）.

[24] 郭亚茹 . 河南省传统村落类型研究 [J]. 合作经济与科技，2016（13）.

[25] 周乾松 . 历史村镇文化遗产保护利用研究 [J]. 理论探索，2011（4）.

[26] 方磊，王文明 . 大湘西古村落分类与分区研究 [J]. 怀化学院学报，2013，32（1）.

[27] 康晨晨，黄晓燕，夏伊凡 . 传统村落文化遗产价值分级分类评价体系构建及实证：以陕西省国家级传统村落为例 [J]. 陕西师范大学学报（自然科学版），2023，51（2）.

[28] 陶慧，麻国庆，冉非小，等 . 基于 H-I-S 视角下传统村落分类与发展模式研究：以邯郸市为例 [J]. 旅游学刊，2019，34（11）.

[29] 叶茂盛，李早 . 基于聚类分析的传统村落空间平面形态类型研究 [J]. 工业建筑，2018，48（11）：50-55，80.

[30] 徐小东，李琪，王伟 . 基于“三生”融合度的传统村落分类研究：以环太湖流域传统村落样本为例 [J]. 西部人居环境学刊，2022，37（6）.

[31] 刘馨秋，王思明 . 农业遗产视角下传统村落的类型划分及发展思路探索：基于江苏 28 个传统村落的调查 [J]. 中国农业大学学报（社会科学版），2019，36（2）.

[32] 潘颖，邹君，刘雅倩，等 . 乡村振兴视角下传统村落活态性特征及作用机制研究 [J]. 人文地理，2022，37（2）.

[33] 冯艳，李菁雯，胡晓淼，等 . 信阳地区传统村落山水空间格局特征研究 [J]. 工业建筑，1-9.

[34] 许建和，柳肃，毛洲，等 . 中国传统村落的空间分布特征与保护系统方案 [J]. 湖南大学学报（社会科学版），2021，35（2）.

[35] 李琪，王伟，徐小东，徐宁 .“三生”视角下传统村落分级分类监测体系的构建 [J]. 南方建筑，2022（5）.

[36] 梁园芳，吴欢，马文琼 . 地域文化背景下的关中渭北台塬传统村落的空间特色及保护方法探析：以韩城清水村为例 [J]. 城市发展研究，2019，26（S1）.

[37] 黄于瑶 . 陕西关中地区民间民俗艺术产业化发展研究 [J]. 包装工程，2021，42（20）.

[38] 段泽鑫，袁君刚 . 乡土文化重建的现实基础与实践原则：基于对关中三村的实地考察 [J]. 农村经济与科技，2020，31（19）.

[39] 王艺翔．唐家大院的建筑风格的特色 [J]. 中外企业家，2020（10）.

[40] 虞志淳，刘加平，雷振林．从户型到宅院组合：陕西关中地区农村住宅研究 [J]. 建筑学报，2010（8）.

[41] 雷振东，杨洋，田虎．关中地区既有民居建筑老人生活空间性能提升适宜技术研究 [J]. 世界建筑，2020（11）.

[42] 吴昊，张引．陆海丝路沿线传统民居文化本源现状的比较研究：关中地坑窑洞民居与海南黎族传统民居的本源探究 [J]. 西北美术，2019（3）.

[43] 白骅，刘启波，王家琪．生物气候条件下关中地区村镇住区规划模式研究 [J]. 西安建筑科技大学学报（自然科学版），2018，50（6）.

[44] 张睿婕，高元．多源数据融合下的关中传统村落景观生态敏感度评价 [J]. 现代城市研究，2022（12）.

[45] 暴向平，薛东前．基于旅游生态位测评的关中地区旅游城市空间格局研究 [J]. 干旱区资源与环境，2014，28（6）.

[46] 赵彧翰，包敏，王燕，等．陕西关中地区传统村落生态景观疗愈性设计分析 [J]. 现代园艺，2022，45（12）.

[47] 毛铛桥，赵宏宇．关中地区地坑院村落营建中的生态智慧挖掘：以三原县柏社村为例 [J]. 智能建筑与智慧城市，2022（3）.

[48] 任梅．社会空间变化对乡村治理的影响：以关中地区润村文化小队为例 [J]. 乡村科技，2019（22）.

[49] 杜忠潮，高霞，金萍．关中地区乡村旅游的社区参与与妇女作用 [J]. 安徽农业科学，2008（28）.

[50] 马杰，肖莉．陕西关中地区乡村旅游组织规划浅析 [J]. 山西建筑，2009，35（21）.

[51] 崔杰．基于层次分析法的关中城市群旅游资源评价研究 [J]. 西安石油大学学报（社会科学版），2022，31（3）.

[52] 连凡．《宋元学案》视域下张载思想的阐释与评价：以《西铭》、《东铭》、太虚论为中心 [J]. 西部学刊，2017（11）.

[53] 祁嘉华，靳颖超．陕西关中传统民居“三雕”艺术的启示 [J]. 民艺，2018（S1）.

[54] 陈军．美丽乡村生产性景观特征与建设理念 [J]. 现代园艺，2022，45（16）.

[55] 王云才，Patrick Miller，Brian Katen. 文化景观空间传统性评价及其整体保护格局：以江苏昆山千灯—张浦片区为例 [J]. 地理学报，2011，66（4）.

[56] 杨春蕾，欧阳国辉．社会介质语境下皖南传统村落交往空间营造的现代启示 [J]. 安徽农业大学学报（社会科学版），2020，29（6）.

[57] 陈嘉璇，王超，石立．韩城清水村传统村落空间形态研究 [J]. 城市建筑，2023，20（2）.

[58] 谢静波，连海涛，田芳等．基于空间句法的太行传统村落空间形态研究：以邯郸市涉县治

陶村为例 [J]. 建筑与文化，2019（3）.

[59] 张若诗，庄惟敏．“游荡者”：基于平民视角的建成环境研究载体 [J]. 建筑学报，2016（12）.

[60] Hillier B.The golden age for cities ? How we design cities is how we understand them[J]. 2007.

[61] 陈聪，王军．关中地区传统村落乡村旅游空间比较研究：以袁家村、党家村为例 [J]. 现代城市研究，2023（2）.

[62] 陈嘉璇，王超，石立．韩城清水村传统村落空间形态研究 [J]. 城市建筑，2023，20（2）.

[63] 余文婷．“地方”理论在中国的演化与发展评述 [J]. 地理与地理信息科学，2021，37（2）.

[64] 杜忠潮，高颖，金萍．关中地区乡村旅游资源类型、发展模式及驱动机制浅析 [J]. 咸阳师范学院学报，2009，24（6）.

[65] 李青．古村落旅游资源的属性探讨 [J]. 山西经济管理干部学院学报，2013，21（3）.

[66] 孙雪梅．浅谈容器：城市公共空间的营造 [J]. 中华建设，2011（5）.

[67] 张红，杨思洁．乡村社区营造何以成功？——来自关中袁家村的案例研究 [J]. 西北农林科技大学学报（社会科学版），2022，22（1）2.

[68] 吴忠民．“内生外化”：中国传统文明的延展逻辑 [J]. 东岳论丛，2022，43（11）.

[69] 管彦波．西南民族村域用水习惯与地方秩序的构建：以水文碑刻为考察的重点 [J]. 西南民族大学学报（人文社会科学版），2013，34（5）.

[70] 印朗川，刘沛林，李伯华等．传统聚落景观形态基因图谱研究：以湘江流域为例 [J]. 地理科学，2023，43（6）.

[71] 阮仪三，林林．文化遗产保护的原真性原则 [J]. 同济大学学报（社会科学版），2003（2）.

[72] Delyser D. Authenticity on the ground：Engaging the past in a California ghost town[J]. Annals of the Association of American Geographers，1999，89（4）.

[73] Kolar T，Zabkar V. A consumer-based model of authenticity：An oxymoron or the foundation of cultural heritage marketing? [J]. Tourism Management，2010，31（5）.

[74] 袁超，孔翔，陈品宇．建构主义下传统村落旅游者原真性体验研究：以呈坎村为例 [J]. 旅游学刊，2023，38（5）.

[75] 徐欣云，徐梓又．试析传统村落档案的涵义及与乡土社会隐性档案秩序的关系 [J]. 档案学通讯，2020（5）.

[76] 蒋静静，陈敏，江俊浩，等．基于丘陵地形的兰溪诸葛村传统街巷空间形态探析 [J]. 浙江理工大学学报（社会科学版），2016，36（6）.

图书

[1] 王金伟，吴志才．中国乡村旅游发展报告（2022）[M]. 北京：社会科学文献出版社，2022.

[2] 韩渊丰，张治勋，赵汝植，等．区域地理理论与方法 [M]. 西安：陕西师范大学出版社，

1993.

[3] 潘玉君 . 地理学基础 [M]. 昆明：云南大学出版社，2012.

[4] [爱尔兰] 加雷斯· 多尔蒂，[美] 查尔斯· 瓦尔德海姆 . 何谓景观？景观本质探源 [M]. 北京：中国建筑工业出版社，2019.

[5] R. 福尔曼，M. 戈德罗恩 . 景观生态学 [M]. 肖笃宁、张启德、赵羿，等译 . 北京：科学出版社，1990.

[6] [美] 诺曼 K. 布思 . 风景园林设计要素 [M]. 曹礼昆，曹德鲲译 . 北京：中国林业出版社，1989.

[7] [英] 凯瑟琳· 蒂 . 景观建筑的形式与肌理：图示导论 [M]. 大连：大连理工大学出版社，2011.

[8] 象伟宁主编，王云才著 . 图式语言 [M]. 北京：中国建筑工业出版社，2018.

[9] 祁嘉华 . 关中传统民居营造技艺研究 [M]. 西安：三秦出版社，2017.

[10] 刘永德 . 建筑空间的形态、结构、涵义、组合 [M]. 天津：天津科学技术出版社，1998.

[11] 蔡永洁 . 城市广场· 历史脉络· 发展动力· 空间品质 [M]. 南京：东南大学出版社，2006.

[12] 柴彦威 . 空间行为与行为空间 [M]. 南京：东南大学出版社，2014.

[13] 李岳岩，陈静 . 陕西三原县柏社村地坑窑居 [M]. 北京：中国建筑工业出版社，2020.

[14] 周若祁，张光 . 韩城村寨与党家村民居 [M]. 西安：陕西科学技术出版社，1999.

[15] 埃米尔· 涂尔干 . 社会分工论 [M]. 渠东译 . 北京：三联书店，2005.

[16] 刘先觉 . 现代建筑理论 [M]. 北京：中国建筑工业出版社，1999：141.

报纸

[1] 冯骥才 . 文化遗产日的意义 [N]. 光明日报，2006-06-15（006）.

[2] 常青 . 乡村传统聚落须加快抢救性研究 [N]. 中国科学报，2021-06-01.

学位论文

[1] 辜康夫 . 尖扎县高原美丽乡村建设后评价研究 [D]. 西安建筑科技大学，2022.

[2] 陈青红 . 浙江省“美丽乡村”景观规设计初探 [D]. 浙江农林大学，2013.

[3] 杜洁 . 和美乡村社会评价与空间建构研究 [D]. 浙江师范大学，2022.

[4] 张福彦 . 空间秩序思想及其之于地理教学的策略研究 [D]. 东北师范大学，2020.

[5] 梁林 . 传统村落公共空间秩序研究 [D]. 西安建筑科技大学，2007.

[6] 廖梓维 . 古城旅游社区主客活动秩序研究 [D]. 华南理工大学，2017.

[7] 钱倩媛 . 景观空间分析理论及其图示表达方法述论 [D]. 西安建筑科技大学，2021.

[8] 林莉 . 浙江传统村落空间分布及类型特征分析 [D]. 浙江大学，2015.

[9] 陈哲 . 袁家村旅游产品开发现状评估及转型优化策略研究 [D]. 西安建筑科技大学，2018.

[10] 高林安 . 基于旅游地生命周期理论的陕西省乡村旅游适应性管理研究 [D]. 东北师范大学，2014.

[11] 郭昊宇 . 关中民居建筑传统的继承与创新 [D]. 西安建筑科技大学，2016.

[12] 张阳 . 关中传统村落公共建筑的布局特征与风貌传承研究 [D]. 西安建筑科技大学，2016.

[13] 薛钰蓉 . 景观人类学视角下山西许村传统村落生产空间的研究 [D]. 天津大学，2020.

[14] 王园 . 生产方式演变下关中传统村落空间更新设计研究 [D]. 西安建筑科技大学，2020.

[15] 张成 . 成都平原农业景观的调查研究 [D]. 成都：四川农业大学，2018.

[16] 刘行行 . 关中平原农田种植结构变化规律研究 [D]. 西北农林科技大学，2022.

[17] 梁高雅 . 关中陈炉古镇人居环境营建经验研究 [D]. 西安建筑科技大学，2018.

[18] 王璐 . 基于传统手工业复兴的澄城尧头村空间优化研究 [D]. 西安建筑科技大学，2023.

[19] 李欣冉 . 基于地域文化的晋南传统村落入口空间场所营造研究 [D]. 西安建筑科技大学，2020.

[20] 吴家禾 . 基于民俗事件的乡镇空间活化 [D]. 南京大学，2019.

[21] 李笑冰 . 关学视野下的关中传统民居形态解读 [D]. 河北建筑工程学院，2022.

[22] 卢梦寒 . 环境行为视角下成都旅游型新农村社区外部公共空间设计研究 [D]. 西南交通大学，2021.

[23] 郑慧 . 城市居民休闲时间利用比较研究 [D]. 华侨大学，2011.

[24] 石喜乐 . 陕西渭南市传统村落民俗节庆空间更新研究 [D]. 西安建筑科技大学，2021.

[25] 戴静颐 . 关中地区传统村落村口空间环境设计研究 [D]. 西安建筑科技大学，2021.

[26] 王炜 . 陕西合阳灵泉村村落形态结构演变初探 [D]. 西安建筑科技大学，2006.

[27] 梁林 . 传统村落公共空间秩序研究 [D]. 西安建筑科技大学，2007.

[28] 王伟 . 韩城古城传统建筑环境和非物质文化遗产相互关系研究 [D]. 西安建筑科技大学，2011.

[29] 郗瑞 . 基于乡村旅游视角下关中地区村庄规划研究 [D]. 长安大学，2016.

[30] 吴珊珊 . 乡土的重构：袁家村“关中印象体验地”空间分析研究 [D]. 西安建筑科技大学，2015.

[31] 赵睿祺 . 关中南堡寨村民居更新设计研究 [D]. 西安建筑科技大学，2021.

[32] 宋静 .“长安唐村”：媒介地理学视角下乡村文化空间的生产与传播 [D]. 西北大学，2022.

[33] 康玉 . 传统村落的乡村景观建设研究 [D]. 西安建筑科技大学，2018.

[34] 郭文浩 . 基于空间句法的传统村落空间形态保护与发展研究 [D]. 西安外国语大学，2018.

[35] 乔欢 . 党家村古村落旅游资源可持续开发机制研究 [D]. 西北大学，2014.

[36] 王璐 . 基于传统手工业复兴的澄城尧头村空间优化研究 [D]. 西安建筑科技大学，2022.

[37] 高伟 . 西安现代建筑创作中对关中民居特征的继承与发展 [D]. 西安建筑科技大学，2011.

[38] 赵培泽 . 景观设计空间布局对书法结构的借鉴研究 [D]. 兰州大学，2020.

[39] 高虹 . 闽南传统聚落空间形态演变的自组织机制研究 [D]. 华东理工大学，2015.

[40] 马奇达 . 基于格式塔心理学的传统聚落景观特征研究 [D]. 华东理工大学，2014.

[41] 纪蔓梓 . 基于兴趣点（POI）的广州市地下空间需求预测及开发策略研究 [D]. 暨南大学，2020.

[42] 莫书有 . 传统与转型：村落宗族的昨天、今天与明天 [D]. 广西师范大学，2003.

[43] 楼吉昊 . 基于遗产价值的坪坦河谷侗族村寨传统管理模式研究 [D]. 清华大学，2015.

[44] 文英姿 . 集体意识在张谷英村地方性形成与保护中的作用初探 [D]. 华东师范大学，2019.

[45] 罗怡晨 . 基于文脉传承的大连传统民居绿色营建智慧探析 [D]. 西安建筑科技大学，2019.

[46] 林伟 . 西北黄土高原地区传统村落边界形态研究 [D]. 西安建筑科技大学，2020.

[47] 徐清清 . 乡村水利基础设施引导下村镇空间结构分析与重塑策略研究 [D]. 东南大学，2021.

[48] 陈静 . 中西方古代城市极域空间研究 [D]. 郑州大学，2005.

[49] 樊玮芸 . 类型学视角下晋南传统村落光村空间形态研究 [D]. 西安建筑科技大学，2022.

[50] 胡英娜 . 张壁古堡解析及其保护利用研究 .[D]. 天津大学，2007.

[51] 窦海萍 . 文化人类学视角下的安多藏区藏族传统村落保护模式探究 [D]. 兰州理工大学，2017.

网络文献

[1] 携程 .2022 年清明小长假出游洞察 .www.traveldaily.cn.

[2] 关于推进社会主义新农村建设的若干意见 .http：//www.gov.cn/gongbao/content/2006/content_254151.htm.

[3] 中共中央国务院关于加快发展现代农业进一步增强农村发展活力的若干意见．北京：中国共产党中央委员会办公厅，2013.

[4] 高举中国特色社会主义伟大旗帜为全面建设社会主义现代化国家而团结奋斗：在中国共产党第二十次全国代表大会上的报告 [EB/OL]. [2022-12-05]. https：//finance.sina.com.cn/wm/2022-10-25/doc-imqqsmrp3759875.shtml.

后记

本书基于研究团队自2018年长期在乡村聚落调研的实践积累。通过山西、陕西、河南、宁夏、甘肃等地传统村落走访调研，以丰富的案例样本进一步明确了当前我国乡村旅游热潮对传统村落而言是机遇与挑战并存。也更加明晰无论传统村落的保护还是乡村旅游的发展是需要社会各方面的协调、支持和努力。

书稿的完成离不开课题组的共同努力，感谢郭冰玉、李佳慧、吴淑娜、何喜、孙若羽、向瑾力在乡村调研和书稿写作中付出的努力。特别感谢出版社张幼平等编辑老师为此书所做的工作。同时，素材资料的搜集也离不开所调研村落的村干部和村民的大力支持和协助。

本书的出版希望能引起各方对研究问题的关注和深入研究，欢迎广大同仁对本书提出宝贵意见。